**Eignungsdiagnostik –**
**Qualifizierte Personalentscheidungen nach DIN 33430**

# Jetzt diesen Titel zusätzlich als E-Book downloaden und 70 % sparen!

Als Käufer dieses Buchtitels haben Sie Anspruch auf ein besonderes Kombi-Angebot: Sie können den Titel zusätzlich zum Ihnen vorliegenden gedruckten Exemplar für nur 30 % des Normalpreises als E-Book beziehen.

Der BESONDERE VORTEIL: Im E-Book recherchieren Sie in Sekundenschnelle die gewünschten Themen und Textpassagen. Denn die E-Book-Variante ist mit einer komfortablen Volltextsuche ausgestattet!

**Deshalb: Zögern Sie nicht. Laden Sie sich am besten gleich Ihre persönliche E-Book-Ausgabe dieses Titels herunter.**

## In 3 einfachen Schritten zum E-Book:

❶ Rufen Sie die Website **www.beuth.de/e-book** auf.

❷ Geben Sie hier Ihren persönlichen, nur einmal verwendbaren E-Book-Code ein:

**31492DK52A1722A**

❸ Klicken Sie das „Download-Feld“ an und gehen dann weiter zum Warenkorb. Führen Sie den normalen Bestellprozess aus.

Hinweis: Der E-Book-Code wurde individuell für Sie als Erwerber dieses Buches erzeugt und darf nicht an Dritte weitergegeben werden. Mit Zurückziehung dieses Buches wird auch der damit verbundene E-Book-Code für den Download ungültig.

# Eignungsdiagnostik

Harald Ackerschott
Norbert Gantner
Günter Schmitt

# Eignungsdiagnostik

## Qualifizierte Personalentscheidungen nach DIN 33430

2., aktualisierte und erweiterte Auflage 2023

Herausgeber:
DIN Deutsches Institut für Normung e. V.

Beuth Verlag GmbH · Berlin · Wien · Zürich

Herausgeber: DIN Deutsches Institut für Normung e. V.


**Berlin · Wien · Zürich**
Am DIN-Platz
Burggrafenstraße 6
10787 Berlin

Telefon: +49 30 588 857 00-00
Internet: www.beuth.de
E-Mail: kundenservice@beuth.de



Maßgebend für das Anwenden jeder in diesem Werk erläuterten oder zitierten Norm ist deren Fassung mit dem neuesten Ausgabedatum. Den aktuellen Stand zu jeder DIN-Norm können Sie im Webshop des Beuth Verlags unter www.beuth.de abfragen. Dort finden Sie insbesondere etwaige Berichtigungen und Warnvermerke, welche bei der Anwendung der jeweiligen Norm unbedingt zu beachten sind.

Titelbild: © Who is Danny, Nutzung unter Lizenz von stock.adobe.com

Satz: Beuth Verlag GmbH, Berlin

Druck: Print Group Sp. z o.o., Szczecin

Gedruckt auf säurefreiem, alterungsbeständigem Papier nach DIN EN ISO 9706

ISBN 978-3-410-31492-9
ISBN (E-Book) 978-3-410-31493-6

# Autorenporträts

**Harald Ackerschott** ist Diplom-Psychologe und geschäftsführender Gesellschafter der Harald Ackerschott GmbH. Er berät seit über 25 Jahren Konzerne, Hidden Champions wie auch KMU und Organisationen des öffentlichen Sektors zu Personalentscheidungen.

Er verantwortete viele Tausende Anforderungs- sowie Potenzialanalysen, Executive Assessments und Management Audits.

Als Mitinitiator der DIN 33430 zur Eignungsdiagnostik, Obmann des DIN-Arbeitsausschusses Personalmanagement und Projektleiter für die Überarbeitung der internationalen Norm ISO 10667 zu Assessment Service Delivery engagiert er sich ehrenamtlich für die Weiterentwicklung der Substanz in der Personalarbeit und speziell zum Thema Personalentscheidungen für Qualität, Transparenz und Chancengleichheit.

Persönliche Arbeitsschwerpunkte: Eignungsbeurteilungen in Personalauswahl und Personalentwicklung für besonders kritische Arbeitszusammenhänge, von wichtigen Weichenstellungen zu Nachwuchsfragen, bei Führungspositionen bis hin zu Personalentscheidungen in HROs (High Reliability Organisation), deren Funktionsfähigkeit von allgemeiner gesellschaftlicher Bedeutung ist.

Harald Ackerschott teilt seine Erfahrungen und die wertvollen Erkenntnisse der Psychologie in zahlreichen Fachbeiträgen, Vorträgen und Workshops.

**Norbert S. Gantner** ist Diplom-Psychologe. Er ist Gründer und Geschäftsführender Gesellschafter der teme GmbH. Die Teme Entwicklung und Anwendung psychologischer Test- und Messverfahren GmbH in Wien ist Methodenzentrale eines europaweit tätigen Berater-Netzwerkes.

Norbert Gantner führte persönlich mehrere Tausend Potenzialanalysen und Leadership Assessments durch und verantwortete zahlreiche internationale Management-Audit-Projekte. Seine persönlichen Arbeitsschwerpunkte sind: Eignungsbeurteilungen bei Schlüsselfunktionen – von Personalauswahl über Personalentwicklung bis hin zu Management-Audits –, Team- und Organisationsentwicklung, Strategieberatung und Gremienarbeit. Vortragstätigkeit zu den Themen HR Performance- und Risk-Management, Führen in Veränderungsprozessen sowie Qualitätssicherung in der Eignungsdiagnostik.

In der Normungsarbeit ist Norbert Gantner – wie Harald Ackerschott – seit der Gründungssitzung des Arbeitsausschusses „Anforderungen an psychologische Testverfahren" im Juni 1997 und als späterer Mitinitiator und Mitautor der DIN 33430 aktiv. Daneben wirkte er an der Überarbeitung der ISO-Standards 10667 für „Assessment Service Delivery" und an der Erarbeitung der DIN SPEC 91426 „Qualitätsanforderungen für video-gestützte Methoden der Personalauswahl" mit.

**Prof. Dr. Günter Schmitt** ist einer der Initiatoren der DIN 33430 „Anforderungen an berufsbezogene Eignungsdiagnostik". Er war seit der Gründung des DIN-Arbeitsausschusses „Eignungsdiagnostik" stellvertretender Obmann, zuletzt übte er die Funktion des Obmanns aus. Bis 2007 war er Professor an der Universität Duisburg-Essen.

Günter Schmitt leitete und arbeitete in nationalen und internationalen Gremien zur Weiterentwicklung der Qualität von Eignungsbeurteilungen und publizierte zahlreiche Veröffentlichungen zu Diagnostik, Normen, Organisationsstrukturen, Evaluation, Qualität, Testverfahren und Delinquenz.

Über seine Forschungstätigkeit hinaus baut er auf einem mehrjährigen Erfahrungsschatz auch aus der Praxis auf. Er bekleidete unter anderem Positionen wie Anstaltspsychologe im Justizvollzug des Landes Rheinland-Pfalz, Gerichtsgutachter, mehrjähriger Leiter einer Justizvollzugsanstalt und zugleich Leiter des Kriminologischen Dienstes des Landes Rheinland-Pfalz. Er ist Inhaber des Verdienstordens des Landes Rheinland-Pfalz.

Günter Schmitt entwickelte zahlreiche Testverfahren, u.a. Verfahren zur Berufseignungsdiagnostik, und repräsentierte die Deutschen Interessen und Perspektiven bei der Arbeit im ISO-Ausschuss ISO/PC 230 (International Standard for Assessment in Work and Organizational Settings).

# Geleitwort zur 2. Auflage

Als verantwortlicher Geschäftsführer sollte man immer die Entwicklung des Unternehmens im Auge behalten. Man schaut in die Vergangenheit des Unternehmens und versucht zukunftsorientiert den Markt und die Wettbewerber einzuschätzen. Gepaart mit der eigenen Einschätzung der Marktfähigkeit von Produkt oder Service plus der wirtschaftlichen Ambition, stellt man Ziele auf. Diese können konservativ, bewahrend oder ambitioniert und dynamisch sein.

Abhängig vom Führungsstil und der Ambition des Geschäftsführers und des Eigentümers kann sich ein sehr heterogenes Bild ergeben.

Und dann heißt es: Jetzt lasst uns das mal umsetzen. Und wer macht die Umsetzung? Diese zentrale Frage haben sich der Geschäftsführer und das Führungsteam hoffentlich bereits in der bewertenden Phase gestellt.

Denn hier kommen die Menschen ins Spiel, die für die aktuelle Situation verantwortlich sind, vom Geschäftsführer angefangen. Und noch viel wichtiger: Die Menschen, die gebraucht werden, um die Ziele zu erreichen.

Die Umsetzung aller Prozesse, von der Strategieentwicklung über Finanzabläufe bis zu Produktmanagement, Vertrieb und Marketing braucht ein stimmiges Konzept, in dem die Menschen sich in ihrer Kompetenz ergänzen. Und es braucht neue Kompetenzen und Fähigkeiten.

Beispiele:

Jedem ist hoffentlich klar, dass der jahrelange Rückgang der Geschäftsergebnisse eine Änderung der Abläufe und Methoden mit sich bringen muss. Meistens ist das kein Hundertmeterlauf. Aber der Wandel kann erreicht werden. Er wird das Unternehmen und damit die Mitarbeitenden insgesamt erfassen und verändern.

Ist jedem auch klar, dass der Wandlungsprozess bei guten Geschäftsergebnissen noch heftiger sein kann? Von jährlichem Wachstum von 3 % in Zukunft mit 10 % planen? Von 90 % nationalem Geschäft auf 50 % internationalen Anteil wachsen. Eigentümerwechsel, Technologie-Wandel – es gibt sicherlich noch mehr Beispiele.

Meine Erfahrung zeigt, dass alle Veränderungen sehr starke Auswirkungen auf die Mitarbeitenden haben.

Eine permanente Anpassung des Recruitings und ein Check-up der bestehenden Crew in Bezug auf wichtige Fähigkeiten für die Umsetzung der Strategie sind daher zwingend notwendig.

Gleichzeitig müssen sich alle Führungskräfte selbstkritisch hinterfragen, ob sie die Strategie richtig bei sich umsetzen. Sind sie dazu selbst in der Lage oder müssen sie die Mitarbeitenden besser verstehen und die Fähigkeiten erkennen, die neu und ergänzend gebraucht werden?

Viele vertrauen sowohl beim Check-up der bestehenden Crew wie auch bei der Einstellung neuer Mitarbeitender ihren eigenen Fähigkeiten zu sehr und verpassen die Chance, sich ergänzend mit professionellen Methoden bei Eignungsbeurteilungen zu beschäftigen.

Ob in kleinen Unternehmen oder in großen, es gilt heute mehr denn je, dass die Fähigkeit, die richtigen Menschen an den richten Aufgaben zu haben, erfolgsentscheidend ist.

Die Praxis der Einschätzung der Führungskraft wird nur dann mittelfristig Erfolg versprechend, wenn sie durch wissenschaftlich fundierte und gut vermittel- und verstehbare Eignungsdiagnostik ergänzt wird. Das berühmte gute Gefühl bei der Einstellung ist nur ein tragfähiges, wenn es wissenschaftliche Untermauerung als Ergänzung hat. Eine professionelle Diagnostik im Rahmen des Recruitings überholt den kurzfristigen Erfolg einer schnellen Einstellung spätestens nach einem Vierteljahr, meistens noch viel früher.

So wie ich mich mit meinen Aufgaben im Unternehmen zwingend beschäftigen muss, ist es ebenso notwendig für den Erfolg der Aufgaben, dass die richtigen Menschen auf dem richtigen Job sind oder dafür ausgewählt werden. Hier ist die Wissenschaft mit der DIN-Norm 33430 ein wichtiger und verlässlicher Begleiter für die eigene Spiegelung und die Weiterentwicklung des Unternehmens.

Dann macht auch das Recruiting ganzheitlich Sinn und bringt den Erfolg. Man hat alle Parameter in der Hand für eine zukunftsweisende, tragfähige Entscheidung. Denn es bleibt die Entscheidung der Führungskraft, von der Strategie bis zur Umsetzung und Personalführung.

Deshalb lege ich Ihnen dieses praxisorientierte Buch über wissenschaftlich fundierte Eignungsdiagnostik ans Herz.

Viel Spaß, Neugierde und Inspiration beim Lesen.

*Volker Huber*

*war CEO der UNION TANK Eckstein GmbH & Co. KG (UTA), und bekleidete mehrere Führungspositionen im Lufthansa Konzern. Er ist Partner bei ImCoNeo, als Interim Manager für Restrukturierung im Vertrieb, und Gründer der Kaffeerösterei Kaffeesack. Er verantwortete Personalentscheidungen in Hypergrowth genauso wie in Restrukturierungsprozessen und lernte unterschiedliche Ansätze der Eignungsdiagnostik auch bereits früh als Bewerber kennen.*

# Vorwort der Autoren

Personalentscheidungen bestimmen das Leben fast jedes berufstätigen Menschen genauso wie die Entwicklung ganzer Organisationen. Die Grundlage für diese Entscheidungen sind mehr oder weniger formale Eignungsbeurteilungen. Die Wissenschaft, die sich damit beschäftigt, ist die Psychologie. Das Fach heißt Eignungsdiagnostik.

Eignungsdiagnostische Ergebnisse und daraus abgeleitete Eignungsbeurteilungen beeinflussen Lebensläufe und berufliche Schicksale vieler Einzelner. Von den richtigen Personalentscheidungen hängt letztendlich die Leistungsfähigkeit des Gesamtunternehmens ab. Dabei wirken diese Entscheidungen langfristig. Die Effekte, auch falscher oder schlechter Entscheidungen, sind nur selten schnell sichtbar. Wegen des verzögerten Feedbacks fehlt die Möglichkeit, nach ungünstigen Entscheidungen die Fehler im Vorgehen schnell und intuitiv korrigieren zu können. Daher ist die eignungsdiagnostische Praxis in deutschen Unternehmen häufig noch nicht auf dem Stand, auf dem sie mit einem systematischen, an wissenschaftlichen Erkenntnissen orientierten Vorgehen sein könnte. Diese Lücke schließen die DIN 33430 und die sie ergänzenden Normen.

Die DIN 33430 beschreibt den aktuellen Konsens von Wissenschaft und Praxis zum Thema Personalbeurteilung. Sie wurde unter den Rahmenbedingungen des Deutschen Instituts für Normung im Konsens erarbeitet. Dazu hatte das DIN für die Gründung des Arbeitsausschusses alle fachlich relevanten Stakeholder zur Mitwirkung eingeladen und aufgefordert.

Der Ausschuss setzte sich daher zusammen aus Expertinnen und Experten, die in Unternehmen und Organisationen für Eignungsentscheidungen oder die systematische Weiterentwicklung der Herangehensweise, des Prozesses und des Einsatzes von Instrumenten verantwortlich sind. Die Perspektiven dieser Praktikerinnen und Praktiker wurden ergänzt durch Sichtweisen und Erkenntnisse von Testentwicklern, Testverlagen und Autoren von Tests und Fragebogen, Vertretern von Beratungsunternehmen, des Berufsverbandes Deutscher Psychologinnen und Psychologen, der Deutschen Gesellschaft für Psychologie und Inhabern eignungsdiagnostischer Lehrstühle an deutschen Universitäten.

Die meisten waren Personen, die in ihrem Berufsleben selbst auch Personalverantwortung hatten und haben und über lange Jahre intensiv mit dem zentralen Thema der Norm, der Eignungsdiagnostik, befasst waren und sind. Durch diese unterschiedlichen Perspektiven war sichergestellt, dass ein intensiver Diskussionsprozess stattfand und in einem aussagekräftigen und praktischen Ergebnis resultierte.

Alle drei Autoren dieses Kommentars sind maßgeblich sowohl für die Inhalte der DIN 33430:2002-06 als auch für die aktuell vorliegende Überarbeitung der DIN 33430:2016-07 mitverantwortlich. Harald Ackerschott und Norbert Gantner haben zudem an der DIN SPEC 91426 zu Videointerviews und der globalen ISO 10667 „Assessment Service Delivery" mitgewirkt.

Da Normen die Anwendungsrealität immer nur verkürzt und kondensiert abbilden können, stellen wir mit dem nun aktualisierten und ergänzten Kommentar eine Hilfe für das Verständnis und den Einsatz im Alltag zur Verfügung.

Insbesondere möchten wir zeigen, dass die Anwendung der eignungsdiagnostischen Normen für fast jede Organisation sowohl Effizienzsteigerung im Prozess als auch Qualitätssteigerung im Ergebnis bedeuten kann.

Dabei steht die Qualität von Eignungsbeurteilungen bei gleichzeitig praktischer Umsetzbarkeit im Fokus. Der Kerngedanke ist die Nutzung von wissenschaftlichen Erkenntnissen, denn es geht um Menschen und diese sind Gegenstand der Wissenschaft Psychologie. Nach dem Motto „Es gibt nichts Praktischeres als eine gute Theorie" hat uns dieser Kurt Lewin zugeschriebene Leitsatz auch beim Schreiben dieses Kommentars die Richtung aufgezeigt.

Denn die Wissenschaft bietet einen noch weitgehend nicht ausgeschöpften Fundus an Wissen und Erkenntnissen, die Personalentscheidungen im Ergebnis entscheidend verbessern und im Prozess wesentlich straffen können.[1]

Harald Ackerschott

Norbert S. Gantner

Prof. Dr. Günter Schmitt

1 Aus Gründen der besseren Lesbarkeit verwenden wir im Folgenden hauptsächlich die männliche Form, obgleich sich alle Angaben auf Angehörige aller Geschlechter beziehen und damit keinerlei Wertung verbunden ist.

# Inhaltsverzeichnis

# 1 Einführung

Die nationale DIN 33430 und die internationale ISO 10667 haben die berufsbezogene Eignungsdiagnostik und damit eine für jede Organisation besonders erfolgskritische Aufgabe zum Inhalt.

In einer Welt, in der Produktzyklen immer kürzer werden, Unternehmensideen immer schneller nachgeahmt werden können und Mitarbeiter eine höhere Bereitschaft zum Wechseln des Arbeitgebers haben als je zuvor, werden die Motivation, die Leistungsfähigkeit und die Bindung der Mitarbeiter an „ihre" Organisation zu immer wichtigeren Erfolgsfaktoren. Damit rückt eine möglichst hohe Passung zwischen Motivation, Integrations- und Leistungsfähigkeit der Mitarbeiter mit den Anforderungen des jeweiligen Aufgabenbereichs ins Zentrum der organisatorischen Gestaltungsaufgaben.

Wer nun glaubt, dass es ein breit gestreutes und fundiertes Fachwissen über den „Stand der Wissenschaft und Technik" der beruflichen Eignungsdiagnostik und damit des zugrunde liegenden wissenschaftlichen Fachs gäbe, wird enttäuscht. Er wird überrascht feststellen, dass die Psychologie es bisher weitgehend versäumt hat, ihren Wissensstand zu diesem Thema erfolgreich zu kommunizieren und handhabbare Instrumente für Screening, Auswahl und Platzierung von Mitarbeitern mit einer breiten Basis von Personalverantwortlichen zu teilen. Stattdessen verbreiten sich leicht konsumierbare, nur behauptet wissenschaftlich fundierte Tests und automatisierte, „KI" nutzende Instrumente. Leider halten diese aber oft ihre Heilsversprechen nicht ein.

Die DIN 33430 ist ein wichtiger Schritt, um die so erfolgskritische berufliche Eignungsdiagnostik in Deutschland breiter aufzustellen. Sie fasst den Konsens von Wissenschaft und Praxis über eine fachlich abgesicherte **und** in der Praxis bewährte Eignungsdiagnostik zusammen. Gemeinsam mit ISO 10667 und der DIN SPEC 91426 bildet sie eine Normenfamilie, die eine international harmonisierte Personalarbeit ermöglicht und neueste Entwicklungen berücksichtigt.

Der vorliegende Kommentar möchte diese Normen noch näher an die praktische Anwendung in jeder Form und Größe von Organisationen heranführen und ordnet deshalb die Normkapitel in einen typischen Anwendungszusammenhang ein. Die Gliederung dieses Kommentars folgt dem Gesamtprozess der Eignungsdiagnostik im **praktischen Einsatz** mit dem Fokus auf der Auswahl von Mitarbeitern. Der Kommentar fasst die jeweils relevanten Kapitel der DIN 33430 so zusammen, dass der Leser die Anforderungen an jeden Prozessschritt und an die genutzten Verfahren mit erläuternden und ergänzenden Kommentaren anwendungsfreundlich zur Verfügung hat.

Daran schließt die Betrachtung der Verantwortlichkeiten und Rollen nach DIN 33430 an.

**Hinweis**

Den jeweiligen Kommentarkapiteln werden die entsprechenden Texte der DIN 33430 zugeordnet, sodass insgesamt die komplette Norm zitiert und kommentiert ist. Alle Zitate aus der Norm DIN 33430:2016-07 sind grau hinterlegt.

Die Begriffsdefinitionen, die in der Norm in einem eigenen Kapitel aufgelistet sind, werden im Kommentar im laufenden Text berücksichtigt und als Fußnoten eingefügt.

Für den internationalen Kontext wird das Zusammenspiel der DIN 33430 mit der ISO 10667 erklärt.

Der Einordnung und dem Ausblick auf die Relevanz von KI, maschinellem Lernen und anderen aktuellen und kommenden Ansätzen ist ebenfalls ein eigenes Kapitel gewidmet. Auch diese Ansätze sind auf Basis ihrer Qualitätsmerkmale und der Erfüllung wissenschaftlicher Gütekriterien zu bewerten.

Des Weiteren erhält der Leser Hinweise, wie er unterschiedliche Anbieter von Dienstleistungen und insbesondere von messtheoretisch fundierten Verfahren im Sinne der Norm bewerten und Ausschreibungen sinnvoll gestalten kann.

Aus der langjährigen Praxiserfahrung der Autoren stammende Empfehlungen für eine nachhaltige Implementierung eines qualitätsgesicherten eignungsdiagnostischen Prozesses runden den Kommentar ab.

Wer sich für die Änderungen in der DIN 33430:2016-07 gegenüber der vorherigen Ausgabe aus dem Jahr 2002 und die Gründe dafür besonders interessiert, findet die wichtigsten Inhalte dazu im letzten Kapitel dieses Kommentars. Wer tiefer in die Historie einsteigen will, sei auf die 1. Auflage dieses Kommentars aus dem Jahr 2016 verwiesen.

Zusätzlich findet sich in einem separaten Anhang als Service des Beuth Verlages der komplette Text der DIN SPEC 91426 „Qualitätsanforderungen für video-gestützte Methoden der Personalauswahl (VMP)“.

**Hinweis**

Der vorliegende Kommentar bezieht sich im Wesentlichen auf den Anwendungszusammenhang der Personalauswahl. Grundsätzlich gilt aber, dass das skizzierte Vorgehen ebenfalls bei vielen anderen personenbezogenen Eignungsentscheidungen gewählt werden kann. Auch bei Entscheidungen über Entwicklungsmaßnahmen, Bildungsinvestitionen oder auch zur Vorbereitung von Einzelmaßnahmen wie Platzierung oder Coaching sind die Auftragsklärung, das Betrachten des Ziels und der sich daraus ergebenden Anforderungen an die Einzelnen, der gezielte Einsatz von Methoden und eine angemessene Planung wichtige Elemente einer angemessenen und zielführenden Vorgehensweise.

# 2 Die Bedeutung von Eignungsentscheidungen

Eignungsentscheidungen begleiten das Leben jedes Einzelnen, sie beeinflussen kleine wie große Organisationen und manchmal sogar unsere Gesellschaft als Ganzes. Unsere Eignung[1] wird beurteilt oder festgestellt und wir fällen selbst Urteile über andere. Ist ein Kind für die höhere Schule geeignet, ein Handwerker fähig, seinen Beruf selbstständig auszuüben, der engagierte junge Fachexperte in der Lage, ein Team zu führen? Trauen wir einer Kandidatin oder einem Kandidaten zu, als Bundeskanzler tatsächlich etwas bewegen zu können?

Eignungsentscheidungen gehören oft zu den Schlüsselmomenten in einer persönlichen Entwicklung. Bekommt ein junger Mensch den Ausbildungsplatz in seinem Traumberuf? Traut ein Chef seiner erfolgreichen Expertin auch eine Führungsaufgabe zu? Eine möglichst hohe Passung der eigenen Stärken und Antreiber mit den Anforderungen der übernommenen beruflichen Aufgabe erhöht die Chance auf mehr Einkommen, Freude an der Arbeit, Zufriedenheit und Lebensqualität. Stellt sich die Wahl der Aufgabe als Missgriff dar, kann sie schnell in einer permanenten Überforderung und nach einiger Zeit sogar im Burn-out münden.

Aber auch die Entwicklung ganzer Organisationen hängt maßgeblich von Personalentscheidungen ab. Erfüllt die Nachwuchskraft die Hoffnungen, die mit ihrer Einstellung verbunden waren? Ist die neue Führungskraft der Motivator, für den sie sich ausgegeben hat? Kann der neue Geschäftsführer den Betrieb aus der Krise führen? Oder optimiert er stattdessen durch Verkäufe von Unternehmensteilen lediglich sein an das Finanzergebnis gekoppeltes Einkommen?

Ob leistungsstarke Menschen termingerecht, zuverlässig und konstruktiv miteinander arbeiten oder ob für die gleiche Arbeit entsprechend mehr mittelmäßig bis schwach leistende Kräfte auf der Lohnliste stehen, ist letztendlich für den Erfolg und damit die Zukunft jeder Organisation entscheidend.

Personalentscheidungen, insbesondere wenn es um die Einstellung von neuen Mitarbeitern geht, sind also für beide Seiten, für das Individuum

1 Die Begriffsdefinition in DIN 33430:

**2.4 Eignung**

Grad der Ausprägung, in dem eine Person über die Eignungsmerkmale verfügt, die Voraussetzung für die jeweils geforderte berufliche Leistungshöhe sind und Zufriedenheit mit dem zu besetzenden Arbeitsplatz, dem Aufgabenfeld, der Ausbildung bzw. dem Studium oder dem Beruf ermöglichen

wie auch für die Organisation, ausgesprochen bedeutend und wichtig. Sie gehören zudem zu den schwierigsten und komplexesten Entscheidungen überhaupt. Denn beide Seiten haben nie alle Informationen zur Verfügung, die zu einer sicheren Entscheidung notwendig sind. Erschwerend kommt hinzu, dass sich die Folgen von Fehlentscheidungen in den seltensten Fällen unmittelbar zeigen.

In den Fällen, in denen besonders gut geeignete Kandidaten fälschlicherweise von einer Organisation abgelehnt wurden, werden die Fehlentscheidungen sogar meist gar nicht als solche erkannt. Das macht es besonders schwer, aus Entscheidungen und speziell aus Fehlentscheidungen zu lernen und als Einzelner oder als Organisation im Treffen von Personalentscheidungen besser zu werden. Deshalb reicht es nicht, auf spontane Lerneffekte zu vertrauen, die für das Entwickeln und Funktionieren von Intuition Voraussetzung sind. (Wer sich für die Entwicklungsmöglichkeiten und auch Grenzen von Intuition als automatisiertes Erkennen von Mustern interessiert, kann das bei Gary Klein und Daniel Kahneman, American Psychologist, September 2009, vertiefen.) Um möglichst gute Personalentscheidungen zu treffen, sollte man systematisch vorgehen und geeignete Verfahren und Instrumente zur Entscheidungsvorbereitung, also gute Eignungsdiagnostik, nutzen.

**Warnhinweis**

Die dargestellte Schwierigkeit einer kurzfristigen Erfolgskontrolle ermuntert manche Anbieter, auch völlig ungeeignete Verfahren professionell zu vermarkten und hochpreisig anzubieten. Oft ist in die Verfahrensentwicklung viel Geld geflossen, das mit entsprechendem Verkaufsdruck wieder eingespielt werden muss.

Die DIN 33430 hat sich zum Ziel gesetzt, für die berufsbezogene Eignungsbeurteilung[2] Maßstäbe und Vorgehensweisen zu definieren sowie die Qualität entsprechender Verfahren zur Vorbereitung guter Personalentscheidungen transparent zu machen. Die ISO 10667 konkretisiert ergänzend die Pflichten von Auftraggebern und Auftragnehmern für eine zielführende und effiziente Zusammenarbeit und stellt einen Bezugsrahmen für den internationalen Einsatz von Eignungsdiagnostik zur Verfügung.

An dieser Stelle soll auch auf eine grundsätzliche Voraussetzung für gute Eignungsentscheidungen hingewiesen werden: Nachhaltige, die Organisation stärkende Personalentscheidungen sind nur in einem Umfeld möglich, in denen der gemeinsame Leistungsgedanke ein Element der Organisationskultur ist. Dort, wo Personalentscheidungen nach leistungsfremden oder nach anderen von Unternehmenszielen und den Bedarfen der Organisation unabhängigen Kriterien getroffen werden, liegen ihnen nicht wirklich Eignungsbeurteilungen zugrunde. Wenn Personalentscheidungen in erster Linie Ausdruck von oder Mittel zur Macht sind, gelten andere Spielregeln. Um in solch einer Kultur umzusteuern, müssen erst die Interessenlagen geklärt werden und die Ausrichtung an einem gemeinsamen Organisationsziel erfolgen.

---

2 Begriffsdefinition in DIN 33430:

**2.6 Eignungsbeurteilung**

Ergebnis des Eignungsbeurteilungsprozesses

**2.5 Eignungsbeurteilungsprozess**

Schritte zur Feststellung der Eignung von der Planung des Vorgehens einschließlich der Anforderungsanalyse über die Auswahl und Zusammenstellung von Verfahren, deren Durchführung, Auswertung, Interpretation und die Urteilsbildung bis zur Dokumentation

**2.19 Verfahren zur Eignungsbeurteilung**

praxiserprobte und wissenschaftlich abgesicherte Erkenntnismittel, die in kontrollierter Weise zur Eignungsbeurteilung eingesetzt werden

Anmerkung 1 zum Begriff: In 5.1 werden die Verfahren zur Eignungsbeurteilung in fünf Kategorien eingeteilt (Dokumentenanalyse, direkte mündliche Befragungen, Verfahren zur Verhaltensbeobachtung und Verhaltensbeurteilung, messtheoretisch fundierte Fragebogen und messtheoretisch fundierte Tests).

# 3 Eignungsdiagnostik als Kernfunktion von Personalmanagement

Personalbeschaffung ist die Kernaufgabe, mit der eine Personalabteilung den höchsten Einfluss auf die Gestaltung ihrer Organisation hat (Strack, R., et al. (2012). From capability to profitability: realizing the value of people management, S. 5). Im Beschaffungsprozess ist die Personalauswahl ein zentrales Element, das den bedeutendsten Anwendungszusammenhang der DIN 33430 darstellt. Letztendlich war der Anlass für das Entstehen der Norm das Bestreben, wissenschaftlich fundierte Verfahren zur Personalauswahl für Nutzer transparenter zu machen und deren richtigen Einsatz sicherzustellen. Bei der intensiven Auseinandersetzung mit dem Thema im Arbeitsausschuss wurde immer deutlicher, dass zur Optimierung des Nutzens der Norm aus einer isolierten Betrachtung der einzelnen Verfahrensklassen und Verfahrensschritte eine integrative Betrachtung des gesamten eignungsdiagnostischen Prozesses entwickelt werden musste.

Das Thema Eignungsdiagnostik ist sehr komplex und wird durch das Zusammenspiel vielfältiger organisationsinterner und -externer Faktoren und Interessen bestimmt, sodass eine einfache Checkliste, die jeder Entscheider prüfen und abhaken könnte, ein verständlicher, jedoch unrealistischer Wunsch ist und bleibt und definitiv nicht zur Qualität beitragen würde.

Der Ansatz der DIN 33430 geht daher über die einzelnen Elemente hinaus und definiert einen Gesamtrahmen. Die DIN 33430 bietet so Hilfestellungen für das Gestalten eines effizienten Prozesses und die Auswahl von Verfahren, Methoden und Instrumenten, mit denen Personalentscheidungen verbessert werden können. Damit wirkt ihre kompetente Nutzung direkt auf Resultate des Personalmanagements ein. Sie wirkt sich direkt auf Recruiting-Kennzahlen aus, wie sie z. B. in der ISO 30414 zum Human Capital Reporting ausgeführt sind:

- Quality per hire (als Leistungsmessung nach einem definierten Zeitraum nach der Einstellung verglichen mit den Erwartungen vor der Einstellung)
- Time to fill (als Prozessmaße der Geschwindigkeit des Einstellungsprozesses)

In weiterer Folge beeinflusst die kompetente Nutzung der DIN 33430 die meisten Kennzahlen des Organisations- bzw. Unternehmenserfolgs insgesamt.

Die DIN 33430 weist an verschiedenen Stellen darauf hin, dass alle Elemente der Personalauswahl ineinandergreifen und miteinander verwoben sind, und warnt davor, isolierte Betrachtungen von einzelnen Prozessschritten anzustellen. So reicht es bspw. nicht, die Validität einzelner Verfahren zu prüfen, um den Gesamtprozess zu bewerten. Eine möglichst hohe Validität der eingesetzten eignungsdiagnostischen Verfahren ist eine notwendige, aber nicht hinreichende Bedingung für eine qualitativ hochwertige Eignungsbeurteilung.

## 3.1 Der effiziente Prozess

Jeder zielorientierte Prozess beginnt sinnvollerweise mit der Bestimmung des Ziels und ist in systematische, aufeinander folgende Einzelschritte gegliedert. Entsprechend fordert die DIN 33430 als zwingenden ersten Schritt die Auftragsklärung (u. a. Klärung der Ziele, der intendierten Vorgehensweise und der notwendigen Ressourcen sowie eine Abgrenzung der Verantwortlichkeiten zwischen Dienstleister und Auftraggeber). Nächster Schritt für eine DIN 33430 konforme Eignungsbeurteilung ist eine Anforderungsanalyse, ohne die eine fundierte Auswahl geeigneter Verfahren sinnvoll gar nicht möglich ist. Die Planung des Gesamtprozesses muss darüber hinaus auch die Festlegung der Auswahlstufen bis hin zur Endauswahl sowie Festlegungen zu Berichtslinien und Berichtsformaten inklusive deren weiterer Verwendung unter Beachtung von Datenschutzaspekten beinhalten. Idealerweise schließt eine Evaluation zur Ableitung von Verbesserungsmaßnahmen den Gesamtprozess ab.

Die entsprechenden Ausführungen der DIN 33430 finden sich in den Kapiteln 3, 4 sowie 6 bis 8 der Norm.

### 3.1.1 Auftragsklärung

> **3 Planung von berufsbezogenen Eignungsbeurteilungen**
>
> **3.1 Auftragsklärung**
>
> Grundlage der Eignungsbeurteilung ist ein zwischen Auftraggeber und Dienstleister[3] abgestimmter, klar formulierter Auftrag vom Auftraggeber einschließlich der Ausführungsbedingungen (z.B. Personalressourcen, Räume, Zeiten, Finanzen, Service Level). Dem Dienstleister sind präzise Fragen zur Beantwortung aufzugeben. Die Personalentscheidung obliegt dem Auftraggeber.

Die Norm nutzt die Begriffe Auftraggeber und Dienstleister, um zwei grundlegende Rollen zu unterscheiden. Der Auftraggeber ist die Person oder Organisationseinheit, die einen Bedarf hat (z.B. eine offene Stelle, die besetzt werden muss) und die in dem Zusammenhang eine Personalentscheidung treffen und verantworten wird. Da der Auftraggeber sich der Tragweite, Bedeutung und Komplexität der Entscheidung bewusst ist, hat er zu seiner Unterstützung den Dienstleister angefragt, zusätzliche Expertise in den Entscheidungsvorgang einzubringen. Dieser Auftragnehmer soll den Entscheidungsprozess methodisch und inhaltlich vorbereiten bzw. durch zusätzliche Perspektiven, Einsichten oder Informationen anreichern und/oder mit eignungsdiagnostischen Verfahren absichern. Für diese Zusammenarbeit ist es zunächst irrelevant, ob die beiden Auftraggeber und interner Dienstleister sind oder ob der Auftraggeber sich eines externen Dienstleisters bedient.

Der Dienstleistungsbegriff in diesem Zusammenhang bezieht sich nicht auf einfache „Services", Umsetzungen oder Hilfstätigkeiten. Er bezieht sich auf anspruchsvolle Methoden- und Fachkompetenzen. Dies bringt aus Sicht der Kommentatoren für den internen oder externen Dienstleister auch die Verpflichtung mit sich, auf unrealistische Anforderungen, erkennbare Mängel in den Vorgaben des Auftraggebers oder fehlende Informationen hinzuweisen.

---

3 Begriffsdefinitionen in DIN 33430:

> **2.3 Dienstleister**
>
> externe oder interne Organisationseinheit bzw. Person, die mit der Eignungsbeurteilung beauftragt wird.
>
> Anmerkung 1 zum Begriff: Die praktische Umsetzung des Auftrages erfolgt durch einen verantwortlichen Eignungsdiagnostiker. Dienstleister und verantwortlicher Eignungsdiagnostiker können identisch sein.

Zur Gestaltung der Zusammenarbeit ist eine klare Auftragsklärung notwendig. In dieser sollen die Rahmenbedingungen, die genauen Fragestellungen, zu denen der Dienstleister beiträgt, sowie die Zielsetzung, die der Auftraggeber anstrebt, geklärt und nach Auffassung der Kommentatoren möglichst schriftlich dokumentiert werden.

**Hinweis**

Schriftliche Dokumentation bedeutet keinen ausufernden Verwaltungsaufwand, sondern ein präzises und konzentriertes Festhalten getroffener Vereinbarungen, wie es in jeder Projektarbeit selbstverständlich ist.

Geklärt werden muss auch die Frage, ob der Auftraggeber realistische Vorstellungen davon hat, was überhaupt möglich ist und was der Dienstleister für die Erfüllung der Aufgabenstellung an Informationen und anderen Zuarbeiten vom Auftraggeber braucht.

Ein Grundsatz zum Rollenverständnis ist ebenfalls schon an dieser Stelle ausdrücklich in der Norm selbst formuliert. Die Eignungsbeurteilung dient der Vorbereitung einer Entscheidung. Die Personalentscheidung selbst bleibt im Verantwortungsbereich des Auftraggebers. Im Einzelfall mag es sogar Entscheidungsfaktoren geben, die außerhalb der Eignung liegen und die die Entscheidung des Auftraggebers maßgeblich beeinflussen.

Die Norm regelt die Eignungsbeurteilung, nicht jedoch die Personalentscheidung.

In der Auftragsklärung geht es für den Dienstleister auch darum, den Auftraggeber mit ins Boot zu holen und auf die möglichen zukünftigen Ergebnisse vorzubereiten, denn diese können anders ausfallen als vom Auftraggeber erhofft oder erwünscht.

Eine zentrale Botschaft der Norm ist insgesamt, dass die Auftragsklärung konkret und fundiert zu erfolgen hat. Dies ist für alle Betroffenen von Vorteil. Ein Abgleich der gegenseitigen Erwartungen und ein transparentes Herausarbeiten auch der Mitwirkungspflicht des Auftraggebers schützen vor späteren Missverständnissen und verhindern Qualitätseinbußen im eignungsdiagnostischen Prozess (siehe hierzu auch Kap. 5 „Eignungsdiagnostik und Assessment im internationalen Kontext mit der ISO 10667).

Sofern es um eine Eignungsbeurteilung im Kontext einer Personalentscheidung geht, sollten im Rahmen der Planung des Vorgehens folgende Punkte betrachtet werden:

Die in der Norm aufgelisteten Empfehlungen tragen zu einer möglichst konkreten und fundierten Auftragsklärung bei. Sie stellen wichtige Informationen dar, die bei der anschließenden Planung berücksichtigt werden sollten, und werden im Folgenden einzeln kommentiert.

- Situation auf dem Arbeitsmarkt z.B. Angebot und Bedarf an qualifizierten Kandidaten zur Besetzung einer Stelle;

Für die Detailplanung des eignungsdiagnostischen Prozesses macht es einen Unterschied, ob es nur einzelne, eher wenige oder viele mögliche Kandidaten für eine Stelle gibt.

Wenn sich eine große Anzahl Kandidaten bewirbt, z.B. bei einer Ausschreibung von Trainee-Programmen für Studienabsolventen, macht ein mehrfach gestuftes Auswahlverfahren Sinn, in dem nach jedem Schritt die Anzahl der Kandidaten, die weiterkommen, reduziert wird. So kann bspw. ein Onlinetest eine sinnvolle erste Stufe zur Erfassung der prinzipiellen Passung auf die Anforderungen sein. Aufwändigere Interviews und weitere Auswahlverfahren unter standardisierten Prüfbedingungen erfolgen dann erst in einem weiteren Schritt.

Wenn es demgegenüber nur einen Kandidaten für eine besonders wichtige und möglichst rasch zu besetzende Stelle gibt, macht es Sinn, den Prozess für diesen Kandidaten möglichst kompakt zu gestalten und die anstehende Entscheidung mithilfe eines strukturierten Interviews und entsprechender messtheoretisch fundierter Verfahren möglichst in einem Schritt abzusichern.

**Hinweis**

Unterschied Einzelfalldiagnostik und Screening im Mengenrecruiting: Während bei Screeningverfahren die Minimierung des Fehlers 1. Art (nicht geeignete Personen werden als geeignet beurteilt und ausgewählt) meist völlig ausreicht, ist es in der Einzelfalldiagnostik entscheidend, beide möglichen Auswahl-Fehler auszubalancieren und nicht nur Ungeeignete sicher zu erkennen, sondern auch möglichst wenige Geeignete fälschlicherweise abzulehnen. Dadurch ergibt sich ein wesentlich höherer Aufwand und die

Notwendigkeit, mehrere eignungsdiagnostische Instrumente sinnvoll zu kombinieren (multimodales Vorgehen, bei dem bspw. die mit einer psychometrischen Testbatterie aufgezeigten günstigen Leistungsvoraussetzungen und möglichen Risiken in einem strukturierten Interview hinterfragt werden: Sind dem Bewerber die aufgezeigten Risiken bewusst? Wie steuert er gegen? Setzt der Bewerber seine günstigen Leistungsvoraussetzungen in eine entsprechende Performance um? etc.). Der höhere Aufwand einer hypothesenüberprüfenden, additiv-absichernden Urteilsbildung ist bei wenigen verfügbaren Bewerbern (bspw. bei Fachkräftemangel) oder bei der Besetzung von Schlüsselfunktionen in jedem Fall gerechtfertigt.

– Anteil der geeigneten Personen;

ANMERKUNG 1 Hierbei geht es darum, abzuschätzen, wie viel Prozent der Kandidaten für die Stelle geeignet sind.

Dieser Anteil wird in der Fachliteratur als Basis- oder Grundrate bezeichnet.

Ein Gedankenexperiment mit zwei Extremfällen soll zur Illustration der Bedeutung der Grundrate in einer Bewerbergruppe dienen:

- Wenn in einer Gruppe Bewerber jeder geeignet ist, dann braucht man keine Eignungsdiagnostik, sondern man könnte einen neuen Mitarbeiter nach Zufall oder willkürlich auswählen.
- Wenn demgegenüber in einer Gruppe nur ein einziger Kandidat geeignet ist, dann ist bei entsprechender Bedeutung der Stelle auch ein hoher Aufwand gerechtfertigt, um diesen einen Geeigneten treffsicher zu identifizieren.

Dieses Gedankenexperiment lässt schnell erkennen, dass die weit verbreitete Annahme, dass systematische Eignungsdiagnostik mit entsprechenden Instrumenten nur sinnvoll ist, wenn man viele Bewerber hat, definitiv falsch ist. Gerade bei der Besetzung wichtiger Schlüsselpositionen und nur wenigen Bewerbern kommt es entscheidend darauf an, nicht aus einer subjektiv empfundenen Notwendigkeit heraus den „Einäugigen unter den Blinden“ auszuwählen oder gar auf eine fundierte Eignungsbeurteilung ganz zu verzichten und nach Opportunität einzustellen. Die Konsequenz daraus muss sein, weiterzusuchen. Diese Konsequenz ergibt sich in jedem Fall auch bei einer Fehlbesetzung, wobei wertvolle Zeit, Ressourcen, möglicherweise auch Reputation und mehr in der Zwischenzeit zusätzlich verspielt worden sind. Insbesondere wenn es nur wenige Bewerber gibt, sollten sich Eignungsbeurteilungen zudem nicht darauf beschränken, eine Empfehlung oder Nicht-Empfehlung abzugeben. In diesen Fällen sind zusätzliche Entwicklungs- und Führungshinweise besonders wertvoll.

Die sogenannte Basisrate lässt sich am besten schätzen, indem man beim Auftraggeber Erfahrungswerte aus der Vergangenheit abfragt („Wie hoch ist Ihrer Erfahrung nach der Anteil an prinzipiell Geeigneten bei den Bewerbungen, die Sie in der Vergangenheit bei vergleichbaren Positionen hatten?"). Die Einschätzung des Auftraggebers sollte idealerweise mit eigenen Erfahrungen oder anderer verfügbarer Expertise ergänzt werden. Nach Erfahrung der Kommentatoren weisen z. B. für Aufgaben in typischen Zentralfunktionen wie Marketing, HR, Finance, Verwaltung je nach Anspruchsniveau des konkreten Tätigkeitsbereichs 10 bis 25 Prozent der Bewerber tatsächlich die nötige Eignung auf. Auch bei den heiß umkämpften IT-Fachkräften ist je nach Zielposition und Vorqualifikation der Kandidaten bei nur 25 bis 30 Prozent der Bewerber eine gute Passung zwischen individuellem Leistungsprofil und Anforderungsprofil des Aufgabengebiets festzustellen.

- der Nutzen, der entsteht, wenn es mit Hilfe der Eignungsbeurteilung besser gelingt, leistungsstärkere Personen auszuwählen;
- der Nutzen, der entsteht, wenn es mit Hilfe der Eignungsbeurteilung besser gelingt, Fehlentscheidungen zu vermeiden;
- die direkten und indirekten Kosten des gesamten Vorgehens.

Bei der Planung der Vorgehensweise geht es auch um die Realisierung eines optimalen Kosten-Nutzen-Verhältnisses. Wenn z. B. Personen für Positionen ausgewählt werden, in denen es durch unterschiedliche Leistungshöhen große finanzielle Auswirkungen bzw. Auswirkungen auf den Arbeitsprozess/auf die Organisation geben wird, dann ist es sinnvoll, mehr Zeit, Energie und Kosten in die Auswahl zu investieren, als wenn sich unterschiedliche Leistungshöhen weniger stark auswirken. Insbesondere ist zu beachten, dass es Positionen gibt, bei denen die Leistungsunterschiede zwischen einer schwächeren und einer Spitzenkraft enorm sind. Bei Programmierern z. B. werden Leistungsunterschiede von bis zu 2 000 % (!) angegeben (siehe dazu Schuler, insbesondere „Leistungsbeurteilung" in Enzyklopädie der Psychologie, Bd. 3, S. 947–948). Dagegen gibt es auch Positionen, bei denen die

Leistungsunterschiede nicht so ins Gewicht fallen, weil Personen mit einer besonderen Eignung diese aufgrund der Rahmenbedingungen nicht in eine maßgeblich höhere Leistung umsetzen können.

Es ist weiterhin zu klären, ob es um eine absolute Eignungsaussage und / oder um eine Reihung der Kandidaten nach ihrer Eignung geht.

Natürlich spielt es auch eine Rolle, ob eine Einzelfallaussage gemacht werden soll, die dann unmittelbar in eine Einzelfallentscheidung mündet (wir besetzen die Stelle mit dem vorhandenen Kandidaten, wir suchen weiter oder die Stelle wird nicht besetzt, weil keine geeigneten Kandidaten zu finden sind, die Stelle muss aufgeteilt oder neu strukturiert werden etc.) oder ob eine große Gruppe von Kandidaten für die weiteren Auswahlschritte bewertet wird. Je nach Aufgabenstellung wird der Aufwand unterschiedlich sein.

Auftraggeber und Dienstleister müssen vorab vereinbaren, wer in welcher Form über das Ergebnis der Eignungsbeurteilung informiert wird und wie den einzelnen Kandidaten die Ergebnisse mitgeteilt werden.

Zur Frage des Kandidatenfeedbacks legt die DIN 33430 fest, dass alle Teilnehmer an Untersuchungen zur Eignungsfeststellung, unabhängig vom hierarchischen Niveau (Lehrlinge genauso wie High Potentials oder Vorstände) oder von der Phase im eignungsdiagnostischen Prozess (Screening oder Endauswahl) grundsätzlich Rückmeldungen zu ihren Ergebnissen erhalten müssen. Gemäß Normtext muss vorab geklärt werden, **wie** den einzelnen Kandidaten die Ergebnisse mitgeteilt werden, nicht **ob**. Feedback an die Kandidaten war immer schon ein Gebot der Fairness und wird in Zeiten der sozialen Medien immer mehr ein Gebot des ökonomischen Nutzens. Das AGG sollte als Grund, kein Feedback zu geben, nicht herangezogen werden müssen, denn wer einen fairen Prozess nach DIN 33430 aufsetzt, dürfte gegenüber Vorwürfen der Diskriminierung abgesichert sein.

**Hinweis**

Besonderer Sorgfalt bedarf oftmals die Frage, wer den Kandidaten, die den jeweils nächsten Auswahlschritt nicht erreichen, Feedback gibt. Insbesondere bei mehrstufigen Assessment- oder Development-Centern ist dieser Schritt nicht nur gut vorzubereiten, sondern auch vor Ort zu prüfen und gegebenenfalls sicherzustellen, dass die Absprachen umgesetzt werden können.

Nach Einschätzung der Kommentatoren kann zur Festlegung der Modalität das Äquivalenzprinzip herangezogen werden: Die Form der Teilnahme bestimmt die Form der Rückmeldung. Zum Ergebnis eines Onlinetests kann man sich online (oder per E-Mail o.Ä.). ein Feedback einholen, nach einem Interview sollte man auch im Feedback miteinander sprechen, insbesondere nach für die Kandidaten aufwändigen Verfahrenskombinationen sollten die Ergebnisse und daraus abgeleitete Stärken bzw. Risiken in einem Gesamtzusammenhang erläutert werden.

**Warnhinweis**

Fallstricke in der Praxis bestehen insbesondere dann, wenn z.B. in der Personalentwicklung Vorgesetzte ihren Mitarbeitern suggeriert haben, das Development Center sei nur eine „Pflichtübung“, die Beförderung eigentlich schon beschlossen.

Die Kommentatoren möchten die Frage des Feedbacks auch nutzen, um noch eine weitergehende Empfehlung zu geben: Nicht nur Feedback geben sollte für Diagnostiker und Organisationen ein Thema sein, sondern auch Feedback erhalten. Wir empfehlen, mindestens in regelmäßigen und repräsentativen Samples, auch Teilnehmern die Gelegenheit zum Feedback zu bieten.

### 3.1.2 Anforderungsanalyse

Unter allen Experten, denen im Arbeitsausschuss selbst und denjenigen, die im Rahmen der Erarbeitung konsultiert wurden oder die sich im Rahmen des Beteiligungsprozesses zum Normentwurf geäußert hatten, bestand Einigkeit über die folgende zentrale Aussage: Ohne die vorherige Festlegung expliziter Anforderungen kann keine sinnvolle Eignungsbeurteilung stattfinden. Dies kann nicht genug betont werden, zumal in der betrieblichen Praxis leider noch viel zu häufig folgende Fehler zu beobachten sind:

- Verwendung der gleichen Interviewfragen bei unterschiedlichsten Zielpositionen. Zur Interviewvorbereitung kursieren in den Medien immer wieder Empfehlungen zu „universellen Wunderfragen“.
- Assessment-Center, bei denen die Beobachtungskriterien nicht anhand von konkret beobachtbarem Verhalten (Verhaltensankern) operationalisiert sind.
- Interpretation von Testergebnissen ohne ein vorher festgelegtes Sollprofil.

## 3.2 Anforderungsanalyse[4]

Die Eignungsbeurteilung setzt eine Anforderungsanalyse und deren Ergebnisse voraus. Dementsprechend müssen die Anforderungen und Motivations- / Demotivationspotenziale der beruflichen Tätigkeit erfasst werden. Ziel ist die Festlegung der Eignungsmerkmale[5] samt der erforderlichen Ausprägungsgrade.

Als Ziel der Anforderungsanalyse wird hier definiert, dass die leistungsbestimmenden Eignungsmerkmale zu erfassen sind und dass für jedes Merkmal die Bandbreite der Ausprägungen festzulegen ist, die günstige Voraus-

4 Begriffsdefinitionen in DIN 33430:

**2.1 Anforderungsanalyse**

systematische Analyse der Anforderungen und der Motivations- / Demotivationspotenziale der beruflichen Tätigkeiten mit dem Ziel der Ermittlung derjenigen Eignungsmerkmale von Personen, die bedeutsam dafür sind, dass sie die erforderliche Leistung erbringen oder mit dem zu besetzenden Arbeitsplatz, dem Aufgabenfeld, der Ausbildung bzw. dem Studium oder dem Beruf zufrieden sind sowie die Festlegung der dafür erforderlichen Ausprägungsgrade dieser Eignungsmerkmale

Anmerkung 1 zum Begriff: Absehbare zukünftige Entwicklung in Technik, Wirtschaft, Gesellschaft sowie innerhalb der Organisation sollten in einem weiteren Schritt analysiert werden, um abzuschätzen, ob sich möglicherweise Tätigkeiten, Umfeldbedingungen oder Organisationsmerkmale verändern.

Anmerkung 2 zum Begriff: Bereits vorhandene Kompetenzmodelle (2.12) können bei der Anforderungsanalyse als Informationsquelle genutzt werden.

5 Begriffsdefinitionen in DIN 33430:

**2.8 Eignungsmerkmale**

Qualifikationen, Kompetenzen und Potenziale sowie berufsbezogene Interessen, Bedürfnisse, Werthaltungen, Motive und andere relevante Merkmale einer Person, die die Voraussetzung für die jeweils geforderte berufliche Leistungshöhe und die berufliche Zufriedenheit sind

setzungen für die Leistungserbringung darstellen. Eignungsmerkmale in diesem Sinne sind Merkmale von Personen.

Um diese Personenmerkmale festlegen zu können, muss zunächst die Aufgabe bzw. der Tätigkeitsbereich selbst genau betrachtet werden. Zu erfassen sind dabei die sensorischen, motorischen, kommunikativen/interaktiven, emotionalen oder kognitiven Aufgabenstellungen, auszuübenden Tätigkeiten, zu erreichenden Zielsetzungen und zu beachtenden Rahmenbedingungen.

Bei den Motivations- und Demotivationspotenzialen geht es um diejenigen Faktoren, die auf das Engagement eines Stelleninhabers leistungsfördernd oder leistungsmindernd wirken können. Dabei wird in der Norm bewusst von Motivations- und Demotivations-POTENZIALEN gesprochen, weil nicht jede Person auf die gleichen Einflussfaktoren gleich reagiert. Bspw. kann eine bestimmte Form der Vergütung für den einen Mitarbeiter einen Grund darstellen, sich besonders anzustrengen, für einen anderen jedoch nicht. Entsprechend ist bei der aus der Tätigkeitsanalyse abzuleitenden Festlegung der Eignungsmerkmale auch auf eine passende Motivationsstruktur der Kandidaten zu achten. Leitfrage: Was treibt den jeweiligen Kandidaten an? Welche Rahmenbedingungen begünstigen und welche beeinträchtigen den jeweiligen Leistungswillen? Wie gut passen diese individuellen Motivatoren und Demotivatoren zu den Rahmenbedingungen der Zielposition (wie z.B. Bezahlung, Arbeitszeit, Ressourcen und Arbeitsmittel, die zur Verfügung stehen, oder auch die Arbeitsorganisation). Es geht also bei der Betrachtung der Aufgabe sowohl um Anforderungen an die Leistungsfähigkeit der Mitarbeiter als auch um Faktoren, die den Leistungswillen beeinflussen können. Bei Letzteren geht es dezidiert nicht um das Anstreben einer maximal hohen Arbeitszufriedenheit, sondern um einen möglichst hohen Leistungsbeitrag und ein Maß an Arbeitszufriedenheit, das die Leistung optimal unterstützt.

In diesem Zusammenhang wurde das Konstrukt Arbeitszufriedenheit im Arbeitsausschuss intensiv beraten. Die Erfahrung zeigt: Aus einer extrem hohen Arbeitszufriedenheit resultiert oft auch eine hohe „Bequemlichkeit“, die eine top Leistungserbringung behindert. Ein gewisses Maß an konstruktiver Unzufriedenheit spornt demgegenüber oft zu einer besonderen Anstrengung und damit einer höheren Leistungserbringung an. Bei der Arbeitszufriedenheit verhält es sich damit wie bei vielen Eignungsmerkmalen: Nicht eine maximale Ausprägung begünstigt die Leistungserbringung, sondern eine für die jeweilige Arbeit günstige Ausprägung.

**Beispiele**

Jemand, der sich gleich nach der Neueinstellung wieder nach der nächsten Stelle umsieht, weil ihm die Bezahlung nicht passt (Anspruchsniveau) oder er immer an den Geschäftsführer berichten und nicht in der dritten Linie stehen wollte (Statusmotiv), wird sich nur kurz und wenig engagiert für seinen Arbeitgeber einsetzen. Bei solch einem Kandidaten wären Motivations- und Demotivationspotenziale übersehen worden.

Demgegenüber wird ein Mitarbeiter, der besonders aktiv und engagiert an der Verbesserung von Abläufen und Prozessen mitarbeitet, vielleicht auch hin und wieder mit seiner Führungskraft darüber aneinandergeraten und gelegentlich über diese Reibungsverluste unzufrieden sein. Diese konstruktive Unzufriedenheit spornt ihn jedoch zusätzlich an. Wenn dieser Mitarbeiter sich grundsätzlich wertgeschätzt fühlt und bei seiner Führungskraft auch immer wieder ein offenes Ohr für Verbesserungsvorschläge findet und seine Bezahlung als angemessen wahrnimmt und seine Kollegen schätzt, kann er durchaus hoch produktiv sein und sich sowohl leistungsfähig als auch einsatzbereit zeigen.

Die Eignungsmerkmale müssen zur beruflichen Leistung auf einem Arbeitsplatz bzw. zur erfolgreichen Bewältigung einer Ausbildung, eines Studiums, eines Berufs bzw. einer beruflichen Tätigkeit oder zur beruflichen Zufriedenheit beitragen.

Auch hier fließen wieder die beiden Dimensionen ein: Eignungsmerkmale müssen zur beruflichen Leistung oder zur beruflichen Zufriedenheit beitragen. Das heißt im Umkehrschluss, dass keine Merkmale erfasst werden dürfen, die nichts mit der Leistungsfähigkeit, Leistungsbereitschaft oder der beruflichen Zufriedenheit zu tun haben.

Insgesamt schärft dieser Absatz den Begriff der Eignung und betont den Leistungsaspekt als grundlegenden Maßstab, mit dem alle zu erfassenden Personenmerkmale in Zusammenhang stehen müssen.

Bei den ermittelten Anforderungen sollten auch absehbare zukünftige Entwicklungen in Technik, Wirtschaft, Gesellschaft sowie innerhalb der Organisation mit bedacht werden, um abzuschätzen, ob und wie sich möglicherweise Tätigkeiten, Arbeits- / Umfeldbedingungen oder Organisationsmerkmale verändern und sich auf die geforderten bzw. zu fordernden Eignungsmerkmale auswirken. Sofern auf schon vorhandene Tätigkeits-, Stellen-, Aufgaben- oder Funktions-Beschreibungen, Kompetenzmodelle sowie auf Organisationsziele zurückgegriffen wird, ist sicherzustellen, dass sich seit ihrer Erstellung die Anforderungen selbst nicht bedeutsam verändert haben.

Dieser Absatz enthält zwei Botschaften:

- Die erste Botschaft ist in Appell-Form mit „sollte“ formuliert. Sie richtet sich in die Zukunft und empfiehlt, bei der Anforderungsanalyse über den Ist-Zustand hinauszugehen und die Eignungsdiagnostik zukunftsfähig auszurichten.
- Die zweite Botschaft ist vergangenheitsgerichtet und eröffnet die Möglichkeit, auf bereits bestehende Erfahrungen, Dokumentationen oder Systeme im Unternehmen zurückzugreifen. Selbstverständlich muss nicht für jede Nachbesetzung und damit verbundenen Testanwendungen oder Durchführung von Interviews von null an begonnen werden. Aber es muss immer sichergestellt sein, dass die Informationen, die als Grundlage der Diagnostik genutzt werden, (immer noch) gültig sind. Diese Vorschrift ist eine „Muss“-Vorschrift, die für eine DIN 33430 konforme Eignungsdiagnostik nicht umgangen werden kann.

Bei berufs- und studienberatenden Aufgabenstellungen sollten Ergebnisse von entsprechenden Anforderungsanalysen berücksichtigt werden.

Dieser Appell richtet sich darauf, auch die Berufs- und Studienberatung an einer empirischen, soliden Grundlage auszurichten.

Bei der Anforderungsanalyse ist zu klären, welche Eignungsmerkmale bereits zu Beginn der Tätigkeit in welchem Umfang / Ausmaß vorhanden sein müssen und ob Defizite in einem Eignungsmerkmal durch Stärken in einem anderen Eignungsmerkmal ausgeglichen werden können. Sofern eine zusammenfassende Eignungsbeurteilung getroffen werden soll, ist zu klären, in welchem Maße die einzelnen Eignungsmerkmale bedeutsam sind und ob Mindestausprägungen für einzelne Eignungsmerkmale verlangt werden. Dabei ist zwischen der Bedeutsamkeit eines Eignungsmerkmals einerseits und der für notwendig erachteten Ausprägungsstärke (Anforderungshöhe) dieses Merkmals andererseits zu unterscheiden.

Im letzten Satz wird eine besondere Problematik betrachtet. In der Praxis werden häufig Bedeutung und Ausprägungsgrad zusammengefasst. Von einem besonders wichtigen Merkmal wird oft unreflektiert angenommen, dass auch eine besonders hohe Ausprägung vorteilhaft wäre. Das ist aber nicht zwingend bzw. sogar in der Mehrzahl der Fälle nicht so.

**Beispiel**

Sich jeden Tag freundlich und aufmerksam auf unterschiedliche Kunden z. B. im Einzelhandel einzustellen, ist eine zentrale Aufgabe. Kundenorientierung und Flexibilität sind damit als Anforderungen ein absolutes Muss. Aber hat die dazu notwendige Flexibilität auch besonders hoch ausgeprägt zu sein? Sie muss gerade so hoch sein, dass man auf die unterschiedlichen Kundenwünsche eingehen und mit unterschiedlichen Kunden freundlich umgehen kann. Sie darf aber nicht so hoch sein, dass man sich jederzeit ablenken lässt, oder man Versprechungen macht, die gar nicht zu erfüllen sind.

Der Normtext weist daher darauf hin, dass zu jedem Merkmal zwei Quantifizierungen zu definieren sind: die Ausprägung eines Eignungsmerkmals und dessen Gewichtung. Bei der Festlegung der für notwendig erachteten Ausprägungsstärke sollte nach Erfahrung der Kommentatoren darauf geachtet werden, nicht nur auf eine Mindestausprägung zu fokussieren, sondern in gleichem Maße auch Nachteile einer zu hohen Ausprägung zu beachten.

Zusätzlich besteht gemäß der Norm die Notwendigkeit festzustellen, inwieweit Merkmale miteinander in Beziehung stehen und ob es im Rahmen der Einarbeitung oder Ausbildung Entwicklungs- und Lernmöglichkeiten gibt.

Deshalb ist auch zu klären, ob bzw. in welcher Höhe ein Merkmal bereits zu Beginn der Tätigkeit vorhanden sein muss.

Die Eignungsmerkmale (z.B. Potenziale) sind nicht nur abstrakt (z.B. Leistungsmotivation, Intelligenz) zu formulieren, sondern durch verhaltensnahe Schilderung von Beispielaussagen und / oder Beispielverhaltensweisen zu konkretisieren.

Hier wird die Aufmerksamkeit des Lesers auf die Tatsache gerichtet, dass Schlagworte nicht als Grundlage einer guten Eignungsdiagnostik reichen. Z.B. können „Leistungsmotivation“, „Intelligenz“ oder auch „Kommunikationsstärke“, „Kundenorientierung“ oder „Teamfähigkeit“ bei einem Servicetechniker etwas anderes bedeuten als im Vertrieb oder bei der Besetzung eines Vorstandspostens. Die Notwendigkeit einer Konkretisierung durch Aussagen zu leistungsförderlichen oder leistungshemmenden Verhaltensweisen wird hier in der Norm betont. Dies auch, um Missverständnissen insbesondere zwischen den für gute Eignungsdiagnostik notwendigen Expertisen zu vermeiden. Es gibt ja einerseits die Experten für die erfolgskritischen Tätigkeitsaspekte (in der Regel in der Fachabteilung) und andererseits Experten der Eignungsdiagnostik. In ihrer Zusammenarbeit ist nicht selbstverständlich davon auszugehen, dass die einen unter einem Eignungsmerkmal dasselbe verstehen wie die anderen. Ohne die Operationalisierung eines Begriffs, z.B. „Konfliktfähigkeit“, würden unterschiedliche Schwerpunktsetzungen zunächst gar nicht auffallen und letztendlich zu einer falschen Eignungsbeurteilung führen. Der eine mag unter Konfliktfähigkeit verstehen: „Muss bei sicherheitsgefährdendem Verhalten sofort einschreiten und Sicherheitsvorschriften durchsetzen“, der andere denkt: „Sollte in Konflikten besonders empathisch vorgehen und mit dem Konfliktpartner zunächst eine gemeinsame Ursachenanalyse durchführen, bevor gemeinsam getragene Konfliktlösungen erarbeitet werden“.

**Warnhinweis**

Die in der Praxis immer wieder anzutreffende Vorgehensweise, bei der Testanbieter Kunden bitten, mithilfe von digitalen Tools – optisch am wirkungsvollsten per Schieberegler – die gewünschten Ausprägungsgrade eines mit dem Test erfassten Personenmerkmals auszuwählen, wirkt auf den ersten Blick zwar äußerst effizient und zeitsparend, strotzt aber – wie aufgrund der obigen Ausführungen leicht nachzuvollziehen – vor möglichen Fehlerquellen und ist jedenfalls nicht DIN 33430-konform.

ANMERKUNG Qualitätsmerkmale der Anforderungsanalyse sind u. a.:

- die Berücksichtigung unterschiedlicher Perspektiven für den in Frage stehenden Arbeitsplatz, die Ausbildung, das Studium, den Beruf oder die berufliche Tätigkeit, sofern dadurch relevante und eigenständige Erkenntnisse ermittelt werden können;
- die Nutzung mehrerer, unterschiedlicher Verfahren: Es werden – soweit inhaltlich geboten – verschiedene Analysemethoden eingesetzt wie z.B. erfahrungsgeleitete Beurteilungen (aufgrund von Interviews mit Vorgesetzten, Kollegen usw., Dokumentenanalysen, eigene Arbeitsausführungen durch den Eignungsdiagnostiker) sowie teilstandardisierte oder standardisierte mündliche Befragungen und schriftliche Fragebogen, Checklisten sowie Arbeitsanalyseverfahren. Falls möglich werden auch die Ergebnisse von Bewährungskontrollen herangezogen, um auf diese Art und Weise die bestehenden statistischen Zusammenhänge zwischen Personenmerkmalen einerseits und der Berufsleistung/-zufriedenheit andererseits zu nutzen, um die wesentlichen Eignungsmerkmale zu bestimmen.

Diese Anmerkung zu den Qualitätsmerkmalen einer Anforderungsanalyse gibt zunächst den Hinweis, dass aus unterschiedlichen Sichtweisen auf eine Aufgabe (aus Sicht eines Stelleninhabers, der Führungskraft, des Ausbildungsleiters usw.) mehr Informationen gewonnen werden können als durch die Betrachtung aus lediglich einer Perspektive. Danach wird ausgeführt, dass eine auf mehrere Methoden gestützte Vorgehensweise in der Regel besser sein wird als die alleinige Nutzung nur einer Erfassungsmethode.

Wichtig ist in diesem Zusammenhang, dass diese beiden genannten Qualitätsmerkmale nur als Beispiele, nicht als normative Vorschrift formuliert sind. Die Anmerkung betont an dieser Stelle lediglich den Grundsatz der diagnostischen Arbeit, dass multimodales oder multiperspektivisches Vorgehen in der Regel bessere Ergebnisse liefert als eine eindimensionale Herangehensweise.

Aus Sicht der Kommentatoren empfiehlt sich bei der Anforderungsanalyse eine Überprüfung anhand der folgenden Leitfrage: Liefert die Analyse Ergebnisse, die sinnvoll zur Planung des Gesamtprozesses, zur Auswahl von Instrumenten und zur Bewertung von deren Ergebnissen eingesetzt werden können?

Zusätzlich erinnert die Anmerkung an die Möglichkeit, die Ausprägungen von Personenmerkmalen empirisch direkt aus dem Vergleich leistungsstarker vs. leistungsschwacher Mitarbeiter abzuleiten. Für diese Ableitung gibt es grundsätzlich drei Möglichkeiten:

a) Sobald aus der Tätigkeitsanalyse die Anforderungen und die erfolgskritischen Personenmerkmale abgeleitet sind, kann die Auswahl geeigneter Verfahren stattfinden. Anschließend besteht grundsätzlich die Möglichkeit, eine Gruppe besonders leistungsstarker und eine Gruppe leistungsschwacher Mitarbeiter anhand der Ergebnisse der ausgewählten Verfahren zu vergleichen. Anhand der Ergebnisse dieses Extremgruppenvergleichs kann die Trefferquote der eingesetzten Verfahren bestimmt werden. Voraussetzung ist allerdings, dass das Leistungsniveau vorhandener Mitarbeiter anhand von echten Leistungsmerkmalen erfasst ist und dass die Mitarbeiter diesen Pilotlauf freiwillig mitmachen. Wenn die teilnehmenden Mitarbeiter eine detaillierte Rückmeldung bekommen und aus den gewonnenen eignungsdiagnostischen Ergebnissen konkrete Entwicklungsempfehlungen abgeleitet werden, ist die Bereitschaft, mitzumachen, erfahrungsgemäß hoch.

b) Zusätzlich oder alternativ können die Ergebnisse einer in der Norm zwingend geforderten Evaluation der gewählten Vorgehensweise für eine Feinjustierung des Anforderungsprofils herangezogen werden (nähere Ausführungen siehe Kap. 3.1.8 Evaluation).

c) Mit den „Ergebnissen von Bewährungskontrollen“ sind aber auch wissenschaftlich breit abgesicherte und publizierte Ergebnisse von Studien über den Zusammenhang von Personenmerkmalen und Merkmalen der Berufsleistung und -zufriedenheit gemeint (siehe hierzu auch Ausführungen zu Metaanalysen im Kapitel 5.3.3.1).

Ohne diese empirische Brücke ist die Übersetzung von Aufgabenmerkmalen in Personenmerkmale alles andere als trivial. Hierzu gibt die Norm selbst keine direkten Hinweise. Diese Übersetzung ist eine Aufgabe, die Erfahrung, Kenntnis von arbeitsanalytischen Instrumenten und Personenmerkmalen, von Konstrukten zu Eignung und der Eignung zugrunde liegender Parameter, deren Verallgemeinerbarkeiten und deren jeweiliger Spezifizität bedarf. Darüber hinaus sind Geduld und Analysefähigkeit nötig, die vielschichtigen Informationen zueinander in Beziehung zu setzen und daraus die richtigen Schlüsse zu ziehen. In der Realität wird die Übersetzung der Aufgaben in Personenmerkmale sinnvollerweise im Rahmen eines schrittweisen Prozesses stattfinden.

**Beispiel**

**Anforderungsanalyse zu einer Leitungsfunktion mit hochkomplexer Analysetätigkeit in einer High-Reliability-Organisation**

Anforderungsanalyse zu einer Eignungsbeurteilung einer begrenzten Anzahl von Mitarbeitern einer sehr spezialisierten Behörde, die alle die notwendigen formalen Qualifikationen[6] aufwiesen, um in drei freiwerdende Leitungspositionen befördert zu werden. Ziel war ein vollständiges Ranking aller Kandidaten nach der Gesamtheit ihrer Eignung.

Die Anforderungsanalyse startete mit einer Befragung der Behördenleitung zur Erfassung der Vorgesetztenperspektive. Es folgten Interviews mit Inhabern von Schnittstellenfunktionen und Stelleninhabern zur Erfassung von weiteren Perspektiven auf die Position. Getrennt davon wurden Stellenbeschreibungen, Beurteilungsbogen der Position und weitere Dokumentationen gesichtet. Diese enthielten auch modellhafte Arbeitsproben zu kritischen Sachthemen, die Inhaber vergleichbarer Positionen verantworteten. So wurde eine weitere Perspektive und zusätzliche Methode eingebracht.

6 Begriffsdefinition in DIN 33430:

**2.16 Qualifikation**

formal oder informell nachgewiesenes Wissen und Können

Anmerkung 1 zum Begriff: Formale Qualifikationen sind z. B. Schulabschluss oder Berufsausbildung einer Person. Informelle Qualifikationen sind z. B. Fortbildungsbelege, Arbeitszeugnisse oder Referenzen.

Die Interviews und die Datenanalyse wurden jeweils vom verantwortlichen Diagnostiker oder einem Diagnostiker durchgeführt. Danach erfolgte eine erste Abstimmung mit den Inputgebern zu dem jeweiligen von den Diagnostikern integrierten Zwischenergebnis der Übersetzung der Tätigkeitsanalyse (besonders erfolgskritische Aspekte der Tätigkeitsbewältigung) in die Anforderungsanalyse (geforderte Eignungsmerkmale und eine erste Einschätzung der zu fordernden Merkmalsausprägung). Daraus folgte getrennt die Ableitung eines nachgeschärften Anforderungsprofils durch die beiden Diagnostiker. Diese wurden beide der Behördenleitung und den Stelleninhabern präsentiert, worauf eine weitere Anpassung und eine Integration zum endgültigen Anforderungsprofil erfolgte. Daran schloss sich die Auswahl geeigneter Verfahren für die anschließende Eignungsdiagnostik an.

**Beispiel**

**Anforderungsanalyse Sachbearbeitungstätigkeit mit einem hohen Anteil an Routineaufgaben, gesucht wurden Quereinsteiger**

Grundlage für den verantwortlichen Eignungsdiagnostiker war die Stellenanzeige, die unter „Ihre Aufgaben“ die sechs wichtigsten, konkreten Tätigkeiten so aussagekräftig beschrieb, dass die angesprochenen Quereinsteiger ein klares Bild von ihrem zukünftigen Arbeitsplatz und Aufgabengebiet hatten. Daraus leitete der Eignungsdiagnostiker die erforderlichen Mindestanforderungen in einem kognitiven Leistungstest zum Screening der Bewerber ab. Der Fokus auf kognitive Leistungsvoraussetzungen ergab sich aus den für einen Quereinstieg typischen Lernanforderungen.

Zu den Rahmenbedingungen erhielt der Eignungsdiagnostiker vom Auftraggeber die Zusatzinformation, dass nur wenig Schulungsressourcen zur Verfügung ständen und neue Stelleninhaber sich weitgehend selbständig anhand von schriftlichem Instruktionsmaterial und Ausprobieren, Kollegen fragen und Beobachtung einarbeiten müssten.

Best Practice ist es in beiden beschriebenen Fällen, dass die Ausgangsbasis für die Erarbeitung der Anforderungen der Blick auf die Aufgabe, Tätigkeit oder Position selbst (inklusive Ziele, Schnittstellen, Ausführungs- und Arbeitsbedingungen, Ressourcen, Arbeitsmittel usw.) ist. Diese muss erst beschrieben sein, bevor die Personenmerkmale aus den zu erfüllenden Aufgaben abgeleitet werden. Erst dann kann der verantwortliche Diagnostiker die Verfahren und Instrumente zusammenstellen, mit denen diese Personenmerkmale erfasst und gemessen werden können.

**Warnhinweis**

Demgegenüber kommt es immer wieder vor, dass Anbieter von spezifischen Instrumenten präsentieren, welche Skalen sie messen und dann abfragen, was der Auftraggeber sich wohl für Ausprägungen für die jeweilige Skala vorstellt. Ein solches Vorgehen führt häufig zu Lücken und auch Fehlern im Anforderungsprofil. Anforderungen, die außerhalb der Bandbreite des Instrumentes liegen, werden an keiner Stelle im Prozess betrachtet. Eine spontane, subjektive Einschätzung der Ausprägungen ohne eine vorherige systematische Erfassung der erfolgskritischen Aspekte der Tätigkeit muss ungenau sein. Hinzu kommt, dass der Auftraggeber in den seltensten Fällen detaillierte Kenntnisse über die Messdimensionen des angebotenen Verfahrens haben kann.

Auch eine rein eigenschaftsgestützte Anforderungsanalyse, wie sie stellenweise in der Literatur beschrieben wird, entspricht nicht den Anforderungen der DIN 33430, denn diese sagt ausdrücklich, dass die Eignungsmerkmale mittels konkreter Verhaltensweisen operationalisiert werden müssen.

Neben den Anforderungen, die auf der Basis der konkreten Aufgabenstellung und der Rahmenbedingungen der spezifischen Organisation erarbeitet werden, gibt es generalisierbare Erkenntnisse, die ebenfalls wertvoll bei der Definition der zu erfassenden Dimensionen und der zu erwartenden Schwellenwerte bzw. Wertekorridore sind. Diese Informationen liegen meist als wissenschaftlich breit abgesicherte und publizierte Analysen und Metaanalysen (Metaanalyse: Analyse und zusammenfassendes Gesamtergebnis von mehreren publizierten bzw. zuvor durchgeführten einzelnen Analysen bzw. Untersuchungen) vor, von denen insbesondere als fast immer relevant für die Planung von eignungsdiagnostischen Herangehensweisen folgende Quellen mit ihren Ergebnissen anzusehen sind: Hunter & Schmidt, 1998; Salgado & Anderson, 2003; Hülsheger & Maier, 2008; Kramer, 2009; Sackett et al. 2021.

Bei der Anwendung von generalisierten Erkenntnissen ist zu hinterfragen, auf welche Kriterien sich die Zielwerte beziehen. Grundsätzlich ist dabei zwischen zwei Kriteriengruppen zu unterscheiden:

1) Es gibt die echten Leistungsmerkmale, wie das Erreichen von Arbeitsergebnissen und deren Qualität, Arbeitsgeschwindigkeit oder Arbeitsmenge. Bei diesen ist zusätzlich von Bedeutung, ob sie objektiv erfasst und gemessen wurden oder ob sie sich auf subjektive Berichte oder Einschätzungen stützen, wie z. B. Vorgesetztenbeurteilungen.
2) Es gibt darüber hinaus oft als Leistungskriterium etikettierte „Erfolgsmaße“, wie Geschwindigkeit des hierarchischen Aufstiegs oder Steigerung des Einkommens. Diese sind nicht als echte Leistungsmaße zu betrachten, da in manchen Organisationen Leistung und Erfolg mehr oder weniger entkoppelt sind. Auch gibt es einzelne Personen, die trotz ihres großen Leistungsbeitrags keinen besonderen Ehrgeiz zeigen, Karriere zu machen.

### 3.1.3 Planung des eignungsdiagnostischen Prozesses

Die konkrete und detaillierte Planung des eignungsdiagnostischen Prozesses, die Auswahl der einzelnen Verfahren, die Festlegung der Reihenfolge der Auswahlstufen und Entscheidungsregeln sowie das Festlegen der Berichtslinien und konkreten Berichtsformate inklusive Feedbackverantwortlichkeiten können sinnvollerweise erst nach der Erfassung der Anforderungen erfolgen. Denn erst wenn geklärt ist, nach welchen aus den detaillierten und konkreten Anforderungen abgeleiteten Kriterien die Eignung festgestellt werden soll, können entsprechende eignungsdiagnostische Verfahren ausgewählt sowie der Ablauf und Aufwand insgesamt abgeschätzt werden.

**3.3 Planung**

Vor Beginn der Eignungsbeurteilung ist der Gesamtprozess, in den die Eignungsbeurteilung eingebettet ist, zu planen und zu strukturieren.

In der Auftragsklärung legen wir die Rahmenbedingungen des eignungsdiagnostischen Prozesses fest, wie Ziele, Zeitpunkt und Umfang der Anforderungsanalyse bis hin zur grundsätzlichen Art der Ergebnisrückmeldung und Aufbewahrung der Daten. Unter Berücksichtigung dieser Eckpunkte sowie der Ergebnisse der Anforderungsanalyse werden dann geeignete Verfahren zum Erfassen der Eignungsmerkmale ausgewählt und der gesamte Ablauf des eignungsdiagnostischen Prozesses im Detail geplant und strukturiert. Die Norm erläutert die grundsätzlichen Planungsaspekte am Beispiel der Personalauswahl. Die aufgezählten Schritte sind für diesen Anwendungsfall als Muss-Vorschriften formuliert.

**Hinweis**

Für die in der Normanwendung unerfahrenen Leser noch ein Hinweis zu den Soll- und Muss-Formulierungen: Eine Soll-Formulierung bezeichnet eine Empfehlung. Muss-Formulierungen bezeichnen Vorgaben. Wenn Muss-Vorgaben nicht umgesetzt werden, ist eine Vorgehensweise nicht mit der Norm konform. Diese Unterscheidung spielt bspw. bei der Überprüfung der Norm-Konformität von Dienstleistungs-Angeboten eine wichtige Rolle. Die Muss-Formulierungen wurden von den Autoren der Norm bewusst vorsichtig gewählt, weil die DIN-Konformität als nicht gegeben angesehen werden muss, wenn im Prozess der Eignungsdiagnostik nach dieser DIN-Norm nur eine Muss-Vorgabe nicht erfüllt ist.

**Warnhinweis**

Der im vorangehenden Hinweis beschriebene Gesichtspunkt gilt sowohl für Eigenerklärung der Normkonformität als auch bei Zertifizierungen oder Gütesiegel nach DIN 33430. Die Kommentatoren empfehlen, diese Stringenz bei Ausstellern von Zertifikaten oder Gütesiegeln zu hinterfragen. Im Markt sind bspw. Zertifikate aufgetaucht, bei denen eine Erfüllung von weniger als 80 % der Muss-Vorschriften reichten, um die Normkonformität zu attestieren.

Handelt es sich z. B. um ein Personalauswahlverfahren, so sind folgende Schritte in die Planung einzubeziehen:

a) Festlegungen zur Art und Weise der Kandidatenansprache bzw. -gewinnung;

Damit sind die Kommunikationskanäle gemeint, mit denen Kandidaten angesprochen werden, um sie den einzelnen Auswahlschritten zuzuordnen und ihnen alle notwendigen Informationen zur Teilnahme zukommen zu lassen. Die Kommunikation mit den Kandidaten soll wertschätzend, freundlich und zielgruppengerecht sein. So ist bspw. abzuklären, ob schriftliche Kommunikation ausreicht oder ob Kandidaten persönlich und ausführlich auf jeden Schritt im Auswahlprozess eingestimmt werden sollten. Die Kommunikation wird nach DIN 33430 im Voraus abgestimmt. Das heißt nicht, dass alles im Detail festgelegt werden muss, aber die Zuständigkeiten und internen Abstimmungswege auch für zeitkritische Situationen, die Flexibilität verlangen, sollten geklärt sein. Dazu gehören im Einzelfall auch der Austausch von Notrufnummern und die Klärung der Wochenendverfügbarkeiten von Beratern und oberster Führungsebene.

Ziel und Maßstab dieses Planungsschrittes ist insbesondere, dass keine potenziell geeigneten Kandidaten im Prozess verloren gehen.

b) Festlegung der Auswahlstufen bis hin zur Endauswahl (die Reihenfolge, in der verschiedene Eignungsmerkmale geprüft werden und welche Methoden dafür in welchem Auswahlschritt gewählt werden, beeinflusst die Qualität des Endergebnisses und die Effizienz des Prozesses);

Das zentrale Anliegen bei der Unterscheidung von geeigneten und ungeeigneten Bewerbern in einem Personalauswahlprozess ist die Vermeidung von Entscheidungsfehlern. Diese Entscheidungsfehler zu minimieren, ist ein Leitprinzip des Planungsprozesses.

Fehler im Auswahlprozess treten dann auf, wenn die Empfehlung nicht mit der späteren Leistungsfähigkeit und -höhe übereinstimmt. Denn es gibt nicht nur die richtig Ausgewählten und die zu Recht Abgelehnten, sondern auch zwei Möglichkeiten von Fehlurteilen, die in folgender Übersicht zu erkennen sind:

| | als geeignet beurteilt | Auswahl | als ungeeignet beurteilt | Auswahl |
|---|---|---|---|---|
| geeignet | richtig als geeignet beurteilt | = richtig | fälschlich als ungeeignet beurteilt | = falsch<br>β-Fehler |
| ungeeignet | fälschlich als geeignet beurteilt | = falsch<br>α-Fehler | richtig als ungeeignet beurteilt | = richtig |

**Abbildung 1:** Alpha- und Beta-Fehler im Auswahlprozess

Somit lassen sich generell zwei Arten von Zuordnungsfehlern unterscheiden:

- nicht geeignete Personen werden als geeignet ausgewählt (a-Fehler = Alpha-Fehler = Fehler 1. Art)
- geeignete Personen werden nicht ausgewählt und als vermeintlich nicht geeignet abgelehnt (ß-Fehler = Beta-Fehler = Fehler 2. Art).

Der Beta-Fehler bleibt in der Regel unentdeckt und ist dann nicht korrigierbar. Besonders schlecht für die Gesamtauswahl ist es, wenn mehrere falsche Ablehnungen früh im Prozess (z. B. bei der klassischerweise ersten Stufe, der Sichtung der Bewerbungsunterlagen) auftreten.

Dies gilt auch für die der eigentlichen Personalauswahl vorausgehenden Entscheidungen potenzieller Bewerber, ob sie sich eine angemessene Erfolgschance ausrechnen (Self-Assessment) und sich für eine Stelle bewerben (Selbstselektion). Wenn Self-Assessment und Selbstselektion wegen ungenauer, unvollständiger oder beschönigender Aufgabenbeschreibungen in die falsche Richtung gehen, kann dies im eigentlichen Auswahlprozess nicht mehr korrigiert werden.

Daher ist eigentlich dem gesamten Rekrutierungsprozess immer die Anforderungsanalyse oder mindestens die Sichtung und Prüfung der bereits vorliegenden Anforderungen in Form eines Kompetenzmodells oder vorliegender Stellenbeschreibungen vorauszuschicken.

Daraufhin sind die Auswahlschritte zu planen. Die beste Abstufung der Auswahlschritte ist, für jeden Prozessschritt das jeweils geeignetste Verfahren so einzusetzen, dass für den Gesamtprozess die beste Relation zwischen Alpha- und Beta-Fehler resultiert.

c) Festlegung der Regeln zur Durchführung (auch organisatorische Aspekte wie z. B. Ablauf inklusive Pausen für alle Beteiligten) und Auswertung der Verfahren sowie zur Integration der Ergebnisse der verschiedenen Verfahren zu einem abschließenden Eignungsurteil;

Die Durchführung und Auswertung der Verfahren sowie die Integration der Ergebnisse der verschiedenen Verfahren und Instrumente muss nach DIN 33430 regelgeleitet erfolgen und kann nicht spontan und intuitiv von Fall zu Fall neu entschieden werden.

Es gibt mehrere Möglichkeiten für solche Regeln. Zum Beispiel:

- Ein stufenweises Vorgehen, bei dem nur Kandidaten, die eine Auswahlstufe bestehen, in die nächste Auswahlstufe kommen. In dieser neuen Auswahlstufe werden die Ergebnisse der vorangegangenen Stufen nicht mehr berücksichtigt. In der letzten Stufe werden je nach Anzahl der zu besetzenden Stellen der oder die Bewerber mit dem besten Ergebnis in dieser Stufe ausgesucht.

- Ein stufenweises Vorgehen, bei dem die Kandidaten, die eine Auswahlstufe bestehen, in die jeweils nächste Stufe weiterkommen, jedoch werden für die Gesamtbeurteilung die Ergebnisse sämtlicher vorangegangener Stufen berücksichtigt.
- Ein Vorgehen, bei dem alle Kandidaten alle Verfahren des Auswahlprozesses durchlaufen und die Ergebnisse in den einzelnen Verfahren zu einem Gesamturteil integriert werden. Diese Integration wird in der Regel durch eine gewichtete oder ungewichtete Verrechnung der Einzelergebnisse erfolgen.

**Hinweis**

Für die Praxis ist es wichtig, gedanklich zwischen Eignungsbeurteilung und Personalentscheidung zu unterscheiden: Während die strengen Forderungen der Norm sinnvollerweise für die Eignungsbeurteilung gelten, werden die Personalentscheidungen an sich von der Norm bewusst nicht geregelt. Dazu gehört insbesondere auch Form und Ablauf einer Entscheidungskonferenz bei der auftraggebenden Organisation.

d) Festlegung von Form und Art der Berichtlegung;

Auf der Basis der Anforderungen wird so berichtet, dass die Auswahlergebnisse jedes Auswahlschrittes an der richtigen Stelle für die anstehende Entscheidung aussagekräftig zur Verfügung stehen. Dazu gibt es keine Formvorschrift. Ein informeller Austausch über die Ergebnisse im Rahmen von Gesprächen mit den Entscheidern kann genauso angemessen und normgerecht sein wie ein elaborierter schriftlicher Bericht. Wichtig ist, dass der jeweiligen Entscheidungsinstanz alle Daten zur Verfügung stehen, um eine informierte Entscheidung treffen zu können.

Dokumentations- und Aufbewahrungspflichten, die sich aus Gesetzen, Rechtsvorschriften oder internen Policies ergeben, sind selbstverständlich immer zu beachten.

e) Festlegung der weiteren Verwendung des abschließenden Eignungsurteils (unter Beachtung von Datenschutzaspekten);

Ergebnisse von Auswahlprozessen können erfahrungsgemäß auch wertvolle Informationen enthalten, die über die reine punktuelle Eignungsfeststellung hinausgehen. Sie können Informationen für die zuständigen Führungskräfte für die Gestaltung der Einarbeitung und das Coaching der neuen Mitarbeiter sowie die Führung allgemein enthalten. Der Umgang mit diesen Informationen ist im Rahmen des Planungsprozesses zu besprechen und möglichst abschließend zu entscheiden. Spätere Abweichungen davon wären dann im Einzelfall zu begründen und ebenfalls zu dokumentieren.

f) Festlegung von Qualitätsmerkmalen des gesamten Vorgehens der Eignungsbeurteilung.

Bereits in diesem Prozessschritt werden die Kriterien diskutiert und vereinbart, nach denen die Qualität der gesamten Vorgehensweise zu späteren Evaluierungszwecken eingeschätzt werden kann und soll. Denn insbesondere, wenn die Vorgehensweise wiederholt werden soll, kann anhand dieser Qualitätsmerkmale geprüft werden, ob die derart getroffenen Eignungsbeurteilungen zum Ziel geführt haben und die gewünschten Effekte in der Organisation hatten.

Auch für die interne Dokumentation und Budgetplanung sind Effizienznachweise von Maßnahmen der Eignungsdiagnostik wertvoll. Als Messgrößen bieten sich in diesem Zusammenhang an:

1) Prozesskennzahlen

   Zu der Gesamtanzahl Bewerber kann die Anzahl der je Auswahlschritt erfolgreichen Bewerber in Beziehung gesetzt werden. Dieses Verhältnis kann jeweils in absoluten Zahlen und in Prozent für jeden einzelnen Auswahlschritt angegeben werden. So kann man jeden Auswahlschritt dem entsprechenden Aufwand gegenüberstellen.

   Zu der Anzahl der nach der Eignungsfeststellung als geeignet betrachteten Kandidaten kann die Zahl derjenigen in Beziehung gesetzt und jeweils als Prozentanteil angegeben werden, denen ein qualifiziertes Angebot gemacht wurde, sowie die Zahl derer, die am Ende des Prozesses eingestellt wurden.

2) Ergebniskennzahlen

   Als Maß für die Qualität des Auswahlprozesses wird allgemein der prozentuale Anteil der eingestellten Bewerber, die die Probezeit bestanden haben, angesehen. Dies kann dichotom unterschieden werden in

„bestanden" und „nicht bestanden" oder die Qualität der bestandenen Probezeiten kann auf einem Kontinuum abgebildet/beurteilt werden.

Auch Kennziffern für die Leistung der eingestellten Kandidaten nach der Probezeit können als Qualitätsmaß erfasst werden. In diesem Kontext werden z.B. als Kriterien die Zunahme oder Abnahme von Verkäufen, Abschlüssen oder von Produktivitätsmaßen per Zeiteinheit für die Zeit nach der Einarbeitungszeit genannt.

Sofern Eignungsbeurteilungen in gleicher Art und Weise über einen längeren Zeitraum wiederholt durchgeführt werden, ist spätestens alle drei Jahre zu begründen, ob sich die Regeln zur Durchführung und Auswertung und zum Erstellen des abschließenden Eignungsurteils bewährt haben.

Diese Passage des Normtextes unterstreicht, wie wichtig es den Mitgliedern des Arbeitsausschusses war, wann immer möglich die eignungsdiagnostische Vorgehensweise zu evaluieren, um die Qualität des eignungsdiagnostischen Prozesses zu sichern und im Bedarfsfall Verbesserungen ableiten zu können. Aus Sicht der Kommentatoren ist zu empfehlen, die Evaluation gleich in der Planung des Vorgehens zu verankern. Eine solche frühe Vereinbarung hilft dabei, sicherzustellen, dass eine Evaluation später auch wirklich stattfindet.

Eine besondere Bedeutung bei der Evaluation kommt aus Sicht der Kommentatoren der Kriteriumsvalidierung der eingesetzten Verfahren zu. Diese bezieht sich auf ein für die berufliche Eignungsdiagnostik besonders wichtiges Gütekriterium: Die Kriteriumsvalidität bildet die Höhe des Zusammenhangs zwischen Vorhersagekriterien (Ergebnisse in den eignungsdiagnostischen Verfahren und/oder Gesamtempfehlung) und besonders relevanten beruflichen Leistungskriterien ab. Je höher dieser Zusammenhang ist, umso mehr Nutzen stiften die eingesetzten eignungsdiagnostischen Verfahren.

### 3.1.4 Auswahl und Zusammenstellung von Verfahren

**4 Auswahl und Zusammenstellung von Verfahren**

Zunächst muss sich der Eignungsdiagnostiker einen angemessenen Überblick über diejenigen Verfahren verschaffen, die zur Erfassung der zusammengestellten Eignungsmerkmale in Betracht kommen.

Die Auswahl und Zusammenstellung von Verfahren sollte – soweit wie möglich – evidenzbasiert erfolgen. Das bedeutet beispielsweise, dass

Erkenntnisse aus belastbaren empirischen Untersuchungen / Metaanalysen zur Vorhersage von Berufs- und Ausbildungserfolg und andere empirisch gut bestätigte und zur konkreten Anwendungssituation passende Evidenz bei der Auswahl und Zusammenstellung von Verfahren berücksichtigt werden.

Die DIN 33430 fordert an dieser Stelle, dass sich der Eignungsdiagnostiker nach der Anforderungsanalyse zunächst einen Überblick über die zur Erfassung der anforderungsrelevanten Eignungsmerkmale möglichen Verfahren verschafft (und nicht einfach ein ihm vertrautes Verfahren ohne weitere Prüfung auswählt). Zusätzlich erinnert die Norm daran, bei der Auswahl und Zusammenstellung von Verfahren die empirischen Erkenntnisse zu nutzen.

**Hinweis**

Die Nutzung empirischer Evidenz ist dabei ausdrücklich nicht nur auf die Erkenntnisse publizierter, peer-reviewter Metaanalysen beschränkt. Diese stellen sicher die höchste Stufe der Integration von empirischen Daten dar. Aber auch selbst gewonnene Daten und eigene Analysen aus früheren vergleichbaren Fragestellungen können als empirische Evidenz herangezogen werden. Voraussetzung dafür ist, dass sie auch nachvollziehbar belegt sind.

Die ausgewählten Verfahren müssen so gültig und zuverlässig sein, dass die angestrebte Entscheidung, zu der das Verfahren einen Beitrag leistet, mit einer angemessenen Entscheidungssicherheit getroffen werden kann.

An dieser Stelle ist zu bemerken, dass der Begriff Entscheidung in zwei Bedeutungen zu verstehen ist:

- Zunächst geht es insgesamt um die Personalentscheidung, zu der die gesamte Eignungsfeststellung ihren Beitrag leisten soll. Diese Entscheidung trifft der Auftraggeber, wie das in der DIN 33430 in Kapitel 3.1 Auftragsklärung bereits ausgeführt ist.
- Es geht aber auch um die Vielzahl von Entscheidungen, die im Rahmen des Prozesses vom verantwortlichen Diagnostiker oder in entsprechenden Besprechungen gemeinsam mit anderen Entscheidungsträgern getroffen

werden, wie z.B. die Entscheidungen darüber, wer nach einem Auswahlschritt weiter im Auswahlverfahren bleibt und am nächsten Schritt teilnimmt.

Die DIN 33430 stellt hier die normative Forderung, Verfahren so auszuwählen, dass sie einen angemessenen Beitrag zur Sicherheit der auf diesen Verfahren basierenden Entscheidungen leisten. Wegen der großen Bedeutung der Entscheidungen sollte aus der Sicht der DIN 33430 dieser Beitrag so groß sein, wie unter akzeptablem Aufwand möglich. Daher sollte bei der Auswahl der Verfahren immer eine vergleichende Aufwand-Nutzen-Erwägung stattfinden, bei der, unter der Voraussetzung einer hohen Qualität der zugrunde liegenden empirischen Untersuchungen, die Höhe der Zuverlässigkeits- und Gültigkeitskennziffern eine herausragende Rolle einnimmt. Diese Erwägung muss nicht formalisiert sein. Sie kann jedoch als nicht erfolgt betrachtet werden, wenn die oben genannten empirischen Befunde nicht berücksichtigt wurden.

Es dürfen nur Verfahren verwendet werden, die einen eindeutigen Anforderungsbezug aufweisen und zur Beantwortung der Fragestellung sowie für die Zielgruppe der Kandidaten geeignet sind.

Hier wird noch einmal daran erinnert, dass der Anforderungsbezug gegeben sein muss. Im selben Satz wird die Forderung aufgestellt, dass eingesetzte Verfahren auch für die Zielgruppe geeignet sein müssen. Die dafür ansetzbaren Kriterien beziehen sich insbesondere auf Schwierigkeitsgrade von Aufgabenstellungen in messtheoretisch fundierten Tests. Aber auch in allen anderen Verfahrenskategorien muss man sich Gedanken über die Angemessenheit der Verfahren für die Zielgruppe und Fragestellung machen. Zum Beispiel macht eine ausführliche CV-Analyse bei der Auswahl von Auszubildenden keinen Sinn.

Dies bedeutet auch, dass jeweils klar konzeptionell zu unterscheiden ist, ob die Anforderung darin besteht, dass der Kandidat bereits bei der Bewerbung / Vorstellung über bestimmtes Wissen, bestimmte Fertigkeiten und Kompetenzen verfügen muss oder ob er lediglich das Potenzial haben muss, sich entsprechendes Wissen, Fertigkeiten und Kompetenzen anzueignen. Daran muss sich auch die Verfahrensauswahl ausrichten.

Hier bezieht sich der Normtext auf eine für die Praxis wesentliche, aber oft vernachlässigte Unterscheidung zwischen Kompetenzen und Potenzialen, die auch durch die Begriffsbestimmung der DIN 33430 unterstrichen wird:

**2. Begriffe**

...

**2.11 Kompetenzen**

Gelernte, wiederholbare Verhaltensweisen und abrufbare Wissensbestände zur erfolgreichen Bewältigung beruflicher Aufgaben

Anmerkung 1 zum Begriff: Die Erfassung der individuellen Ausprägung von Kompetenzen ist vor allem für die Eignungsbeurteilung von Personen relevant, die die in Frage stehenden beruflichen Aufgaben bereits aktuell ausüben oder ohne weitere Entwicklungsmaßnahmen übernehmen sollen.

...

**2.15 Potenzial**

Fähigkeit einer Person, ihr bislang nicht vertraute Aufgaben zu bewältigen und Kompetenzen zu entwickeln

Anmerkung 1 zum Begriff: Potenzialaspekte beziehen sich vor allem auf die individuellen Fähigkeiten zum Lernen des für erfolgreiches Verhalten aktuell noch fehlenden Wissens und Könnens, umfassen aber auch individuelle Komponenten von Entwicklungs- und Reifungsprozessen, etwa bei Veränderungen motivationaler Aspekte. Die Erfassung der individuellen Ausprägung der für den Erwerb angestrebter Kompetenzen erforderlichen Potenzialaspekte ist vor allem für die Eignungsbeurteilung von Personen relevant, die an für sie neue berufliche Aufgaben durch Ausbildung oder Einarbeitung herangeführt werden sollen.

Die Differenzierung der Eignungsmerkmale in Qualifikationsmerkmale, Kompetenzen und Potenziale war eine wesentliche Änderung gegenüber der Vorläuferversion DIN 33430:2002-06. Insbesondere die Schärfung der Konzepte Potenzial und Kompetenz war den Autoren der Neufassung der Norm ein wichtiges Anliegen. Dies u.a., um die Ziele von Eignungsuntersuchungen klarer kommunizierbar zu machen und zwischen Gelerntem (erworbenen Kompetenzen) und Fähigkeiten (dem Potenzial, Kompetenzen zu erlernen) zu unterscheiden.

Die Differenzierung zwischen anforderungsrelevanten Kompetenzen und Potenzialen hat insbesondere Auswirkungen auf die Auswahl der jeweiligen Verfahrenskategorie. Interviews und Verfahren zur Verhaltensbeobachtung beziehen sich vorrangig auf von den Kandidaten selbst geschildertes oder in situativen Übungen gezeigtes Verhalten und damit auf Kompetenzen.

Diese sind für geschulte Interviewer und Beobachter[7] wesentlich valider zu erkennen als die Beurteilung von Potenzialen. Ob ein Kandidat seine Spezialistenfunktion erfolgreich ausüben und seine gelernten Fertigkeiten einsetzen kann, ist in der Beobachtung wesentlich besser zu beurteilen als die Frage, ob derselbe Kandidat das Potenzial hat, auch wesentlich anspruchsvollere Analysetechniken zu erlernen und komplexere Aufgabenstellungen zu bewältigen. Für die Beurteilung von Potenzialen eignen sich in erster Linie Leistungstests und andere messtheoretisch fundierte Verfahren.

Die folgende Aussage ist daher nicht oft genug zu betonen:

Es ist darauf zu achten, dass die jeweilig gewählte Methode zur Erfassung des in Frage stehenden Eignungsmerkmals geeignet ist.

BEISPIEL Die intellektuelle Leistungsfähigkeit sollte mittels psychometrischer Intelligenztests erfasst werden. Das Interview ist für eine Erfassung abstrakt-analytischen Denkens wenig geeignet.

Bei der Zusammenstellung mehrerer Verfahren muss jedes berücksichtigte Verfahren einen zusätzlichen Nutzen erwarten lassen. Bei der Verfahrensauswahl sollten verschiedenartige Verfahren (Abschnitt 5.1) Berücksichtigung finden (Multimethodalität).

Der zusätzliche Nutzen eines Verfahrens kann einerseits darin liegen, dass unterschiedliche Facetten der Eignung erfasst werden, sich Methoden also inhaltlich ergänzen, oder darin, dass zwei aus unterschiedlicher Perspektive gewonnene Informationen sich gegenseitig bestätigen oder infrage stellen.

Zum Beispiel können in Interviews von den Kandidaten genannte Verhaltensstile und Motive durch Potenziale und Fähigkeiten, die in Leistungstests erfasst wurden, sinnvoll ergänzt werden.

Die Selbstdarstellung im Interview zu bestimmten Verhaltensdimensionen wie z. B. dem hartnäckigen Verfolgen gesetzter Ziele und eigenen Reaktionstendenzen in Konflikten kann durch entsprechende messtheoretisch fundierte Verfahren überprüft und somit bestätigt oder infrage gestellt werden.

7 Begriffsdefinition in DIN 33430:

**2.2 Beobachter**

Qualifizierter Mitwirkender, der unter Anleitung, Verantwortung und Fachaufsicht eines Eignungsdiagnostikers an Durchführung und / oder Auswertung von eignungsdiagnostischen Verfahren zur Verhaltensbeobachtung / -beurteilung und / oder an direkten mündlichen Befragungen (5.3.2) beteiligt ist

Typischerweise würde in einer solchen Kombination das messtheoretisch fundierte Verfahren vor dem Interview durchgeführt. Dies ist einerseits deshalb zu empfehlen, weil der Kandidat so vorab schon weiß, dass bestimmte Eignungsmerkmale bereits im Test erfasst wurden und er seine Selbstdarstellung im Interview entsprechend justieren kann. Außerdem besteht in dieser Reihenfolge die Gelegenheit, zusätzliche Informationen zu erfragen oder gemeinsam das Testergebnis zu reflektieren.

Es dürfen nur Verfahren eingesetzt werden, für die Handhabungshinweise vorliegen. Sofern es sich um messtheoretisch fundierte Fragebogen und Tests handelt, müssen zusätzlich zu den Handhabungshinweisen auch Verfahrenshinweise vorliegen. Dabei müssen die Handhabungshinweise den in Anhang A formulierten Anforderungen entsprechen, die Verfahrenshinweise müssen den in Anhang B formulierten Anforderungen entsprechen.

Diese Anforderungen sind Muss-Vorgaben, ohne die kein Vorgehen nach DIN 33430 vorliegt. Die DIN 33430 trennt zwischen den Anforderungen an die Verfahren selbst und den Anforderungen an die dazu gehörenden Handhabungshinweise und Verfahrenshinweise (normative Anhänge A und B). Nur eine nachvollziehbare, dem Anwender zugängliche Dokumentation bzw. Beschreibung der Verfahren ermöglicht die Prüfung, ob Verfahren die behaupteten Qualitätsaspekte auch tatsächlich im realen Einsatz zeigen. Die Dokumentationen sind auch Voraussetzung dafür, dass sich Anwender einen Überblick über sinnvolle Verfahren für ihre jeweilige Aufgabenstellung erarbeiten können.

**Hinweis**

Da die beiden Begriffe „Handhabungshinweise" und „Verfahrenshinweise" in der Norm nicht definiert werden und sie auch nicht dem allgemeinen Sprachgebrauch entsprechen, werden diese hier erläutert:

Handhabungshinweise beziehen sich vor allen Dingen auf die standardisierten Durchführungsbedingungen des jeweiligen Verfahrens inklusive seiner Zielsetzung und seiner Anwendungsbereiche. Diese Handhabungshinweise müssen für alle Verfahrenskategorien vorliegen. Wenn alle notwendigen Informationen enthalten sind, können die Handhabungshinweise kurzgehalten werden.

Verfahrenshinweise gehen wesentlich tiefer. Sie beinhalten Angaben zu Konstruktionshintergrund, wissenschaftlichen Gütekriterien, Nennung und

Beschreibung der einem Verfahren zugrunde liegenden empirischen Untersuchungen usw. Die DIN 33430 fordert Verfahrenshinweise zusätzlich zu den Handhabungshinweisen für alle Fragebogen und Tests, die in einem eignungsdiagnostischen Prozess eingesetzt werden sollen.

Bei der Zusammenstellung und Reihenfolge der Verfahren ist es wichtig, auf ein für die jeweilige Aufgabenstellung und Zielsetzung optimales Verhältnis von Alpha- und Beta-Fehler zu achten. In einem eignungsdiagnostischen Prozess, bei dem stufenförmig oder nach dem sogenannten Trichtermodell mit jedem Verfahrensschritt die Anzahl der weiter im Prozess verbleibenden Kandidaten reduziert wird, muss berücksichtigt werden, dass es für diejenigen Fälle, in denen Kandidaten, die geeignet sind, zu früh aus dem Verfahren ausgeschlossen werden, keinerlei Korrekturmöglichkeiten gibt. Dagegen ist es im Prozess immer möglich, Kandidaten, die ungeeignet sind, wenn nicht im ersten, so doch in einem späteren Schritt zu identifizieren.

**Beispiel**

**Auswahl und Zusammenstellung von Verfahren für die Auswahl von Executive-Trainees**

Ausgangslage: Einem Unternehmen lagen jedes Jahr ca. 300 Kandidaten für fünf vorstandsnahe Executive-Trainee-Positionen vor.

Die erste Sichtung wurde von einem Praktikanten vorgenommen, der aufgrund von Zeugnissen und Lebensläufen eine Vorselektion auf maximal 50 treffen sollte. Die Vorgaben: Mindestens eine „1“ vor dem Komma im akademischen Abschlusszeugnis, nur Absolventen von wirtschaftswissenschaftlichen Studiengängen, Universitätsabschluss bevorzugt, als Komfortkriterien Auslandserfahrung, zwei Fremdsprachen und branchennahe Praktika.

Die 50 ausgesuchten Kandidaten wurden von Beratern in telefonischen Kurzinterviews weiter auf 20 Teilnehmer für ein Assessment-Center reduziert.

Im Assessment-Center kam neben Selbstpräsentation, Business-Case mit Präsentation beim Vorstand, Gruppendiskussion und Gesprächssimulation mit einem Rollenspieler der Personalabteilung ein Leistungstest zum Einsatz. Die Beobachterkonferenz entschied unter Würdigung vielfältiger Eindrücke in einer offenen Diskussion über die Kandidaten, die den Vorständen für deren Auswahlgespräche vorgestellt werden. Darunter waren immer wieder auch Teilnehmer, die nicht alle im Anforderungsprofil festgelegten Mindestvoraussetzungen im Leistungstest erreicht, aber in anderen Teilen des AC großen Eindruck gemacht hatten.

Für jede Position wurden immer jeweils zwei Kandidaten dem zuständigen Vorstand vorgestellt.

Die Erfahrung aus mehreren Jahren zeigte, dass Kandidaten, die die Mindestvoraussetzungen in den Leistungstests nicht erreichten, bei ihrem Vorstand die Probezeit nicht überstanden.

Darüber hinaus gab es Anzeichen, dass auch möglicherweise sehr gute Kandidaten durch die erste Sichtung der Lebensläufe bereits ausselektiert wurden.

Daraufhin wurde der Prozess evidenzbasiert neu aufgesetzt:

1) Die Erfahrungen des Vorstandes schienen dem Literaturstand zu entsprechen, der mit breiter Übereinstimmung einen hohen Zusammenhang zwischen kognitiven Messverfahren und Arbeitsleistung zeigt, insbesondere bei komplexen Aufgabenstellungen. Dennoch wurde auf eine systematische Anforderungsanalyse nicht verzichtet. Die Ergebnisse bestätigten eine hohe Komplexität und Dynamik der Aufgabenstellung. Entsprechend wurde als erste Auswahlstufe statt der Sichtung der Lebensläufe für alle Bewerber ein Onlinetest eingeführt. Dieser Onlinetest erfasste zwei wichtige Dimensionen der kognitiven Leistungsfähigkeit: abstrakt-logische Problemlösefähigkeit und allgemeine Informationsverarbeitungskompetenz (sprachliche und numerische Information).

   Auswerteregel: Alle Bewerber, die in beiden Dimensionen den aus der Anforderungsanalyse abgeleiteten Mindestwert erreichten, kamen in die nächste Runde. Dadurch reduzierte sich die Anzahl der Kandidaten für den nächsten Auswahlschritt auf ca. ein Drittel.

2) Die Bewerbungsdaten dieser Kandidaten wurden von je einem Recruiting-Mitarbeiter und einem Mitarbeiter des Vorstandsbüros nach den aus dem Anforderungsprofil abgeleiteten Kriterien Auslandserfahrung (Arbeitsaufenthalt mindestens drei Monate) und Deutsch (C2), Englisch (C2) und Französisch (C1) bewertet.

   Auswerteregel: Die oben genannten Kriterien wurden alle als Mindestkriterien behandelt. Darüber hinausgehende Auslandserfahrung oder mehr Fremdsprachen ergaben Pluspunkte. Der daraus resultierende Score wurde mit dem höher gewichteten Ergebnis aus der Stufe 1 zu einem Gesamtscore verrechnet.

3) Auf dieser Basis wurden aus Kapazitätsgründen die 20 best-gerankten Bewerber zu einem Kurz-AC eingeladen. Das AC bestand aus einem Interview zur Erfassung der Motivation und einem Business-Case mit Beobachtung der Bearbeitung sowie der Präsentation und Diskussion der Ergebnisse mit einem Rollenspieler zur Eindrucksgewinnung über das individuelle Leistungsverhalten, Informationsverarbeitung und Analysefähigkeit, Präsentationstechnik und Offenheit für Kritik sowie spontanes Lernverhalten. Die Leistung wurde in Beobachtungsbogen mit Verhaltensankern dokumentiert und abschließend beurteilt.

   Auswerteregel: Die Ergebnisse in den AC-Dimensionen und die Ergebnisse im Onlinetest wurden gewichtet zu einem Gesamtscore verrechnet. Die besten zehn, die alle sicher das Anforderungsprofil erfüllten, wurden dem Vorstand zum persönlichen Kennenlernen vorgestellt.

4) Bearbeitung eines weiteren Business-Cases in zwei Gruppen à fünf Teilnehmern und Präsentation vor den fünf Vorständen als Beobachter, die sich dann ihre Trainees direkt im Anschluss danach aussuchten.

   Auswerteregel: Der Vorstand entscheidet frei.

Der Personalvorstand führte persönliche Feedbackgespräche mit den Finalisten, die nicht eingestellt wurden. Alle Vorstände gaben „ihrem“ Trainee Feedback.

Die schlussendlich ausgesuchten Kandidaten bewährten sich nachhaltig.

Die „Candidate Experience“ wurde von allen Teilnehmern besonders positiv bewertet.

Im Folgenden werden für unterschiedliche Einsatzgebiete sinnvolle alternative Vorgehensweisen aus der Praxis illustriert. Grundsätzlich ist zwischen einem stufenweisen Vorgehen nach dem sogenannten „Trichtermodell“ der Eignungsdiagnostik oder nach einem additiv-absichernden Modell vorzugehen, bei dem alle Teilnehmer alle Verfahren durchlaufen. Je nach Ausgangssituation und Zielstellung (bspw. reine Personalauswahl oder Personalauswahl mit Ableiten von Personalentwicklungs- und Führungshinweisen), Verhältnis der Bewerberanzahl zu den zu besetzenden Stellen und den Folgekosten einer Fehlentscheidung ist eine dieser beiden Vorgehensweisen zu wählen sowie der Gesamtaufwand für den eignungsdiagnostischen Prozess (bspw. Anzahl der sich ergänzenden eignungsdiagnostischen Instrumente) sinnvoll abzustimmen.

In den folgenden Darstellungen sind die Auftragsklärung und Anforderungsanalyse bereits erfolgt. Die Ergebnisse sind in die Auswahl der Verfahren und die Festlegung der Verfahrensreihenfolge eingeflossen. Deshalb werden Auftragsklärung und Anforderungsanalyse nicht mehr im Prozess aufgezeigt.

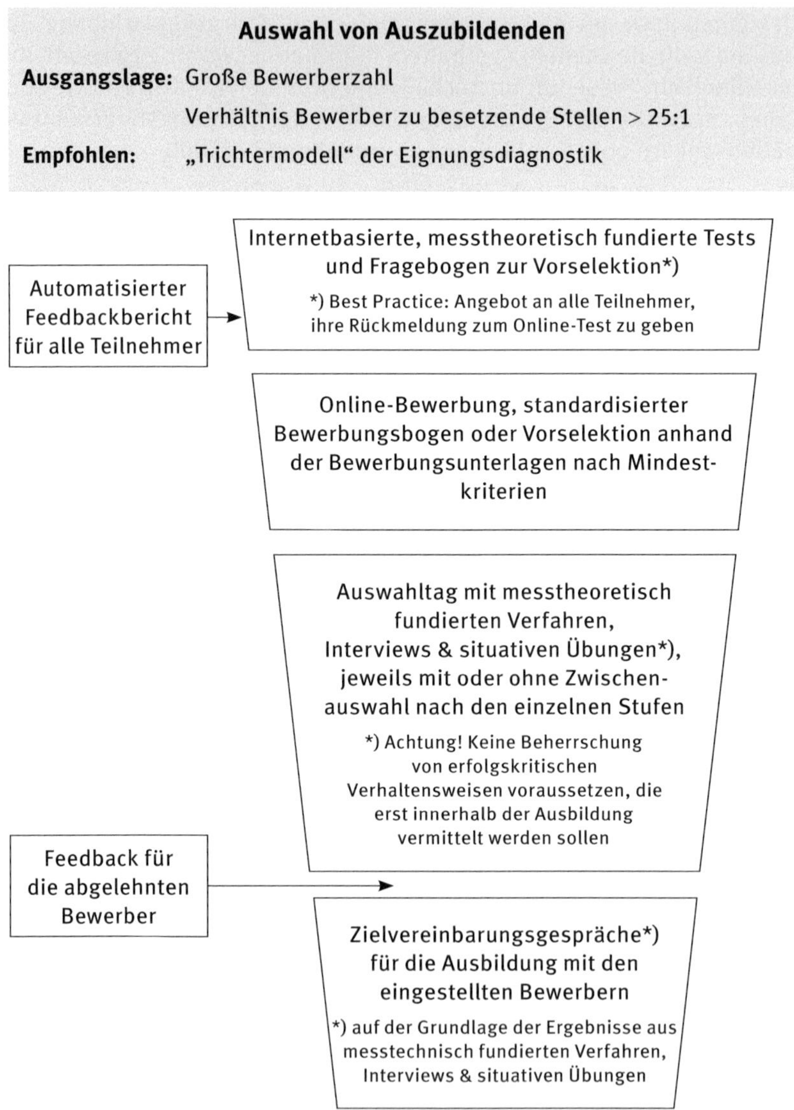


**Abbildung 2**: Beispielhafter Ablauf – Auswahl von Auszubildenden

### Recruiting für ein Traineeprogramm

**Ausgangslage:** Es geht um die Führungskräfte von morgen. Der angestrebte kulturelle Wandel soll durch die Auswahl der Trainees unterstützt werden: Strategische und analytische Kompetenzen, gepaart mit „frischen“ Ideen und auch ungewöhnliche Sichtweisen sollen das Unternehmen bereichern, Diversität soll gefördert werden, Schablonen sollen verändert oder verlassen werden. Es gibt genügend Interessenten, da der Ruf des ausschreibenden Unternehmens hervorragend ist. Alle im Unternehmen sind hoch engagiert und in der Endauswahl sollen mutige Personalentscheidungen gemeinsam getroffen werden. Bisher erfolgte die Vorselektion nach besonders guten Abschlüssen von renommierten Hochschulen. Auslands- und spezifische Branchenerfahrungen galten als zusätzliche Pluspunkte. Da es immer viele Bewerbungen gab, kam es so nach der Vorauswahl zu einer recht homogenen Gruppe mit Branchenaffinität. Die Endauswahl führte die oberste Führungsebene gemeinsam mit den Trainees der vergangenen Jahrgänge in einem aufwendigen, mehrtägigen AC durch. Das Ergebnis war lang nicht so divers und innovativ, wie man erhofft hatte. In Zukunft soll mehr Wert auf Potenzial auch jenseits von Branchengrenzen und Stereotypen gelegt werden.

Verhältnis Bewerber zu besetzenden Stellen ca. 25:1

**Empfohlen:** Online-Assessment zum Screening, Auswahl konsequent nach Potenzial

Nicht betreutes Online-Assessment zur Erfassung der kognitiven Potenziale sowie Lernengagement und anforderungsbezogene Verhaltenspräferenzen und Motive.

Die 25 % Besten im Ranking nach Wertung des Online-Assessments werden zum AC eingeladen. Dort stehen verschiedene Business Cases, Aufgaben mit Interaktionen sowie strategische Planungsaufgaben im Zentrum. Diese Aufgaben dienen der Kontrolle der Ergebnisse aus den kognitiven Aufgaben des Online-Assessments sowie der Einschätzung der Offenheit im Umgang mit diversen Lösungsansätzen, der strategischen Kompetenz und der Integrationsfähigkeit.

Die Erkenntnisse des Online-Assessments und der Beobachtungen werden über die reine Vorbereitung der Entscheidung hinaus auch zum Unterstützen der Führungskräfte genutzt, mit Führungshinweisen für die Integration dieser außergewöhnlichen Potenziale in die bestehenden Strukturen.

**Abbildung 3:** Beispielhafter Ablauf – Recruiting für ein Traineeprogramm

**Potenzialanalyse zur Aufnahmeentscheidung in einen Nachwuchs-führungskräfte-Entwicklungspool/High-Potential-Pool o. Ä.**

**Ausgangslage:** Es gibt deutlich mehr interne Kandidaten als in den Entwicklungspool aufgenommen werden sollen

Verhältnis Bewerber zu besetzende Stelle > 3:1

**Empfohlen:** Additiv-absichernde Eignungsdiagnostik

**Im Vorfeld:** Nominierungs-/Bewerbungsbogen mit Begründung der Nominierung durch Führungskraft oder Teilnehmer selbst

ALTERNATIVE 1

- Maßgeschneiderte situative Übungen / Fokus: Kompetenzaspekte
  Empfehlenswert: geschulte Rollenspieler, um möglichst standardisierte Anforderungen sicherzustellen
- Leistungstests und andere messtheoretisch fundierte Verfahren
  Fokus: Potenzialaspekte
- Entwicklungsfeedback auf der Grundlage der Ergebnisse aus situativen Übungen und messtheoretisch fundierten Verfahren

**Potenzialanalyse zur Aufnahmeentscheidung in einen Nachwuchs-führungskräfte-Entwicklungspool/High-Potential-Pool o. Ä.**

ALTERNATIVE 2

- Nominierung mit Ergebnissen eines 360°-Feedbacks
- Kompetenzbasiertes Interview
  Fokus Kompetenzaspekte, Motive und Werte
- Maßgeschneiderte situative Übungen / Fokus: Kompetenzaspekte
  Empfehlenswert: geschulte Rollenspieler, um möglichst standardisierte Anforderungen sicherzustellen
- Leistungstests und andere messtheoretisch fundierte Verfahren
  Fokus: Potenzialaspekte
- Auswahlentscheidung & Entwicklungsfeedback (für nicht aufgenommene Kandidaten: Förderhinweise in ihrer jetzigen Position): idealerweise im Rahmen eines Zielvereinbarungsgesprächs zwischen Mitarbeiter, Führungskraft und PE-Verantwortlichen

**Abbildung 4:** Zwei Alternativen – Potenzialanalyse zur Aufnahme in einen Nachwuchskräfte-Entwicklungspool

**Auswahl von Spezialisten für eine Position, für die ein sogenannter „Fachkräftemangel“ besteht**

**Ausgangslage:** Kleine Bewerberanzahl; es wird befürchtet, dass es weniger geeignete Bewerber als zu besetzende Stellen gibt

**Empfohlen:** Konsequenter Fokus auf die Messung des vorhandenen Potenzials der Bewerber

**Im Vorfeld:** Offene, breit kommunizierte Ausschreibung, die viele Bewerber mit unterschiedlichen fachlichen Hintergründen und unterschiedlich vorhandenen Kompetenzen sowie aus unterschiedlichen Geografien für die Zielposition anspricht

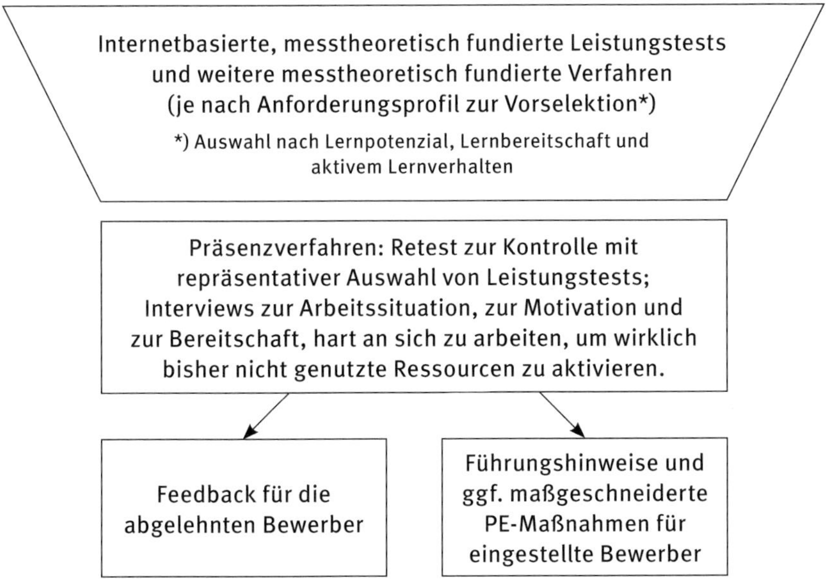

Internetbasierte, messtheoretisch fundierte Leistungstests und weitere messtheoretisch fundierte Verfahren (je nach Anforderungsprofil zur Vorselektion*)

*) Auswahl nach Lernpotenzial, Lernbereitschaft und aktivem Lernverhalten

Präsenzverfahren: Retest zur Kontrolle mit repräsentativer Auswahl von Leistungstests; Interviews zur Arbeitssituation, zur Motivation und zur Bereitschaft, hart an sich zu arbeiten, um wirklich bisher nicht genutzte Ressourcen zu aktivieren.

Feedback für die abgelehnten Bewerber

Führungshinweise und ggf. maßgeschneiderte PE-Maßnahmen für eingestellte Bewerber

**Abbildung 5**: Beispielhafter Ablauf – Auswahl von Spezialisten für eine Position, für die ein sogenannter „Fachkräftemangel“ besteht

**Besetzen einer hoch spezialisierten Fachfunktion**

**Ausgangslage:** In der zu besetzenden Stelle wird ein hoher Grad an Spezialwissen gefordert. Dieses Wissen ist durch entsprechende Ausbildungszertifikate gut belegbar. Es gibt genügend Bewerber, da der Ruf des ausschreibenden Unternehmens hervorragend ist. Bisher führte die Führungskraft nach Vorselektion nach fachlichen Cut-off-Kriterien mit allen Bewerbern Fachinterviews mit einer hohen Trefferquote durch. Der Aufwand soll in Zukunft jedoch reduziert werden.

Verhältnis Bewerber zu besetzender Stelle ca. 10:1

**Empfohlen:** Online-Assessment zum weiteren Screening nach der fachlichen Vorselektion die Messung des vorhandenen Potenzials der Bewerber

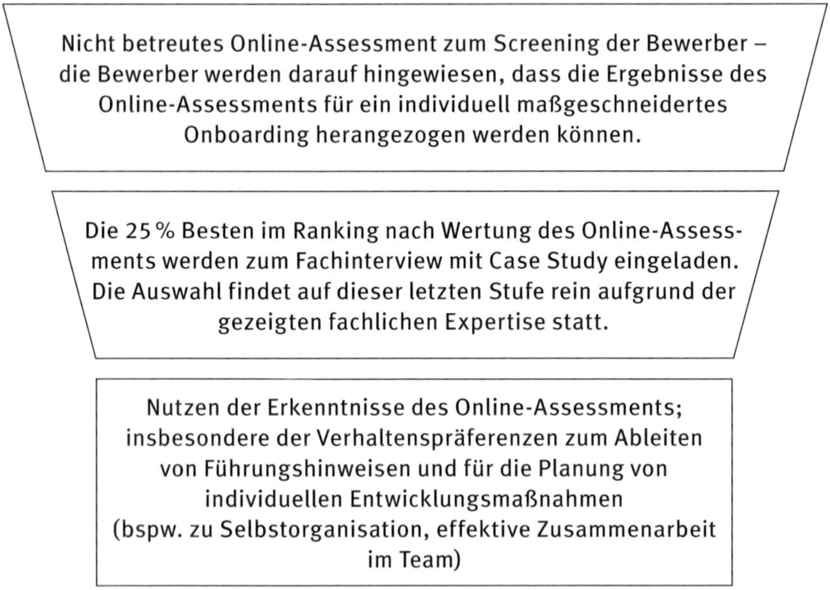

Nicht betreutes Online-Assessment zum Screening der Bewerber – die Bewerber werden darauf hingewiesen, dass die Ergebnisse des Online-Assessments für ein individuell maßgeschneidertes Onboarding herangezogen werden können.

Die 25 % Besten im Ranking nach Wertung des Online-Assessments werden zum Fachinterview mit Case Study eingeladen. Die Auswahl findet auf dieser letzten Stufe rein aufgrund der gezeigten fachlichen Expertise statt.

Nutzen der Erkenntnisse des Online-Assessments; insbesondere der Verhaltenspräferenzen zum Ableiten von Führungshinweisen und für die Planung von individuellen Entwicklungsmaßnahmen (bspw. zu Selbstorganisation, effektive Zusammenarbeit im Team)

**Abbildung 6**: Beispielhafter Ablauf – Besetzen einer hoch spezialisierten Fachfunktion

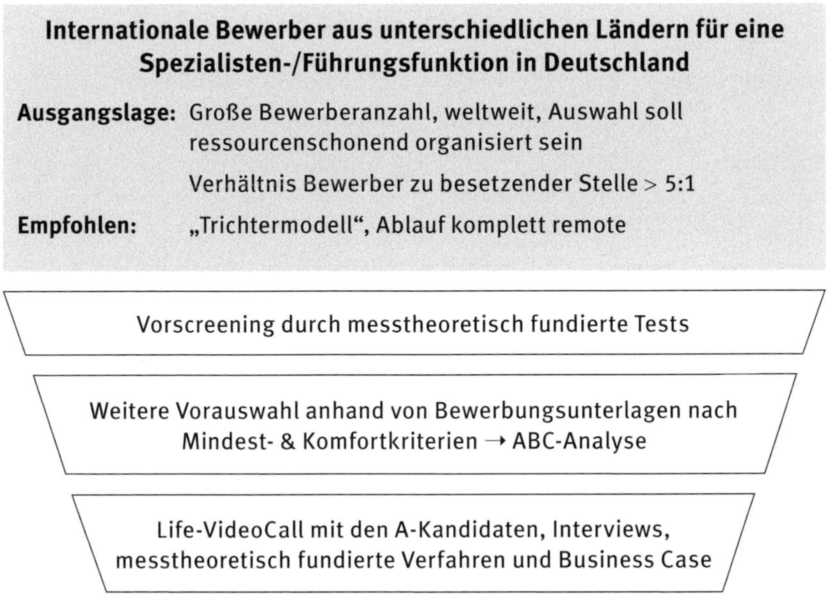

**Internationale Bewerber aus unterschiedlichen Ländern für eine Spezialisten-/Führungsfunktion in Deutschland**

**Ausgangslage:** Große Bewerberanzahl, weltweit, Auswahl soll ressourcenschonend organisiert sein

Verhältnis Bewerber zu besetzender Stelle > 5:1

**Empfohlen:** „Trichtermodell“, Ablauf komplett remote

Vorscreening durch messtheoretisch fundierte Tests

Weitere Vorauswahl anhand von Bewerbungsunterlagen nach Mindest- & Komfortkriterien → ABC-Analyse

Life-VideoCall mit den A-Kandidaten, Interviews, messtheoretisch fundierte Verfahren und Business Case

**Abbildung 7**: Beispielhafter Ablauf – Internationale Bewerber aus unterschiedlichen Ländern für eine Spezialisten-/Führungsfunktion in Deutschland

**Hinweis**

Insbesondere bei Interviews, die in einer gemeinsamen Zweit- oder Drittsprache geführt werden, ist ihre Vergleichbarkeit und Aussagekraft aufgrund von u. a. unterschiedlichen sprachlichen und kulturellen Prägungen zusätzlich eingeschränkt. Deswegen ist die generelle Empfehlung, Interviews immer mit messtheoretisch fundierten Verfahren zu ergänzen.

**Besetzen einer CEO-Position**

**Ausgangslage:** Zwei vom Personalberater vorselektierte Bewerber
Verhältnis Bewerber zu besetzender Stelle 2:1

**Empfohlen:** Additiv-absichernde Eignungsdiagnostik, „Management-Audit“

Im Vorfeld des Management-Audits: Sicherheitsbefragung/ Hintergrundrecherche inklusive polizeilichem Führungszeugnis

Management-Audit: kompetenz- & wertebasiertes Intensivinterview mit biografischer Einleitung sowie Leistungstests & andere messtheoretisch fundierte Verfahren

Referenz zu ausgewählten Kompetenzbereichen (auf der Grundlage der vorliegenden Ergebnisse)

**Abbildung 8:** Beispielhafter Ablauf – Besetzen einer CEO-Position

**Besetzen einer hochrangigen IT-Führungsposition unter hohem Zeitdruck**

**Ausgangslage:** extremer Bewerbermarkt, d. h., es gibt insgesamt wesentlich mehr angebotene Stellen als Bewerber; für die ausgeschriebene Stelle des Unternehmens gibt es einen Interessenten aus dem Ausland, der allerdings auch andere Angebote hat; die Entscheidung muss schnell getroffen werden

Verhältnis Bewerber zu besetzender Stelle 1:1

**Empfohlen:** additiv-absichernde Eignungsdiagnostik

Kurzes Kennenlern-Video per Videokonferenz, in dem die Erwartungen des Bewerbers und des Unternehmens abgeglichen werden und der eignungsdiagnostische Prozess besprochen wird

Messtheoretisch fundierte Testbatterie zum Erfassen kognitiver Leistungsvoraussetzungen und anforderungsrelevanter Verhaltensdimensionen in betreuter Remote-Durchführung im Rahmen einer Videokonferenz

Kompetenz-& wertebasiertes Interview – ebenfalls im Rahmen einer Videokonferenz

Dabei können je nach zeitlicher Verfügbarkeit des Bewerbers beide Verfahren inklusive einer ersten Rückmeldung in einem zeitlichen Block (Zeitbedarf: 3 bis 4 Stunden) oder zu zwei unterschiedlichen Terminen durchgeführt werden.

Rückmeldung an den Auftraggeber und schnelle Personalentscheidung. Bei Eignung zeitnahes Vertragsangebot an den Kandidaten.

Besprechen der Ergebnisse mit dem Kandidaten inkl. Erklärung von Selbstmanagement-Techniken (positiver Beitrag zur Candidate Experience und Vorbereitung zum Onboarding).

**Abbildung 9:** Beispielhafter Ablauf – Besetzen einer hochrangigen IT-Führungsposition unter hohem Zeitdruck

An den folgenden zwei alternativen Vorgehensweisen im Rahmen einer internen Reorganisation soll beispielhaft illustriert werden, dass die möglichen Einsatzgebiete der DIN 33430 natürlich über den Anwendungsfall Personalauswahl hinausgehen. Auch und gerade bei einer durchaus heiklen internen Kompetenz- und Potenzialanalyse vor einer geplanten Reorganisation mit Stellenabbau unterstützt ein normkonformes Vorgehen die Qualität und Rechtssicherheit der anstehenden Personalentscheidungen und nach Erfahrung der Kommentatoren auch die Akzeptanz unter den Teilnehmern.

**Kompetenz- & Potenzialanalyse der ersten und zweiten Führungsebene vor einer geplanten Reorganisation**

**Ausgangslage:** Im Rahmen der Reorganisation sollen auch in der oberen Führungsebene Stellen abgebaut werden, sämtliche verbleibende Führungspositionen sollen nach bester Passung des individuellen Leistungsprofils zum Anforderungsprofil der Zielposition besetzt werden; im Bedarfsfall soll eine Position auch extern besetzt werden

Verhältnis Bewerber zu besetzender Stelle 1,5:1

**Empfohlen:** Additiv-absichernde Eignungsdiagnostik/„Management-Audit"

ALTERNATIVE 1

Auf die Ergebnisse der Anforderungsanalyse (zukünftige Anforderungen) abgestimmte Leistungs- und andere messtheoretisch fundierte Tests; in erster Line auf das benötigte Potenzial ausgerichtet

Kompetenzbasiertes Interview, strukturiert nondirektive Interviewtechnik;zwei erfahrene Interviewer;Fokus: besonders erfolgskritische Kompetenzen, individuelle Werthaltungen und Motive

Optional: Kontaktnetz – Innerhalb des Interviews nondirektive Abfrage der Beziehungsqualität an wichtigen „Nahtstellen"/ Matching aller Teilnehmeraussagen untereinander*)

*) Achtung! Ein 360°-Feedback ist in dieser Situation nicht zu empfehlen, da Verzerrungen durch „politisch-taktische" Antworten zu erwarten sind

**Kompetenz- & Potenzialanalyse der ersten und zweiten Führungsebene vor einer geplanten Reorganisation**

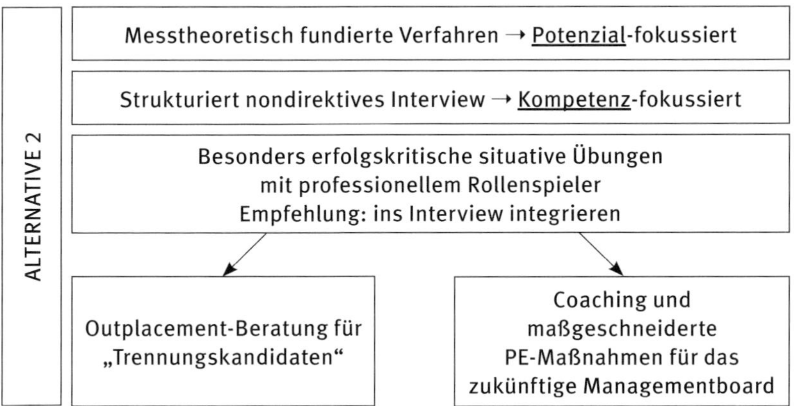


**Abbildung 10:** Beispielhafter Ablauf – Kompetenz- & Potenzialanalyse der ersten und zweiten Führungsebene vor einer geplanten Reorganisation

Zwei Kernbotschaften der Norm insgesamt sind die Transparenz der Prozesse und der Anwendungsbezug sämtlicher eingesetzter Verfahren. Damit greift sie die Bedürfnisse von Auftraggebern und Entscheidungsträgern nach validen und aussagekräftigen Instrumenten genauso auf, wie auch die Bedeutung des Wahrnehmungs- und Erlebnishorizontes der Kandidaten zur Förderung des Verständnisses, dass gute Eignungsdiagnostik immer auch im Interesse der Kandidaten ist.

**Hinweis**

Die wichtige Diskussion um die „Candidate Experience“ hat zu einer höheren Sensibilität für die Bedürfnisse von Kandidaten geführt. Der angemessene Ansatz nach DIN 33430 ist die Begegnung auf Augenhöhe: Transparenz der Entscheidungswege, Klarheit in den Anforderungen, Legitimation der Instrumente und nachvollziehbare Prozesse mit Feedbackangeboten und offenem Austausch. Unternehmen müssen ihrer Verantwortung für die Qualität der zum Einsatz kommenden Instrumente und für die Einstellungsentscheidung insgesamt gerecht werden.

### 3.1.5 Umsetzung des eignungsdiagnostischen Prozesses

Die DIN 33430 macht auch konkrete Vorgaben zur Umsetzung der geplanten Vorgehensweise, zur Auswertung und Interpretation der eingesetzten Verfahren sowie zur Synthese aller Auswertungen und Interpretationen in einer zusammenfassenden Urteilsbildung.

**6 Durchführung, Auswertung, Interpretation und Urteilsbildung**

**6.1 Allgemeines**

Hinsichtlich der Durchführung der Eignungsuntersuchung, der Auswertung der Verfahren, der Interpretation der Verfahrensergebnisse und der darauf basierenden Urteilsbildung sind etwaige gesetzliche Vorgaben (z. B. Datenschutz, Schweigepflicht) einzuhalten. Ebenso sind die in Abschnitt 5 spezifizierten Anforderungen zu beachten. Verfahrensübergreifend sind des Weiteren die folgenden Hinweise zu berücksichtigen.

Die Aussage, dass gesetzliche Vorgaben einzuhalten sind, bedarf an dieser Stelle keiner weiteren Erläuterung.

Im Folgenden sind die Vorgaben der Norm zusammengefasst und kommentiert, die unabhängig von der gewählten Vorgehensweise und der Art und Anzahl der eingesetzten Verfahren (Abschnitt 5 der DIN 33430 bezieht sich auf die Anforderungen an Verfahren; siehe hierzu Kap. 3.2 Instrumente und Verfahren dieses Kommentars) zu beachten sind.

Dazu die Norm:

**6.2 Durchführung der Eignungsuntersuchung**

Spätestens zu Beginn der Untersuchung – soweit möglich bereits im Rahmen der Einladung – sind Kandidaten über die infrage stehende Tätigkeit, Ziele und Funktion der Eignungsuntersuchung, ihren Ablauf und ihre Dauer sowie über mitwirkende Personen und deren Funktionen zu informieren. Ebenso sind Kandidaten darüber aufzuklären, wie die Verfahrensergebnisse verwendet werden, in welcher Form und wie lange sie aufbewahrt werden sowie wer von ihnen Kenntnis erlangt. Dabei sind die Kandidaten über die Einhaltung der Datenschutzbestimmungen zu informieren. Es muss die Einwilligung der Kandidaten in die Eignungsuntersuchung vor dem Hintergrund dieser Informationen sowie die Zustimmung zur Weitergabe der Verfahrensergebnisse eingeholt werden. Andernfalls ist von der Durchführung der Eignungsuntersuchung abzusehen und den Kandidaten sind die hieraus resultierenden Konsequenzen zu erläutern.

In der Regel weisen zu Eignungsuntersuchungen einladende Stellen schon bei der Einladung mindestens auf Veranlassung, Beginn, Ort (virtuell oder Präsenz) und Dauer sowie die grundlegenden Rahmenbedingungen der Untersuchung hin.

Da die Norm ausführliche Vorgaben zur Information aller Kandidaten vor Beginn der eigentlichen Eignungsuntersuchung(en) macht, bietet es sich an, eine Checkliste zur Begrüßung anzufertigen, die alle Normgesichtspunkte abdeckt und nach den eigenen Vorstellungen und Gegebenheiten ergänzt wird. Beispielhaft zeigt die folgende Checkliste für einen Traineeauswahltag relevante Informationen auf. Die von der DIN zwingend vorgeschriebenen Informationen sind *kursiv* gesetzt. Das folgende Beispiel ist für einen Präsenztermin formuliert. Die meisten Inhalte gelten natürlich auch für virtuelle Treffen.

**Beispiel**

**Checkliste Kandidatenbegrüßung**

1) Warum sind Sie eingeladen?
2) *Ziele der heutigen Eignungsuntersuchung*
3) *Funktion der Eignungsuntersuchung im Entscheidungsprozess*
4) *Beginn,*
   *Pausen,*
   Getränke/Verpflegung,
   *gemeinsamer oder individueller Tagesabschluss*
   *(Start am nächsten Tag: ... Uhr)*
   *Ende*
   Ansprechpartner für Organisationsfragen
   Locations (Verpflegung, Toiletten etc.)
5) *Wen treffen Sie heute?*
   *Alle Personen mit Funktionen vorstellen*
6) *Was passiert mit Ihren Ergebnissen?*
   *An wen gehen die Ergebnisse?*
   *In welcher Form und wie lange werden sie aufbewahrt?*
   Hinweise auf Anonymisierung/Pseudonymisierung der Daten zu Forschung und Evaluation
7) *Hinweis zur Einhaltung der Datenschutzbestimmungen*
8) Fragen zur Einwilligung
   *Bestätigung der freiwilligen Teilnahme*
   *Einwilligung zur Weitergabe der Ergebnisse*
   *Erläutern der Konsequenzen bei Nichtteilnahme*
   *Erläutern der Konsequenzen bei Abbruch*

Die Kandidaten sollten zeitlich und psychisch und körperlich nicht mehr beansprucht werden, als für den Untersuchungszweck erforderlich ist.

Die DIN 33430 gibt den durchführenden Stellen die Empfehlung, nicht mehr Zeit für die Untersuchung anzusetzen als nötig und die Kandidaten nicht über Gebühr zu beanspruchen. Obwohl diese Aussage keine Muss-Vorschrift ist, sollten Abweichungen von dieser Empfehlung aus Sicht der Kommentatoren nicht ohne Grund vorgesehen werden und möglichst begründet sein.

**Hinweis**

Daraus lässt sich nicht schlussfolgern, dass sich Verfahren beliebig kürzen lassen. Die Länge eines Verfahrens muss sachlich begründet sein und nicht aus Angst vor Abbrechern zu kurz angesetzt werden. Diese Angst ist sowohl aus der Erfahrung der Kommentatoren als auch nach der wissenschaftlichen Literatur unbegründet. Z. B. zeigen Hardy, J. H. et al. (2017) überzeugend, dass die Neigung, einen Test abzubrechen, mit dessen Länge abnimmt, nicht steigt. Das ist für Verfahrenslängen bis ca. vier Stunden dokumentiert. Auch nach Erfahrung der Kommentatoren finden Testabbrüche, wenn überhaupt (deutlich unter 1 %), zu Beginn der Verfahren statt.

Bewerber schätzen durchaus anspruchsvolle eignungsdiagnostische Prozesse, insbesondere wenn sie detailliertes Feedback zu eigenen Stärken und Entwicklungsfeldern erhalten. Insbesondere die geeigneten Bewerber erleben gute Eignungsdiagnostik nicht als „lästige Hürde“, sondern ganz im Gegenteil. Sie schätzen diesen Prozess als wertvolle Hilfe, um auch selbst eine möglichst hohe Entscheidungssicherheit bei der Auswahl des zukünftigen Arbeitgebers zu erhalten.

Die Objektivität der Durchführung der Verfahren muss sichergestellt werden. Dazu sind die in den Verfahrens- und Handhabungshinweisen enthaltenen Vorgaben und Empfehlungen zur Vorbereitung, zum Material und dessen Einsatz, zu den mündlichen Aufgabeninstruktionen, den vorgeschriebenen Protokollierungen und Zeiten sowie den Regeln zum Umgang mit Nachfragen zu beachten. Sofern urheberrechtlich geschützte Materialien verwendet werden, müssen aus urheberrechtlichen Gründen die Originalmaterialien verwendet werden. Anweisungen bzw. Erläuterungen an die Kandidaten müssen verständlich, eindeutig und möglichst standardisiert erfolgen. Schließlich ist so weit wie möglich dafür zu sorgen, dass Verfahrensergebnisse nicht durch Betrug und / oder Täuschung verfälscht werden.

Die Objektivität eines Verfahrens ist ein wichtiges Gütekriterium. Sie ist Voraussetzung für Zuverlässigkeit und Gültigkeit. Objektivität bedeutet, dass die späteren Ergebnisse unabhängig davon sind, wer das Verfahren erklärt, wer seine Durchführung beaufsichtigt und gegebenenfalls Nach- oder Zwischenfragen beantwortet oder wer bei der Bearbeitung eines Verfahrens noch mitwirkt oder beteiligt ist. Diese Überlegungen zeigen, dass z.B. Gruppenübungen mit Interaktionen von mehreren Kandidaten nie in wirklich objektiven Ergebnissen resultieren können, da eine solche Gruppenarbeit immer maßgeblich von den anderen Teilnehmern mit beeinflusst wird. Trotzdem wird man sie in vielen Formen von Assessment-Centern finden, da sie Hinweise und Eindrücke liefern sollen, die man nur in der Interaktion beobachten kann. Trotz des hohen Aufwandes kann eine hohe Objektivität einer solchen Gruppenübung nur durch den Einsatz von zwei bis drei gebrieften und trainierten Rollenspielern, die mit jeweils einem „echten" Teilnehmer in standardisierter Form interagieren, gewährleistet werden. Wenn tatsächlich besonders erfolgskritische Anforderungen vorliegen, die nur in einer Gruppensituation erfasst werden können, ist dieser Aufwand aus Sicht der Kommentatoren durchaus gerechtfertigt.

Eine wichtige Voraussetzung für Objektivität ist die Vereinheitlichung der Durchführungsbedingungen einer Eignungsuntersuchung. Daher ist es wichtig, möglichst alle vorhersehbaren Interaktionen vorher zu planen und dafür standardisierte Reaktionen vorzugeben. Diese Vorschriften müssen dann in der Durchführung auch beachtet werden. Auch die Materialien müssen für alle Teilnehmer die gleichen sein, genauso wie die Zeitvorgaben und die Zeitkontrollen. Sollten Apparate bzw. technische Hilfsmittel in Übungsanordnungen eingebaut sein, muss sichergestellt sein, dass alle gleich funktionieren.

Vor oder während der Eignungsuntersuchung sollten Informationen über den Arbeitsplatz und die damit verbundenen Aufgaben gegeben werden.

Eine Empfehlung der Norm ist, Eignungsuntersuchungen nicht nur einseitig zur Beurteilung der Kandidaten zu nutzen, um die Entscheidung der Auftraggeber zu unterstützen, sondern auch den Kandidaten Informationen über die Aufgabe oder den Arbeitsplatz zu vermitteln, die für deren Entscheidungsfindung relevant sein können.

Die Anwendung der Verfahren zur Eignungsbeurteilung darf nicht zu einer Benachteiligung oder Bevorzugung einzelner Kandidaten oder Gruppen führen. Insbesondere ist darauf zu achten, dass keine Kenntnisse, Fertigkeiten oder Fähigkeiten das Ergebnis beeinflussen, die nicht zum zu erfassenden Eignungsmerkmal gehören und zugleich bei der Zielgruppe des Verfahrens unterschiedlich ausgeprägt sein können (z.B. Sprachkenntnisse, sofern diese nicht mit dem Verfahren erfasst werden sollen).

Diese normative Forderung bezieht sich auf die wichtigen Prinzipien Vergleichbarkeit aller Kandidatenergebnisse und Fairness. Eine Beeinflussung des Messergebnisses durch eignungsirrelevante Kenntnisse, Fertigkeiten oder Fähigkeiten würde zudem die Aussagekraft der Ergebnisse erheblich beeinträchtigen.

Das bedeutet auch, dass bei Kandidaten, die besonderer Hilfen bedürfen (z.B. bei eingeschränktem Seh- oder Hörvermögen, motorischen Beeinträchtigungen bzw. anderweitigen Einschränkungen), geeignete Vorkehrungen zu treffen sind. Kandidaten mit Einschränkungen müssen nach ihren spezifischen Bedürfnissen in Bezug auf die Eignungsuntersuchung befragt werden. Sofern es möglich und fachlich vertretbar ist, sollte den Bedürfnissen in angemessener Form entsprochen werden, indem z.B. das ursprüngliche Verfahren ohne Ergebnisverfälschung der individuellen Einschränkung angepasst wird oder alternative und für den spezifischen Kandidaten besser geeignete Verfahren verwendet werden. In solchen Sonderfällen kann es fachlich angemessen sein, unterschiedliche Kandidaten mit verschiedenen Verfahren zu testen. Dabei sollten die Einschränkungen Berücksichtigung finden, die zum einen negative Auswirkungen auf die Ausführung der im jeweiligen Verfahren geforderten Aktivitäten bzw. auf die Verfahrensergebnisse haben und die zum anderen irrelevant für das mit dem Verfahren erfasste Eignungsmerkmal sind.

BEISPIEL Wenn es um die Beherrschung der Grundrechenarten geht, kann eine Einschränkung in der Sehkraft berücksichtigt werden, indem die Aufgabenstellung anders (taktil, auditiv) vorgegeben wird. Eine schriftliche Vorgabe von Rechenaufgaben würde dazu führen, dass der Kandidat mit einer Sehbehinderung geringe Leistungen erbringen würde, gleichwohl er die Grundrechenarten beherrscht. Geht es hingegen um die Eignung eines Fahrzeugführers, kann dem Bedürfnis nach einem Verzicht auf Verfahren, die Anforderungen an die Sehkraft stellen, nicht entsprochen werden, weil die Sehfähigkeit relevant für die Eignung ist.

Dahingehend vorgenommene Veränderungen am Verfahren oder seiner Handhabung sollten möglichst durch die Verfahrens- oder Handhabungshinweise abgedeckt sein oder zumindest mit dem Verfahrensentwickler oder dem Herausgeber des Verfahrens (z. B. Verlag) besprochen werden. Die Auswirkungen der Maßnahmen (z. B. zur Veränderung eines Verfahrens oder seiner Handhabung) auf die Gültigkeit der Verfahrensergebnisse sind so gering wie möglich zu halten.

Verfahren zur Eignungsbeurteilung dürfen Kandidaten, die besonderer Hilfen bedürfen, nicht benachteiligen. Diesem, dem Arbeitsausschuss besonders wichtigen Grundsatz, muss im Bedarfsfall der Grundsatz, alle Kandidaten mit den gleichen Verfahren zu testen, untergeordnet werden. Eine standardisierte, gleiche Vorgehensweise soll ja Vergleichbarkeit und Fairness sicherstellen. Die DIN 33430 weist dezidiert darauf hin, dass in Sonderfällen diese Vergleichbarkeit und Fairness besser erreicht werden kann, wenn verschiedene Verfahren eingesetzt werden. Dieser Abwägeprozess kann für jeden Einzelfall nur vom verantwortlichen Diagnostiker – ggf. in enger Abstimmung mit den Entwicklern oder Herausgebern der jeweiligen Verfahren sowie ggf. den „Vertrauenspersonen" für diesen Personenkreis – geleistet werden. Daher wurde die DIN 33430 so formuliert, dass der Ersatz von Verfahren für einzelne Kandidaten durch andere oder abgeänderte Verfahren mit der gleichen Funktion im Einzelfall angezeigt und normkonform sein kann.

Die Kommentatoren empfehlen, diesen Abwägeprozess zu dokumentieren und zu begründen, warum welche Abweichungen von dem Standardvorgehen gewählt wurden.

Bei der Durchführung computerbasierter oder internetgestützter diagnostischer Verfahren sind folgende zusätzliche Aspekte zu beachten:

Es ist festzulegen, welche Art der Authentifizierung und Überwachung unter Berücksichtigung der Art des Verfahrens und des Ziels der Anwendung erforderlich ist. Erst vor dem Hintergrund des Einsatzzwecks lässt sich abschließend beurteilen, welcher Art die Durchführung sein soll: Eine Durchführung ohne Überwachung, eine halb geschützte Durchführung (z. B. mit Identifikation über Benutzername und Passwort) oder eine geschützte Durchführung unter vollständig kontrollierten Bedingungen (z. B. in Testzentren). Werden Durchführungsmodi ohne persönliche Anwesenheit eines Verfahrensleiters gewählt (z. B. ortsunabhängige, internetbasierte Vorgabe mit Authentifizierungsmaßnahmen über Login durch persönlichen Benutzernamen und Passwort), sind die dadurch bedingten Einschränkungen der Durchführungsobjektivität und die erhöhte Manipulierbarkeit bei der Verwertung der Ergebnisse zu berücksichtigen. So sind beispielsweise die Ergebnisse von Leistungsverfahren, die unter nicht oder wenig kontrollierten Bedingungen (z. B. Bearbeitung zu Hause über Internet) gewonnen werden, lediglich für eine Orientierung/ein Screening verwendbar, da weder die Personenidentität des Teilnehmers noch die Objektivität der Durchführung (z. B. unzulässige Hilfsmittel) abschließend gesichert sind. Die Plausibilität der Ergebnisse eines solchen Screening-Verfahrens ist in einem späteren Auswahlschritt unter sicheren Durchführungsbedingungen zu überprüfen.

Bei der Durchführung internetgestützter Verfahren außerhalb von Testzentren ist des Weiteren darauf zu achten, dass den Kandidaten ein Nutzersupport für technische Fragen bereitgestellt wird.

Auch wenn im ersten Satz angekündigt wird, dass zusätzliche Gesichtspunkte für computerbasierte oder internetgestützte diagnostische Verfahren aufgeworfen werden, geht es hier im Wesentlichen wieder um die Objektivität und die Verhinderung von Abweichungen von den standardisierten Durchführungsbedingungen (dies können sowohl unerlaubte Hilfen als auch Ablenkungen und Störungen sein).

Weiterhin ist aus Sicht der Kommentatoren festzustellen: Im Einsatzgebiet Personalauswahl machen Onlineverfahren ohne eine Authentifizierung gar keinen Sinn, denn es muss in einer Anwendung für die Eignungsdiagnostik möglich sein, festzustellen, welcher Person welches Ergebnis zuzuordnen ist. Dass eine solche Online-Authentifizierung über Passwort nicht sicherstellt, dass der Zugangsberechtigte auch wirklich derjenige ist, der das Verfahren bearbeitet hat, ist selbstverständlich und hinreichend betrachtet.

Daher macht in der Praxis der Eignungsbeurteilung nur die Unterscheidung zwischen überwachter und nicht überwachter Durchführung Sinn. Zur Nutzung für die Vorselektion von Bewerbern bieten sich nicht überwachte Onlineverfahren, aus Sicht der Kommentatoren insbesondere für folgende Konstellationen an:

- große Anzahl von Bewerbern
- weite Anreisewege von Bewerbern
- Zeitverschiebung zwischen Bewerber und Organisation

Für diese Fälle bieten qualitätsgesicherte Onlineverfahren als Screening/ Vorselektions-Methode mittlerweile eine überzeugende Möglichkeit zur Optimierung von Auswahlprozessen. Eine wichtige Voraussetzung, dass ein derartiges Screening auch funktioniert, ist der in der Norm angeregte technische Support für Testteilnehmer.

Allerdings können solche nicht überwachten Onlineverfahren nicht die einzige oder die Hauptmethodik der Eignungsbeurteilung sein.

### 3.1.6 Auswertung, Interpretation und Urteilsbildung

Auch zu diesen Themen macht die Norm verschiedene Muss- und Soll-Vorgaben.

> **6.3 Auswertung der Verfahren**
>
> Die Auswertung hat sich nach den vorher festgelegten Regeln zu richten. Abweichungen von den Verfahrens- oder Handhabungshinweisen durch Störungen oder Verfälschungen sind festzuhalten und bei der Auswertung zu berücksichtigen. Bei Kandidaten, für die während der Durchführung eines Verfahrens bestimmte Maßnahmen ergriffen wurden, um ihrem besonderen Hilfebedarf gerecht zu werden, ist zu prüfen, inwieweit Auswertungsregeln und -vorgehensweisen angepasst werden müssen.

Diese Aussagen sind allesamt Muss-Vorschriften.

Der erste Satz dieses Absatzes betont noch einmal, dass Regeln, die vorab festgelegt worden sind, bei der Auswertung auch anzuwenden sind. Diese Aussage gilt immer, unabhängig davon, wer mit wem die Festlegung getroffen hat und wer die Auswertung durchführt. Aus dieser Vorgabe folgt zwingend, dass, wenn bei der Auswertung Festlegungen als nicht angemessen erscheinen, das Gremium oder der Personenkreis, der die Festlegungen getroffen hat, konsultiert werden muss. Ist das nicht möglich, muss nach Ansicht der Kommentatoren ein solcher Fall dem verantwortlichen Diagnostiker vorgelegt werden, der den Umgang damit und die notwendige Dokumentation und Berichterstattung entscheidet.

Die daran anschließenden Sätze beziehen sich trotz ihrer Referenz auf die Verfahrens- und Handhabungshinweise nicht ausschließlich auf messtheoretisch fundierte Verfahren. Der Bezug mit der Verknüpfung „oder" meint an dieser Stelle und in den folgenden Absätzen immer die Hinweise, die für die jeweilige Verfahrensklasse vorgeschrieben sind. Die zwingend vorgeschriebene Dokumentation sollte unbedingt von der Person vorgenommen werden, die die Störungen und Verfälschungen beobachtet hat bzw. die die Hilfsmaßnahmen bei der Durchführung vorgenommen hat. Die Prüfung und gegebenenfalls Anpassung der Auswertung sollte nur dann von anderen Personen als dem Eignungsdiagnostiker oder dem verantwortlichen Eignungsdiagnostiker vorgenommen werden, wenn der vorliegende Fall durch die Verfahrens- und Handhabungshinweise geregelt ist. In allen anderen Fällen sollte der verantwortliche Eignungsdiagnostiker dies selbst tun.

Es dürfen nur Informationen zu anforderungsrelevanten Eignungsmerkmalen ausgewertet werden.

Diesen Anforderungsbezug findet man mehrfach in der Norm, weil er grundsätzlich für das gesamte Vorgehen und damit für jeden einzelnen Prozessschritt gilt.

**6.4 Interpretation der eignungsrelevanten Informationen**

Die Interpretation der eignungsrelevanten Informationen und die Beurteilung der Eignung müssen sich nach den Grundsätzen der Objektivität sowie der Unparteilichkeit und Unabhängigkeit in Bezug auf die Kandidaten richten. Abweichungen von den Verfahrens- oder Handhabungshinweisen jeglicher Art (z. B. durch Störungen oder Verfälschungen bzw. durch intendierte Veränderungen aufgrund der Bedürfnisse von Kandidaten, die spezifische Hilfen benötigen) sind bei der Interpretation zu berücksichtigen.

Der erste Satz ist so zu verstehen, dass auch bei Verfahren, die nicht messtheoretisch fundiert sind und zu denen keine Verfahrenshinweise vorliegen, insbesondere bei Dokumentenanalyse, Interview und Beobachtung z. B. in Assessment-Centern, die Eignungsmerkmale so erfasst werden müssen, dass persönliche Merkmale der Kandidaten, die keinen Eignungsbezug haben, nicht in die Interpretation der Informationen einfließen und diese nicht beeinflussen dürfen. Ein häufig gewähltes Beispiel ist hier das Foto. Wenn es sich nicht um die Besetzung einer Stelle als Fotomodell o. Ä. handelt, hat die Qualität des Bewerbungsfotos keinen Eignungsbezug und darf daher nicht in die Eignungsbeurteilung einfließen.

Bei etwaigen im Rahmen der Dokumentenanalyse durchgeführten Online-Recherchen in sozialen Netzwerken ist insbesondere zu beachten, dass bereits das Recherchieren von Informationen nur zu einzelnen Kandidaten dem Gebot der Objektivität widersprechen würde. Wenn Online-Recherchen vorgenommen werden, müssen auch diese

1) für alle Kandidaten in gleicher Weise und mit gleichen Fragestellungen durchgeführt werden und

2) nach vorher festgelegten Kriterien interpretiert werden.

Nur wenn im Rahmen der Planung des Vorgehens Entscheidungskriterien festgelegt wurden, auf Basis welcher Hinweise in den Bewerbungsunterlagen systematisch online nachrecherchiert werden soll, darf selektiv zu einzelnen Kandidaten recherchiert werden. Freie Assoziationen, z. B. zu Randinformationen aus einem Gesprächseindruck und die Überlegung „Das kam mir aber komisch vor, da recherchiere ich doch mal im Internet, ob ich etwas finde“, sind nach DIN 33430 nicht zulässig. Vage Eindrücke, die im Gespräch entstehen, sollten auch immer im Gespräch durch Nachfragen geklärt werden und nicht mittels subjektiver Vermutungen und Schlussfolgerungen oder zusätzlicher Recherchen im Nachhinein interpretiert werden.

**Es sollten nur dann Interpretationen der Ergebnisse einzelner Verfahrensbestandteile vorgenommen werden, wenn diese Interpretationen durch die Handhabungs- oder Verfahrenshinweise abgedeckt sind.**

Nachdem die einzelnen Verfahren ausgewertet sind, werden die vorliegenden Ergebnisse in Hinblick auf die zu beantwortende Fragestellung interpretiert. Auf der Grundlage dieser Interpretationen folgt die Eignungsbeurteilung. Die Interpretation der Ergebnisse ist also ein ganz entscheidender Schritt zur Urteilsbildung. Dennoch wurde für die Interpretation der Ergebnisse einzelner Verfahrensbestandteile bewusst keine Muss-, sondern eine Soll-Vorschrift formuliert.

Dies berücksichtigt die Möglichkeit, dass ein Verfahren aus technischen, organisatorischen oder anderen Gründen nicht vollständig durchgeführt werden konnte. Damit nicht auch die Informationen, die in einem solchen Fall gewonnen werden konnten, verloren gehen, eröffnet diese Soll-Vorschrift in Ausnahmefällen die Möglichkeit, trotzdem auf diese unvollständigen Informationen zurückzugreifen. In solchen Ausnahmefällen muss aber aus Sicht der Kommentatoren unbedingt ein Eignungsdiagnostiker die Interpretation vornehmen.

In den Handhabungs- oder Verfahrenshinweisen nicht vorgesehene Interpretationen auf Itemebene (z. B. eine konkrete Antwort auf eine einzelne Frage eines Persönlichkeitsfragebogens) sollten demgegenüber nach Überzeugung der Kommentatoren nicht vorgenommen werden.

Bei den messtheoretisch fundierten Verfahren sind bei der Interpretation von Verfahrensergebnissen wie auch bei der Interpretation von Messwertdifferenzen beim Vergleich von Verfahrensergebnissen der jeweilige Standardmessfehler und die entsprechenden Vertrauensintervalle zu berücksichtigen.

Jedes Messergebnis ist mit einem bestimmten Messfehler behaftet. Deshalb erinnert dieser Absatz der Norm daran, dass bei einem Vergleich von Verfahrensergebnissen diese Messungenauigkeit bei der Interpretation berücksichtigt wird. Es wäre z.B. unangemessen, zwei Messergebnisse in einem Intelligenztest von Prozentrang 45 und Prozentrang 48 dahingehend zu interpretieren, dass der Kandidat mit PR 48 eine „deutlich höhere Intelligenzleistung" gezeigt habe. Ab wann Unterschiede in den Messergebnissen tatsächlich als Leistungsunterschiede im jeweiligen Eignungsmerkmal interpretiert werden können, lässt sich für den Eignungsdiagnostiker durch die statistischen Kennwerte „Standardmessfehler" und „Vertrauensintervall" bestimmen.

Der Standardmessfehler ist wichtig für die Bestimmung des Vertrauensintervalls. Dieses gibt an, innerhalb welcher Grenzen der tatsächliche Messwert („wahre Wert") mit welcher Wahrscheinlichkeit liegt.

Je höher die Reliabilität eines messtheoretisch fundierten Verfahrens ist, umso geringer ist der Standardmessfehler. Deshalb spielt die Höhe der Reliabilität eine so große Rolle.

Hinsichtlich der Auswertung / Interpretation ist bei computerbasierten oder internetgestützten Verfahren zusätzlich zu beachten, dass die Gültigkeit der Algorithmen dauerhaft sichergestellt wird, die den automatisierten Ergebnisberichten / -interpretationen zu Grunde liegen.

Diese Algorithmen sind bei Revisionen eines Verfahrens oder auch nur einzelner Verfahrensbestandteile grundsätzlich zu kontrollieren und gegebenenfalls anzupassen.

Ergebnisberichte / Darstellungen sind so zu formulieren, dass sie für die jeweilige Zielgruppe (z.B. Kandidaten, Auftraggeber) verständlich sind. Beim (internetgestützten) Testen ohne persönliche Rückmeldung ist in besonderem Maße auf die Aussagekraft und Verständlichkeit der Ergebnisberichte zu achten. Angesichts der Schwierigkeit, die Wirkung der Rückmeldung auf den Kandidaten einschätzen zu können, sollte die Rückmeldung selbstwertschützend ausfallen, und es sollten Hinweise gegeben werden, wie auf Unterstützung und andere Informationen zurückgegriffen werden kann. Bei Verfahren mit automatischer Klassifikation und/oder automatisierten Ergebnisberichten / -interpretationen trägt der Dienstleister in jedem Fall die Verantwortung für die Richtigkeit der übermittelten Informationen. Die Kandidaten sind darauf hinzuweisen, dass der Ergebnisbericht automatisiert erstellt wurde.

Auch die meisten dieser Ausführungen sind Muss-Vorgaben der DIN 33430. Die zentrale Botschaft, dass Rückmeldungen „selbstwertschützend ausfallen SOLLTEN“ wurde bewusst als weicherer Appell formuliert, da die Dimension „selbstwertschützend“ schwer zu messen ist. Wichtig war den Mitgliedern des Arbeitsausschusses, dass bei automatisiert erstellten und nicht in jedem Einzelfall vom verantwortlichen Eignungsdiagnostiker überprüften und ggf. ergänzten Berichten die Kandidaten auf die automatisierte Erstellung hingewiesen werden. Auch für diese Berichte muss es einen Verantwortlichen für die Richtigkeit der Inhalte geben. In diesem Fall trägt der Dienstleister, der das jeweilige Verfahren anbietet, die Verantwortung.

**6.5 Ergebnisbericht**

Der Ergebnisbericht muss sich auf anforderungsrelevante Aspekte beschränken und Antworten auf die in der Auftragserteilung gestellten Fragen geben.

Der Anforderungsbezug, der in der DIN 33430 konsequent für die eingesetzten Verfahren und für die insgesamt zu den Kandidaten erfassten Informationen gefordert wird, wird auch für die Inhalte des Ergebnisberichtes vorgeschrieben.

Die Darstellung sollte adressatengerecht erfolgen und verständlich sein.

Diese Textpassage der Norm stellt als Soll-Vorschrift eine Inkonsequenz zur Aussage unter dem Normkapitel 6.4 Interpretation der eignungsrelevanten Informationen dar: „Ergebnisberichte / Darstellungen sind so zu formulieren, dass sie für die jeweilige Zielgruppe (z.B. Kandidaten, Auftraggeber) verständlich sind", die als Muss-Vorschrift formuliert ist. Tatsächlich sind „adressatengerecht" und „verständlich" schwer zu messende Dimensionen.

Grundsätzlich war den Autoren der Norm die Botschaft wichtig, dass beim Schreibstil des Ergebnisberichts die Verständlichkeit für die Zielgruppe den Fokus darstellt und nicht andere Kriterien, wie bspw. ein wissenschaftlicher oder ein in erster Linie auf Eindruck zielender Schreibstil voller Klingelwörter.

Es ist darauf einzugehen, auf welche eignungsrelevanten Informationen sich die Eignungsbeurteilung stützt und welche Bedeutung welcher Information beigemessen wurde. Es müssen alle eignungsrelevanten Informationen in der vorgesehenen Weise berücksichtigt werden, eine selektive Nutzung von Informationen ist unzulässig. Es ist jeweils anzugeben, auf welchen eignungsrelevanten Informationen ein Ergebnis basiert.

Insbesondere, wenn in einem Bericht die Ergebnisse aus unterschiedlichen Verfahren zu einer Eignungsbeurteilung zusammengefasst werden, ist es für die Nachvollziehbarkeit der Schlussfolgerung wichtig, welche eignungsrelevanten Informationen wie interpretiert wurden. Aus Sicht der Kommentatoren schließt dies auch ein, darzustellen, welche Ergebnisse mit welchem Verfahren erzielt wurden. Die Muss-Vorschrift, alle eignungsrelevanten Informationen in der vorgesehenen Weise zu berücksichtigen, ist besonders entscheidend, wenn sich einzelne Ergebnisse auf den ersten Blick widersprechen bzw. sich einzelne Ergebnisse nicht zu einem stimmigen Gesamtbild zusammenfassen lassen.

Best-Practice ist hier, auf die (scheinbaren) Widersprüche hinzuweisen und die Schlussfolgerungen des verantwortlichen Eignungsdiagnostikers nachvollziehbar zu begründen.

Die obigen Vorschriften schließen selbstverständlich nicht die adressatenorientierte Verkürzung auf handlungs- und entscheidungsrelevante Informationen aus. Ein Ergebnisbericht ist keine wissenschaftliche Abhandlung, sondern ein praxisorientiertes Dokument, das dazu dient, in der Auftragsklärung formulierte Fragen zu beantworten und eine Entscheidung vorzubereiten.

Die Beschreibung der eignungsrelevanten Informationen ist deutlich von ihrer Interpretation abzugrenzen.

Die Beschreibung der Informationen ist als die Darstellung der Ergebnisse zu verstehen, die selbstverständlich z.B. für messtheoretisch fundierte Verfahren auch numerisch in Form der aggregierten Scores erfolgen kann.

Wenn hinsichtlich bestimmter Ergebnisse Unklarheiten bestehen, sind diese entsprechend darzustellen und ihre Bedeutung für die Beurteilung der Eignung ist zu erläutern.

Hiermit sind Unklarheiten hinsichtlich der Interpretation von einzelnen Ergebnissen und der Einordnung in den Gesamtkontext gemeint. (Anmerkung: Cut-off-Punkte sollten z.B. durch exakte Angaben wie „≥“ oder „>“ vorher eindeutig festgelegt sein). Insbesondere bei Abweichungen von den Verfahrens- oder Handhabungshinweisen jeglicher Art (z.B. durch Störungen oder Verfälschungen) ist die Aussagekraft der Ergebnisse durch den verantwortlichen Eignungsdiagnostiker kritisch zu prüfen. In Zweifelsfällen sollten nach Ansicht der Kommentatoren Ergebnisdaten nicht benutzt werden. In diesem Fall muss auf diese Lücke in der eignungsdiagnostischen Arbeit hingewiesen werden.

In analoger Weise ist mit eignungsrelevanten Informationen umzugehen, die zu sich widersprechenden Interpretationen führen.

Hiermit ist gemeint, dass Widersprüche in der Bewertung von Informationen aus mehreren Datenquellen transparent berichtet werden müssen.

Sollte die in der Auftragserteilung formulierte Fragestellung sich (auch) auf Maßnahmenvorschläge beziehen, so müssen diese realistisch sowie umsetzbar sein und konkret beschrieben werden.

Dieser Punkt unterstreicht noch einmal die Bedeutung der Auftragsklärung. Die Forderung nach Umsetzbarkeit und Konkretheit von Maßnahmenvorschlägen unterstreicht den praktischen Nutzen, auf den die DIN 33430 insgesamt zielt.

### 3.1.7 Dokumentation

**7 Dokumentation des Vorgehens**

Das Vorgehen bei der Eignungsbeurteilung ist auf Seiten des Dienstleisters so zu dokumentieren, dass es nachvollzogen und ggf. später vergleichbar wiederholt werden kann.

Diese Forderung bezieht sich nicht nur auf den generell bei einer fundierten und wissenschaftlich abgesicherten Vorgehensweise zu erwartenden Grundsatz der Replizierbarkeit, sondern auch auf das Gebot der Fairness und Transparenz. Dies besagt nämlich, dass die für einen Bewerber oder eine (erste) Gruppe von Bewerbern gewählte Vorgehensweise auch für spätere Bewerber für die gleiche oder eine vergleichbare Position einsetzbar sein soll.

Selbstverständlich muss aber die Dokumentation nicht eine Handlungsanweisung für weniger Qualifizierte oder Laien sein. Es ist bei der Aufstellung dieser Muss-Vorschrift davon ausgegangen worden, dass der verantwortliche Eignungsdiagnostiker für eine spätere Durchführung gleich qualifiziert wie in der ursprünglichen Eignungsbeurteilung ist.

Diese Dokumentation wird wesentlich durch die Handhabungs- und (bei messtheoretisch fundierten Fragebogen und Tests) Verfahrenshinweise geleistet.

Diese Vorgabe erleichtert wesentlich den Anwenderaufwand, da diese Hinweise ja grundsätzlich schon vor einer Eignungsbeurteilung zur Verfügung stehen. Daher müssen nur solche Informationen zusätzlich dokumentiert sein, die diese Hinweise ergänzen bzw. von den Hinweisen abweichende aufgekommene Sonderfälle.

Nachfolgende Aspekte sind zu dokumentieren, soweit diese nicht bereits an anderer Stelle dokumentiert sind:

a) der zwischen Auftraggeber und Dienstleister abgestimmte Auftrag zur Eignungsbeurteilung;

Dies kann ökonomisch bei einem internen Dienstleister z. B. durch Protokolle, Mitschriften oder E-Mail-Korrespondenz abgedeckt werden, bei externen Dienstleistern werden in der Regel ein schriftliches Angebot und ein Auftrag vorliegen.

b) das Vorgehen bei der Anforderungsanalyse;

c) die wesentlichen Ergebnisse der Anforderungsanalyse;

Da die Anforderungsanalyse für alle weiteren Schritte im eignungsdiagnostischen Prozess die entscheidende Basis darstellt, sollte die in der DIN 33430 geforderte Dokumentation der Vorgehensweise und der abgeleiteten Ergebnisse aus Sicht der Kommentatoren möglichst detailliert erfolgen.

d) die Verfahren und deren Abfolge / Ablaufplan;

Basis für diese Dokumentation kann z. B. auch der Zeitplan sein.

e) die Zuordnung der Verfahren zu den Eignungsmerkmalen (z. B. eine Dimensions-Übungs-Matrix im Assessment-Center);

Hier enthält die Norm selbst ein Beispiel, das sicher auch für andere Formen von multimodalen Herangehensweisen eine empfehlenswerte Form der Übersicht darstellt. Auch ein erklärender Text (z. B. aus dem Angebot oder dem Ergebnisbericht) würde den Anforderungen an die Dokumentation gerecht werden.

f) die Instruktionen für die Kandidaten, soweit diese nicht an anderer Stelle (z. B. in den Handhabungs- und Verfahrenshinweisen) dokumentiert sind;

Dazu würden auch vorher vorbereitete Sprechzettel für die Instruktoren geeignet sein. Bei Online-Verfahren sollten die Instruktionen auch außerhalb des technischen Systems verfügbar sein.

g) sofern Befragungen (z. B. Interviews) und / oder Verhaltensbeobachtungen durchgeführt werden: Die Antworten auf eignungsdiagnostisch relevante Interviewfragen und / oder eignungsdiagnostisch relevante Beobachtungen;

Diese Antworten werden in der Regel für die Auswertung und die Interpretation codiert vorliegen, z.B. in Form von ausgefüllten Beobachtungsformularen. Bei handschriftlichen Notizen ist darauf zu achten, dass sie möglichst leserlich sind. Das ist auch schon für die Auswertung und Interpretation nützlich.

h) sofern mehrere Personen an einer Befragung (z.B. Interview) und / oder an einer Verhaltensbeobachtung teilnehmen und gleichzeitig eine Beurteilung abgeben, so sind die Beurteilungen jedes einzelnen Bewerters für jede Kompetenz und jedes Potenzial festzuhalten;

An dieser Stelle sei darauf hingewiesen, dass allen Bewertungen jeweils Beobachtungen und entsprechende Notizen dazu vorausgehen sollten, die ebenfalls dokumentiert sein sollten. Das in der DIN 33430 geforderte Festhalten der Beurteilung jedes Interviewers und Beobachters kann Ausgangspunkt sein für die Berechnung der Interrater-Übereinstimmung.

i) Abweichungen von den Verfahrens- oder Handhabungshinweisen jeglicher Art (z.B. durch Störungen oder Verfälschungen bzw. durch intendierte Veränderungen aufgrund der Bedürfnisse von Kandidaten, die spezifische Hilfen benötigen);

Da diese Abweichungen bereits im Rahmen der Auswertung und Interpretation berücksichtigt wurden, werden dazu meist bereits protokollarische Notizen vorliegen, die zur Dokumentation ausreichend sein werden.

j) die Regeln zur Integration aller über einen Kandidaten erhobenen Informationen zu einem Eignungsurteil;

Da diese Regeln vorab definiert und dann angewandt wurden, wird es dazu bereits eine Dokumentation geben.

k) das Ergebnis der Eignungsbeurteilung.

Insbesondere wenn weitgehend zusammenfassende Ergebnisberichte verfasst werden, ist darauf zu achten, dass alle oben genannten Einzelheiten pro Bewerber dokumentiert werden. Die Dokumentation entsprechend den gesetzlichen Vorgaben muss insbesondere für den Fall aufbewahrt werden, dass eine etwaige gerichtliche Überprüfung der auf die Eignungsfeststellung folgenden Entscheidung auf alle notwendigen Detailinformationen zurückgreifen kann.

Dabei gilt grundsätzlich, dass auf alle bereits im eignungsdiagnostischen Prozess angefertigten Dokumente und Unterlagen zurückgegriffen werden kann und es bei der Dokumentation zumeist nicht darum gehen wird, neue Dokumente zu erstellen, sondern darum, zu entscheiden, was vernichtet werden kann und was aufbewahrt werden muss. Der Hinweis, dass alle diese Informationen sensible Daten beinhalten werden und dass alle einschlägigen Vorschriften und Vereinbarungen zu beachten sind, erfolgt an dieser Stelle der guten Ordnung halber.

### 3.1.8 Evaluation: Immer besser werden

Das 8. Kapitel der DIN 33430 heißt „Evaluation/Ableitung von Verbesserungsmaßnahmen". Das Kapitel schließt erstens den in der Norm mehrfach ausgesprochenen Appell ein, Maßnahmen zur Eignungsbeurteilung, die wiederholt durchgeführt werden, so auszuführen, dass aus Erfahrungen und Erkenntnissen gelernt werden kann und die Qualität der Beurteilungen immer besser wird. Zweitens wird aufgezeigt, dass auch einmalig durchgeführte Maßnahmen der Eignungsbeurteilung als Lernchance wahrgenommen werden müssen, um grundsätzliche Verbesserungspotenziale zu realisieren.

**8 Evaluation / Ableitung von Verbesserungsmaßnahmen**

Auftraggeber und Dienstleister müssen gemeinsam zu geeigneten Zeitpunkten eine kritische Würdigung des Vorgehens und der Verfahren vornehmen. Dies dient unter anderem der Steigerung der Effektivität und Effizienz des Vorgehens. Dabei sollten auch Wirtschaftlichkeitsbetrachtungen angesprochen werden.

In der Praxis kommt es immer wieder vor, dass Vorgehensweisen zur Routine werden, ohne dass überhaupt jemals die Aufwände und die Ergebnisse kritisch betrachtet werden. Die DIN 33430 fordert demgegenüber, „zu geeigneten Zeitpunkten eine kritische Würdigung des Vorgehens und der Verfahren". Dies ist eine Muss-Vorschrift. Allerdings lässt der Begriff der „kritischen Würdigung" bewusst Spielraum für den Detaillierungsgrad der Evaluation. Den Mitgliedern des Arbeitsausschusses war es wichtig, dass eine vom Auftraggeber und Dienstleister gemeinsam durchgeführte Evaluierung überhaupt stattfindet, wobei empfohlen wird, in die Evaluation auch Wirtschaftlichkeitsbetrachtungen einzubeziehen. Als anwendbarer Ansatz wird von den Kommentatoren der PDCA-Zyklus (Plan-Do-Check-Act) als aus dem Qualitätsmanagement bekannt vorausgesetzt.

Sofern die Eignungsbeurteilung in Zukunft unter vergleichbaren Voraussetzungen erneut durchgeführt wird, sollten aus ihrer Evaluation ggf. konkrete Verbesserungsmaßnahmen abgeleitet werden. Voraussetzung für die Evaluation ist, dass die im Rahmen der Planung festgelegten Qualitätsmerkmale des Vorgehens und der Verfahren erfasst werden. Qualitätsmerkmale sind zum Beispiel:

- Grad der Erreichung der vorher festgelegten Ziele;
- Bewertung der erreichten Kosten- / Nutzenrelation;
- Grad der Nutzung der Ergebnisse der Eignungsbeurteilungen für Auswahl- und Entwicklungsentscheidungen;
- Akzeptanz des Vorgehens und der Verfahren seitens der Kandidaten;
- Akzeptanz des Vorgehens und der Ergebnisse in der Auftrag gebenden Institution;
- Verständlichkeit der Eignungsaussage und / oder Ergebnisberichte.

Durch diese Empfehlungen wird daran erinnert, dass für eine Evaluation die im Rahmen der Planung festgelegten Qualitätsmerkmale des Vorgehens und der Verfahren erfasst werden müssen und dass das Ziel einer Evaluation immer auch das Lernen ist. Es sollten also aus einer Evaluation Vorschläge für Verbesserungsmaßnahmen abgeleitet werden oder zumindest ableitbar sein. Diese Vorschläge sollten konkret, das heißt praxisnah und praktikabel sein.

Die aufgeführten möglichen Qualitätsmerkmale sind exemplarisch, sie stellen weder eine erschöpfende noch eine verpflichtende Liste dar. Insbesondere bereits im Unternehmen etablierte, übergeordnete Key Performance Indicators sollten, wenn möglich, in diese Betrachtung einbezogen werden.

Sofern eine große Anzahl von Kandidaten untersucht wurde, sollten zur Qualitätssicherung und -optimierung auch die im konkreten Anwendungsfall realisierte Objektivität und Zuverlässigkeit der einzelnen Verfahren sowie die Gültigkeit des gesamten Vorgehens bestimmt werden. Wurden diese Prüfungen in den letzten 8 Jahren nicht durchgeführt, muss begründet werden, warum das Vorgehen und die Verfahrensauswahl dennoch beibehalten wird.

An dieser Stelle nutzen die Autoren der DIN 33430 ihre Ausführungen zur Evaluation, um noch einmal ihre Sichtweise auf die Gütekriterien transparent zu machen. Die DIN 33430 formuliert hier, dass die Reliabilität und die Objektivität von einzelnen Verfahren in der Anwendung der Eignungsbeurteilung erfasst werden können und auch erfasst werden sollten. Die Gültigkeit (prognostische Validität im Kontext der Auswahl von Mitarbeitern) sollte sinnvollerweise für das gesamte Vorgehen bestimmt werden.

Derartige Bestimmungen sollten zumindest einmal in acht Jahren durchgeführt werden. Einzelnen Mitgliedern des Arbeitsausschusses war dieser Zeitraum zu lang. Da es aber keine natürliche Zeitspanne gibt, die sich als Maßstab anbietet, wird eine Festlegung immer willkürlich bleiben. Man einigte sich auf acht Jahre und legte fest, dass das Versäumen der Kontrolle und Bestimmung von Gütekriterien in diesem Zeitraum ausdrücklich zu begründen sei. Dieser Zeitraum erschien komfortabel, um eine Maßnahme zu planen, in Pilotdurchführungen zu erproben, nach einigen Jahren Erfahrung ggf. mit Feinjustierungen fest zu etablieren und anschließend die Gütekriterien zu bestimmen.

Sofern mehrere Personen an einer Befragung (z. B. Interview) und / oder an einer Verhaltensbeobachtung teilnehmen und eine Beurteilung abgeben, sollte der Grad der Übereinstimmung zwischen den beurteilenden Personen für jedes zu beurteilende Eignungsmerkmal bestimmt werden.

Diese Empfehlung fällt unter die fast selbstverständlichen Kontrollmaßnahmen, die notwendig sind, um festzustellen, ob man überhaupt ein abgestimmtes Vorgehen hat, in dem mehrere Beobachter gemeinsam nach einheitlichem Verständnis und nach einheitlichen, anforderungsbezogenen Maßstäben beobachten und beurteilen.

Sofern Verfahren eingesetzt werden, die von Dritten entwickelt wurden (z. B. Fragebogen und Tests), sollten nach Möglichkeit anonymisierte / pseudonymisierte Daten für die Verfahrenspflege (z. B. Normierung) und Evaluation auch den Verfahrensentwicklern sowie Forschern zur Verfügung gestellt werden.

Ein diesem Appell entsprechendes Vorgehen stellt die Voraussetzung dafür dar, dass Testautoren ihre Verfahren in realen Situationen überprüfen und weiterentwickeln können. Die Kommentatoren möchten an dieser Stelle ein solches Vorgehen und eine solche Kooperation zwischen Verfahrensautoren und Anwendern ausdrücklich ermutigen.

Auch die Erfassung von Leistungsdaten , die notwendig sind, um die prognostische Validität überhaupt ermittelbar zu machen, ist den Mehraufwand auf jeden Fall wert.

> **Hinweis**
>
> Die Erfahrung der Kommentatoren und aktuelle Forschungsergebnisse zeigen immer deutlicher, dass Leistung und Erfolg in manchen Unternehmen und Organisationen voneinander entkoppelt sind. Daher sind subjektive Beurteilungen oder reine Erfolgskriterien wie Steigerung des individuellen Einkommens oder Schnelligkeit im hierarchischen Aufstieg für die Erforschung prognostischer Validität deutlich weniger geeignet als harte Leistungsmaße.

## 3.2 Instrumente und Verfahren

Ein zentrales Kapitel der DIN 33430 heißt „Anforderungen an Verfahren“. Dabei war es explizites Ziel des Arbeitsausschusses, nicht nur messtheoretisch fundierte Verfahren zu behandeln, wie bspw. Leistungstests oder Persönlichkeitsfragebogen, sondern alle in der Praxis sinnvoll einzusetzenden Methoden, Instrumente oder Tools. Für messtheoretisch fundierte Verfahren gelten dabei die höchsten Qualitätsanforderungen, aber auch eine Dokumentenanalyse oder ein Interview müssen eine Reihe von Kriterien erfüllen, damit sie überhaupt einen Beitrag zur beruflichen Eignungsdiagnostik leisten können. Der Verfahrensbegriff laut DIN 33430 umfasst neben den messtheoretisch fundierten Tests (Verfahren oder eignungsdiagnostische Instrumente im engeren Sinn) auch alle anderen Arten standardisierter Vorgehensweisen bzw. Methoden mit dem Ziel einer berufsbezogenen Eignungsbeurteilung. Um dem Ziel der Norm „Qualitätssicherung und -optimierung von Personalentscheidungen“ gerecht zu werden, werden die Anforderungen pro Verfahrenskategorie differenziert.

> **5 Anforderungen an Verfahren**
>
> **5.1 Kategorisierung von Verfahren**
>
> Im Folgenden werden Anforderungen an Verfahren formuliert. Dabei wird zwischen allgemeinen Anforderungen einerseits und verfahrensspezifischen Anforderungen andererseits unterschieden. Die verschiedenen Verfahren wurden nach der Herkunft der Informationen in Kategorien zusammengefasst und sind in folgende fünf Gruppen unterteilt:

a) Dokumentenanalyse (z.B. die Analyse und Interpretation von Hochschul-, / Schul- und Arbeitszeugnissen, dem Lebenslauf, von Beurteilungen, der Ergebnisse von Internetrecherchen);

b) direkte mündliche Befragungen (z.B. Interview mit Kandidaten; Gespräch mit einem Referenzgeber);

c) Verfahren zur Verhaltensbeobachtung und Verhaltensbeurteilung (z.B. Rollenspiele, Gruppendiskussionen, Präsentationsübungen, Arbeitsproben);

d) messtheoretisch fundierte Fragebogen (z.B. Persönlichkeitsfragebogen, Interessenfragebogen);

e) messtheoretisch fundierte Tests (z.B. Intelligenztests, Wissenstests, Situational Judgement Tests[8]).

Die Zuordnung eines Verfahrens zu einer der fünf Kategorien ist im Einzelfall zu klären; sie kann nicht allein aufgrund der Bezeichnung des Verfahrens vorgenommen werden.

Bei der Beurteilung der notwendigen Qualifikation der an der Eignungsbeurteilung beteiligten Personen ist die Kategorie des jeweiligen Verfahrens zu berücksichtigen.

Assessment-Center / Development Center, Management-Audits usw. bestehen aus einem Methoden-Mix. Hinsichtlich der Anforderungen ist jede „Übung" einzeln zu betrachten und einer Kategorie und deren Anforderungen zuzuordnen.

Die in der Norm gewählte Kategorisierung von Verfahren wurde nach ihrer Datenquelle vorgenommen und entspricht einem breiten Konsens – siehe hierzu auch Kersting (2011). Die Norm spricht technisch präzise von „Persönlichkeitsfragebogen", umgangssprachlich ist der Begriff „Persönlichkeitstest" vorherrschend. Die Reihenfolge der Nennung entspricht einer

8 Begriffsdefinition in DIN 33430:

**2.17 Situational Judgement Tests**

spezifische Form eines messtheoretisch fundierten Tests, der eignungsrelevante Situationen vorgibt und als Antwort die Wahl von Handlungsmöglichkeiten und / oder die Bewertung der Angemessenheit oder Wirksamkeit verschiedener Handlungsoptionen erhebt

zunehmenden wissenschaftlichen Absicherung, d. h., die Anforderungen steigen von der Verfahrenskategorie a) bis zur Kategorie e). Von messtheoretisch fundierten Tests sind in der Regel der höchste Grad an Objektivität[9], Zuverlässigkeit[10] (Reliabilität) und Gültigkeit[11] (Validität) zu erwarten, wenn sie entsprechend der DIN 33430 eingesetzt werden.

**5.2 Allgemeine verfahrensunabhängige Anforderungen**

Zu jedem Verfahren müssen Handhabungshinweise vorliegen. Anforderungen an Handhabungshinweise sind in Anhang A formuliert. Die Handhabungshinweise müssen Eignungsdiagnostikern und Beobachtern, die das Verfahren anwenden sowie in Sonderfällen auch Außenstehenden zugänglich sein.

Handhabungshinweise dienen dem verantwortlichen Eignungsdiagnostiker dazu, nach der Auftragsklärung und Anforderungsanalyse die Einsatzfähigkeit und Angemessenheit von Verfahren zu beurteilen. Ferner müssen sie den Anwendern des Verfahrens zugänglich sein, um dieses – nach einer je nach Verfahrenskategorie angemessenen Schulung bzw. Einweisung – standardisiert einsetzen zu können.

---

9 Begriffsdefinition in DIN 33430:

**2.14 Objektivität**

Grad, in dem die mit einem Verfahren zur Eignungsbeurteilung erzielten Ergebnisse unabhängig vom (verantwortlichen) Eignungsdiagnostiker und / oder seinen Beobachtern sowie von weiteren irrelevanten Einflüssen sind

Anmerkung 1 zum Begriff: Zu unterscheiden ist zwischen der Objektivität der Durchführung, derjenigen der Auswertung und derjenigen der Interpretation.

Anmerkung 2 zum Begriff: Irrelevante Einflüsse können z. B. situative Einflüsse sein.

10 Begriffsdefinition in DIN 33430:

**2.20 Zuverlässigkeit; Reliabilität**

Grad der Genauigkeit eines Verfahrens, mit dem es das Merkmal erfasst

Anmerkung 1 zum Begriff: Die Zuverlässigkeit eines Verfahrens kann unter der Voraussetzung gleichbleibender Merkmalsausprägung als die Replizierbarkeit von Messergebnissen verstanden werden.

11 Begriffsdefinition in DIN 33430:

**2.9 Gültigkeit; Validität**

Ausmaß, in dem Interpretationen von eignungsdiagnostischen Informationen zutreffen

Anmerkung 1 zum Begriff: Bei der Überprüfung der Gültigkeit (Validität) wird mittels verschiedener Methoden beurteilt, wie angemessen die Interpretationen der Informationen sind, die mit einem Verfahren erhoben werden.

Bei der Formulierung „... sowie in Sonderfällen auch Außenstehenden zugänglich sein“ ist an Situationen zu denken, in denen z. B. ein unabhängiger Gutachter die Qualität des Verfahrens bzw. die Geeignetheit für den jeweils intendierten Einsatz beurteilen soll. Auch für den Fall einer beabsichtigten Zertifizierung eines eignungsdiagnostischen Gesamtprozesses gemäß DIN 33430 wäre eine Zugänglichkeit der Handhabungshinweise (oder im Fall von messtheoretisch fundierten Fragebogen und Tests der Handhabungs- und Verfahrenshinweise) für den fachlichen Experten der Zertifizierungsstelle notwendig.

Es sollte darauf geachtet werden, welche Informationen über das Verfahren den Kandidaten öffentlich zugänglich sind (z. B. Informationen über Testaufgaben, Interviewfragen, und Assessment-Center-Übungen) und abgeschätzt werden, ob diese Informationen die Verfahrensnutzung beeinträchtigen.

So dürfen Fragen, Aufgabenstellungen und Lösungen z. B. von Leistungstests nicht öffentlich zugänglich sein, weil diese sonst in unkontrollierter Weise kommuniziert werden können und dies die Ergebnisse beeinträchtigen kann. Wenn die Informationen über ein Verfahren unabgestimmt oder unkontrolliert zirkulieren, widerspricht das auch der Forderung nach Fairness, denn Bewerber mit mehr Vorinformationen sind deutlich im Vorteil. Bei Tests und Fragebogen, die über öffentliche Quellen bezogen oder bearbeitet werden können, kann grundsätzlich nicht ausgeschlossen werden, dass Bewerber sich Zugang zu den Testaufgaben und Lösungen verschaffen. Dies gilt auch, wenn zur Datensammlung oder gegen Feedback Interessierte die Verfahren außerhalb von Bewerbungsprozessen bearbeiten können. Auch bei über Jahre unveränderten Fallstudien im Rahmen von wiederholt durchgeführten Assessment-Centern greifen diese Überlegungen. Entsprechend sind die Ergebnisse von solchen Verfahren bei Auswahlentscheidungen mit Aufmerksamkeit für diese Zusammenhänge zu interpretieren.

Bei der Frage, wie nach Abschluss der Eignungsbeurteilung mit den für die Eignungsbeurteilung gesammelten Daten und Dokumenten (z. B. Bewerbungsunterlagen, Ergebnisse von messtheoretisch fundierten Fragebogen und Tests usw.) umzugehen ist, sind die aktuell gültigen gesetzlichen Regelungen zu beachten.

Generell sind beim gesamten eignungsdiagnostischen Vorgehen die rechtlichen Rahmenbedingungen zu beachten. Dies bedürfte eigentlich keiner besonderen Erwähnung im Normtext. Dennoch war dem Arbeitsausschuss der dezidierte Hinweis auf Einhalten der Datenschutz- und Datensicherheitsbestimmungen ein wichtiges Anliegen. Dies auch deshalb, weil dieser Aspekt sich theoretisch in einem Spannungsverhältnis zur Maximierung des Nutzens von Eignungsdiagnostik befindet. Theoretisch wäre der Nutzen vielleicht am größten, wenn Eignungsdiagnostiker alle Daten über Personen beliebig lange aufbewahren dürften und mit beliebig vielen Daten, die im Laufe eines Berufslebens anfallen, kombinieren könnten. Dies ist mit den geltenden Datenschutzbestimmungen nicht in Einklang zu bringen.

Eine bereits in der Planungsphase vorgenommene Festlegung, wer Kenntnis von den gewonnenen Daten und Ergebnissen der Eignungsbeurteilung bekommt und wie mit den gesammelten Daten und Dokumenten umzugehen ist, ist auch schon deshalb dringend zu empfehlen, weil diese Fragen für Teilnehmer an eignungsdiagnostischen Untersuchungen von höchstem Interesse sind. Ein proaktives Informieren über den späteren Umgang mit den gewonnenen Ergebnissen kann hier einen wichtigen Beitrag zur Vertrauensbildung darstellen.

Speziell zu klärende Fragen sind:

- Dienen die Ergebnisse einer einmaligen Entscheidung und wann werden sie gelöscht?
- Oder sollen die Ergebnisse auch für spätere Aufstiegsentscheidungen und das Ableiten von Personalentwicklungsmaßnahmen längerfristig zur Verfügung stehen?
- Wer hat Zugang zu diesen Daten?
- Wie lange haben die Ergebnisse Gültigkeit?

Bei eignungsdiagnostischen Untersuchungen, die Voraussetzung für die Aufnahme in sogenannte High Potential Pools oder Entwicklungsprogramme etc. sind, ist zu klären, nach welchem Zeitabschnitt sich ein einmal abgelehnter Mitarbeiter neu bewerben kann. Dabei sollte der Zeitabschnitt nicht zu kurz gewählt werden, damit der Mitarbeiter eine realistische Chance hat, um festgestellte (Kompetenz-)Defizite beheben zu können. Andererseits ist dem durchaus verständlichen Wunsch mancher Unternehmen, die mit entsprechendem Aufwand erhobenen Daten dauerhaft zu speichern, eine klare Absage zu erteilen und dies nicht nur aus datenschutzrechtlichen Gründen, sondern auch, weil die negativen Auswirkungen deutlich überwiegen würden. Denn selbst bei recht stabilen Persönlichkeitsmerkmalen kann nicht davon ausgegangen werden, dass sie für ein gesamtes Berufsleben in Stein gemeißelt sind. Zusätzlich hätte es auch motivationstechnisch enorm negative Auswirkungen, wenn ein Mitarbeiter mit für ihn eher ungünstigen Ergebnissen ohne Möglichkeit auf eine Korrektur auf Dauer leben müsste. Welche Zeiträume für die Gültigkeit von Messergebnissen zu empfehlen sind, hängt von der zeitlichen Stabilität der Messergebnisse, den gewünschten Motivationseffekten und weiteren spezifischen Faktoren ab. Es ist zu empfehlen, dass diese für alle Beteiligten dringlichen Fragen bereits in der Auftragsklärung mit geklärt werden.

## Anhang A

(normativ)

### Anforderungen an Handhabungshinweise für Verfahren

**A.1** In den Handhabungshinweisen sollte die Zielsetzung des Verfahrens verständlich beschrieben sein.

**A.2** In den Handhabungshinweisen sollten die Anwendungsbereiche des Verfahrens verständlich benannt sein. Es sollte z.B. angegeben sein, bei welcher Personengruppe (z.B. Bildungsstand) das Verfahren eingesetzt werden kann. Sind missbräuchliche Anwendungen eines Verfahrens zur Eignungsbeurteilung nahe liegend, sollten die Handhabungshinweise diesbezüglich spezifische warnende Hinweise enthalten.

**A.3** Sofern die Handhabung des Verfahrens besondere Qualifikationen erfordert, sind diese für die Handhabung erforderlichen besonderen Qualifikationen zu nennen.

**A.4** Die Handhabungshinweise sollten Informationen liefern, aus denen der Anwender den hinsichtlich der folgenden Aspekte entstehenden Aufwand abschätzen kann:

a) Materialien;

b) Personal;

c) Räumlichkeiten.

**A.5** Die Handhabungshinweise sollten Informationen liefern, aus denen der Anwender den hinsichtlich der folgenden Aspekte entstehenden zeitlichen Aufwand abschätzen kann:

a) für den Kandidaten;

b) für den Anwender bei der Routinevorbereitung;

c) für den Anwender bei der Durchführung;

d) für den Anwender bei der Auswertung.

**A.6** Sofern es eine Interaktion mit den Kandidaten gibt, sollten die Handhabungshinweise verständliche Instruktionen für den Kandidaten beinhalten. Diese tragen dazu bei, die Wahrscheinlichkeit von Nachfragen zu verringern. Beispiele für häufige, aber (durch entsprechende Instruktionen zu Beginn des Verfahrens) vermeidbare Nachfragen:

- Darf man sich Notizen machen?
- Wird die zur Verfahrensbearbeitung zur Verfügung stehende Zeit bekannt gegeben?
- Darf man Teilaufgaben überspringen?
- Gibt es Minuspunkte bzw. Abzüge für falsche Antworten?

**A.7** Die Handhabungshinweise sind so zu gestalten, dass verschiedene Personen mit den erforderlichen Qualifikationen in der Lage sind, die Verfahren allein aufgrund dieser Handhabungshinweise auf die gleiche Art und Weise

a) durchzuführen;

b) auszuwerten;

c) und deren Ergebnisse zu interpretieren.

Die Anforderungen an Handhabungshinweise sind in der Norm konkret beschrieben und bedürften eigentlich keines weiteren erläuternden Kommentars. Die sehr konkrete Ebene wurde bewusst gewählt, um bei der Planung eines eignungsdiagnostischen Prozesses schnell einen Überblick über unterschiedliche potenziell zur Verfügung stehende Verfahren bekommen zu können.

Allerdings erscheint es den Kommentatoren sinnvoll, noch einmal ausdrücklich zu betonen, dass diese Anforderungen für alle Verfahren und Instrumente gelten, also genauso für die Sichtung von Lebensläufen wie auch für ein KI-gestütztes Tool zum automatischen Screenen von Angaben der Bewerber auf einer Karriereseite sowie für Interviews, eine Präsentation im Assessment-Center oder auch messtheoretisch fundierte Tests.

Auch der Passus „Sind missbräuchliche Anwendungen eines Verfahrens zur Eignungsbeurteilung nahe liegend, sollten die Handhabungshinweise diesbezüglich spezifische warnende Hinweise enthalten“ (A.2, Satz 2) erscheint erklärungsbedürftig. Hier ist z. B. an folgende Zusammenhänge zu denken:

- Überinterpretieren von Daten aus der Dokumentenanalyse (z. B. Ableiten von Persönlichkeitseigenschaften aus Lebenslaufdaten oder dem Bewerbungsfoto nach subjektiven Persönlichkeitstheorien):

  Dies widerspricht einer systematischen, nachprüfbaren Vorgehensweise und lässt erfahrungsgemäß den Beta-Fehler (irrtümliche Abweisung) ansteigen, wenn möglichst viele Kandidaten bereits nach der Dokumentenanalyse abgelehnt werden. Aber auch der Alpha-Fehler (irrtümliche Einstellung) kann steigen, wenn aus Daten unzulässige positive Schlüsse gezogen werden.

- Einsatz von zur Personalentwicklung konstruierten Persönlichkeitsfragebogen in der Personalauswahl:

  Dies widerspricht dem Grundsatz, beim Einsatz von Verfahren auf die Übereinstimmung von Konstruktionshintergrund und Anwendungszusammenhang zu achten (siehe Kapitel 5.3.3 der DIN 33430 und Kommentar-Kapitel 3.2.2).

- Einsatz von Persönlichkeitsfragebogen als „Potenzialanalyse“

  Dies deshalb, weil es mittels Selbstauskünften nicht möglich ist, das Ausmaß der Fähigkeit einer Person, ihr bislang nicht bekannte Aufgaben zu bewältigen und Kompetenzen zu entwickeln, im Vergleich zu anderen Personen belastbar zu erfassen. In der Selbstwahrnehmung gibt es keine zuverlässige Kalibrierung.

- Einsatz von unbeaufsichtigten Online-Leistungstests zur Bestenauswahl:

  In diesem Fall wäre nicht sichergestellt, dass die Leistung tatsächlich vom jeweiligen Kandidaten erbracht wurde.

Die Norm definiert neben den allgemeinen Anforderungen an Verfahren für jede Verfahrenskategorie spezifische Anforderungen. Die Differenzierung wurde bewusst vorgenommen, um nicht nur den kleinsten gemeinsamen Nenner an Mindestanforderungen festschreiben zu können, sondern um pro Verfahrenskategorie sinnvolle Anforderungen zu formulieren, die einerseits die Qualität nachweislich erhöhen und die andererseits mit einem vertretbaren Aufwand realisierbar sind.

### 3.2.1 Dokumentenanalyse: Lebensläufe, Bewerbungsschreiben, Zeugnisse, Internetquellen

Im Normkapitel 5.1 Kategorisierung von Verfahren werden die verschiedenen Verfahren nach der Herkunft der Informationen in Kategorien zusammengefasst und in fünf Gruppen unterteilt. Die erste lautet „Dokumentenanalyse" und wird durch die Beispiele Analyse und Interpretation von „Bewerbungsschreiben", „Lebenslauf", „Hochschul-, Schul- und Arbeitszeugnisse" und „Referenzschreiben" konkretisiert. Damit wird deutlich, dass auch die Analyse der Bewerbungsunterlagen, von Zeugnissen, von schriftlich vorliegenden Referenzen, aber auch die Recherche und Bewertung von Informationen, die online über Kandidaten verfügbar sind, Gegenstand der DIN 33430 sind und als Verfahren im Sinne der Norm in die Verfahrensklasse „Dokumentenanalyse" einzuordnen sind.

#### 3.2.1.1 Qualitätsmerkmale

Über die allgemeinen Anforderungen an Verfahren hinaus sind auch zu dieser Verfahrenskategorie einige spezifische Anforderungen formuliert.

**5.3 Verfahrensspezifische Anforderungen**

**5.3.1 Anforderungen an die Dokumentenanalyse**

Die Dokumentenanalyse bezieht sich auf objektive, eignungsrelevante Daten zur Lebensgeschichte, die in schriftlicher oder elektronischer Form vorliegen und zum Zwecke der Eignungsbeurteilung analysiert werden. Dazu gehören z. B. Bewerbungsschreiben, Lebenslauf, Hochschul-, Schul- und Arbeitszeugnisse oder Referenzschreiben.

Zunächst wird die Verfahrenskategorie spezifiziert. Weitere Beispiele für die Verfahrenskategorie Dokumentenanalyse sind formalisierte Beurteilungen oder auch die Ergebnisse von Internetrecherchen, wie sie z. B. im Sourcing benutzt werden. Die in der Norm 33430 genannten Anforderungen beziehen sich auf alle Analysen von schriftlichem Material.

Sofern von den Kandidaten erwartet wird, bestimmte Dokumente für die Analyse zur Verfügung zu stellen, muss dies eindeutig mitgeteilt werden. Es ist zu regeln, wie mit dem Fehlen von einzelnen Dokumenten und Teilinformationen in Dokumenten umzugehen ist.

Die Norm fordert an dieser Stelle eindeutig und mit einer Muss-Vorschrift Transparenz für die Bewerber darüber, welche Unterlagen von ihnen erwartet werden. Darüber hinaus formuliert sie weiterhin eine Muss-Vorschrift, dass auch der Umgang mit eventuell fehlenden Informationen zu regeln ist. Damit drückt sie einen hohen Anspruch an den Formalisierungsgrad der Informationsverarbeitung aus.

Der Hintergrund dieser klaren Vorgabe ist die häufig zu beobachtende Praxis, Bewerbungsunterlagen weitergehender zu interpretieren, als es für die Effizienz und/oder Qualität des gesamten Prozesses zuträglich ist. Studien haben gezeigt, dass bei der Sichtung von Lebensläufen und Anschreiben zu oft falsche Schlüsse auf Eigenschaften und Persönlichkeit der Kandidaten gezogen werden. Die Norm setzt an dieser Stelle ein Gegengewicht und fordert daher klare, explizite Regeln für die Auswertung von Dokumenten aus den Bewerbungsunterlagen.

**Beispiel**

**Dokumentenanalyse – Stellenausschreibung Ingenieurbüro**

Ein Ingenieurbüro schreibt eine Stelle für einen Planer aus. In der Stellenausschreibung wird darauf hingewiesen, dass man einen tabellarischen Lebenslauf und für jede dort genannte Berufsstation ein Arbeitszeugnis erwartet. Ein Bewerber erwähnt unter drei anderen, längeren Beschäftigungen in seinem Lebenslauf seine vorletzte Station, eine relativ kurze Anstellung in einem Planungsbüro, legt aber kein Arbeitszeugnis zu dieser Stelle vor.

Der für die Einstellung und vorausgehende Auswahl zuständige Leiter der Planungsabteilung schließt daraus zunächst auf mangelnde Sorgfalt. Der Personalleiter telefoniert anschließend dennoch mit dem Bewerber und findet durch geschicktes Nachfragen heraus, dass der damalige Vorgesetzte des Bewerbers verstorben war und daher nie ein Zeugnis geschrieben hatte. Der Nachfolger hatte es bisher nicht geschafft, ein fehlerfreies Zeugnis anzufertigen, da die Firma durch den Tod des Inhabers in Schieflage geraten war und der Nachfolger sich, völlig überfordert, um alles gekümmert hatte, nur nicht um Zeugnisse für ausgeschiedene Mitarbeiter. Diese Schilderung konnte der Personalleiter auch durch ein weiteres Telefonat verifizieren. Der Bewerber war unsicher gewesen, inwieweit solche besonderen Umstände seines Ausscheidens einen zukünftigen Arbeitgeber irritieren könnten, und hatte sich dann entschieden, seine Bewerbung ohne das fehlende Zeugnis zu verschicken, insbesondere auch, weil in der Stellenanzeige kein Ansprechpartner und keine Telefonnummer für Nachfragen angegeben waren.

Das gezeigte Verhalten stand also eher für soziale Unsicherheit als für mangelnde Ordnung und Sorgfalt. Da es in der ausgeschriebenen Stelle aber eher darauf ankam, dass der Planer einem verantwortlichen Planer zuarbeitete und Schüchternheit und soziale Unsicherheit keine Ausschlusskriterien nach dem Anforderungsprofil waren, wurde der Kandidat zum Vorstellungsgespräch eingeladen, erhielt später die Stelle und bewährte sich in seinem Aufgabengebiet.

Für die Dokumentenanalyse sind Verantwortliche zu bestimmen; diese stellen auch die Einhaltung der einschlägigen aktuellen Datenschutz- und Datensicherheitsbestimmungen sicher.

Die Verantwortung für die Analyse von Daten muss einer Person zugeordnet werden, die für diesen Schritt und dessen Ergebnisse die Verantwortung übernimmt. Dies gilt für alle Formen von schriftlichem Material unabhängig von der Form und dem Kanal der Übermittlung. Handgeschriebene Lebensläufe, die mit der Post oder per Kurier geschickt werden, fallen genauso darunter wie ein Bewerbungsschreiben, das per E-Mail eingegangen ist, und Recherchen im Internet.

Bei einigen dieser Kanäle gibt es zwei Ansätze: Die Informationen können von Menschen analysiert und ausgewertet werden oder von Maschinen. Bei der Auswertung durch Menschen gilt ganz klar die Vorgabe von vorher abgestimmten Bewertungs- und Entscheidungsregeln. Der Verantwortliche steht dabei jeweils für den Prozess, für die Anwendung von Regeln und für das Ergebnis ein. Insbesondere Lebenslaufanalysen oder Internetrecherchen erfolgen aber mehr und mehr automatisiert. Dabei stellt sich die Frage der Verantwortlichkeit neu. Aus der Norm ergibt sich, dass es auch bei automatisierten Analysen eine verantwortliche natürliche Person geben muss.

Bei den Ergebnissen von Internetrecherchen ist insbesondere darauf zu achten, aus welchem Kontext (privat, beruflich) die Informationen stammen und wer die Informationen veröffentlicht hat. Es dürfen nur anforderungs- und berufsbezogene Informationen aus rechtlich zulässigen und glaubwürdigen Quellen verwendet werden.

Bei Internetrecherchen ist es besonders wichtig, dass Informationen, die analysiert werden, den geforderten Anforderungsbezug haben.

Die Kriterien und Regeln, nach denen die Dokumente und Fakten analysiert und bewertet werden, sind aus dem Anforderungsprofil abzuleiten. Sie sind – wie auch die Regeln, nach denen die verschiedenen Einzelinformationen aus unterschiedlichen Dokumenten zu gewichten sind – vorab festzulegen. Diejenigen eignungsrelevanten Elemente der Bewerbungsunterlagen, die objektiv zu ermitteln sind (z. B. Vorhandensein eines bestimmten Abschlusses, Grenzwerte für bestimmte Noten, Jahre der Berufserfahrung usw.), sollten automatisiert (z. B. PC- oder Online-gestützt) oder manuell nach eindeutigen Regeln bewertet werden.

Daraus folgt, dass die der Dokumentenanalyse zugrunde liegenden Auswertungsregeln auch bei automatisierter Auswertung transparent sein müssen, mindestens für den verantwortlichen Eignungsdiagnostiker und gegebenenfalls auch für den Auftraggeber.

Wenn diese Transparenz nicht gegeben ist, weil ein technisches System mit formalisierten und elaborierten Auswertungsregeln in Form von urheberrechtlich geschützten und geheimen Algorithmen zum Einsatz kommt, sind die gleichen Anforderungen zu stellen wie für messtheoretisch fundierte Verfahren. Insbesondere die Fragen nach Zuverlässigkeit, Objektivität, Fairness und Gültigkeit sind dabei von Bedeutung. Weitere Ausführungen dazu werden im Kapitel 6 „KI, Machine learning & Co. in der Eignungsdiagnostik“ gemacht.

Aus der Sicht der Kommentatoren sollte der Einsatz solcher automatisierter Auswertungen den Bewerbern transparent gemacht werden. Im Fall von automatischen Lebenslaufanalysen sollten Kandidaten die Möglichkeit haben, ihre Darstellung den Eigenheiten der automatisierten Textanalyse anzupassen. Am besten sollten die Angaben, die automatisiert ausgewertet werden, direkt erfragt werden.

**Hinweis**

Historisch gab ja schon einmal eine gravierende Zeitenwende zum Thema Lebenslauf. Der Schritt vom handgeschriebenen Lebenslauf in Berichtsform zum tabellarischen Lebenslauf, der für Menschen damals wesentlich leichter auszuwerten war als der vorher übliche mehr oder weniger strukturierte Text, den mancher vielleicht auch eher als Besinnungsaufsatz verfasst hatte und in dem die relevanten Informationen mehr oder weniger versteckt waren, stellte eine bedeutsame Veränderung dar. Die Abkehr von der oft heimlichen Analyse der Handschrift und der Deutung von Satzbau, Satzlänge, Struktur und Stil hin zur Konzentration auf die klaren, „relevanten" Fakten der Ausbildung und des beruflichen Werdegangs.

Vielleicht ist es jetzt wieder Zeit für eine Zeitenwende:

Sie könnten ab sofort eine solche oder ähnliche Aufforderung in Ihre Stellenanzeige schreiben:Bitte senden Sie uns folgende Informationen zu:

- Anzahl der Stellen, die Sie bereits innehatten
- Ihre letzte oder aktuelle Stelle
- eine kurze Beschreibung der Aufgaben in den Stellen, von denen Sie denken, dass sie für die zu besetzende Position die höchste Relevanz haben (maximal drei)

Im Folgenden werden zu verschiedenen Dokumentenarten und Kanälen Anmerkungen gemacht, wie die Norm zu verstehen ist. Diese Anmerkungen sind grundsätzlich und beziehen sich auf die jeweilige Dokumentenart, unabhängig von der Priorität und der Position der jeweiligen Analyse im Prozess. Abhängig vom Prozess und von der Funktion des jeweiligen Analyseschritts kann die Intensität der Analyse variieren.

**Bewerbungsunterlagen:**

Bei erster Sichtung der eingegangenen Bewerbungsunterlagen erfolgt in der Regel die Prüfung, ob die formalen Voraussetzungen des Bewerbers gemäß der Stellenausschreibung erfüllt sind. Beruhend auf der Annahme, dass menschliches Verhalten über einen längeren Zeitraum stabil bleibt, werden die Angaben in Schul- und Ausbildungszeugnissen, im Lebenslauf, in Zertifikaten, Referenzen und Beurteilungen früherer Arbeitgeber und weitere Informationen über die Vergangenheit eines Bewerbers analysiert und interpretiert. Oft wird direkt auf dieser Basis eine Shortlist erstellt und entschieden, wer zum Interview eingeladen wird. Der verantwortliche Diagnostiker sollte jedoch immer darauf achten, dass die Auswertungen sich wirklich auf valide und belastbare Zusammenhänge beziehen.

Empfehlenswert ist, dass dieser Schritt sich nur auf die Selektion der zur Ausübung der Tätigkeit Nicht-Geeigneten konzentriert, am besten auch nur auf diejenigen Bewerber, die schon aufgrund rein formaler Aspekte abgelehnt werden müssen.

**Warnhinweis**

Achtung Arbeits- und Fachkräftemangel:

In der Praxis werden häufig Informationen aus Anschreiben oder Lebenslauf falsch interpretiert und eigentlich geeignete Bewerber werden schon in der Vorauswahl abgelehnt.

Das können Sie vermeiden, indem Sie Informationen, wie z. B. Lebensläufe, nur in Bezug auf harte formale Voraussetzungen interpretieren. Dies gilt für die erste Vorauswahl von Bewerbern wie auch im Active Sourcing bei der Kandidatensuche.

**Bewerbungsschreiben:**

Das Bewerbungs- oder auch Motivationsschreiben wird als Visitenkarte des Bewerbers gesehen. Oft werden auch unter formalen und inhaltlichen Gesichtspunkten weitergehende Interpretationen vorgenommen. Das ist aus Sicht der Kommentatoren nicht zu empfehlen. Aus dem Bewerbungsschreiben sollten Informationen über den Bewerber (wie z. B. seine Veränderungsmotivation) lediglich für die weitere Kommunikation als Anknüpfungspunkt für die Stärkung des persönlichen Kontaktes genutzt werden. Darüber hinaus sollten sie nicht weiter interpretiert werden. Massive Rechtschreib- und Grammatikfehler wären bei Positionen, bei denen es auf eine korrekte Rechtschreibung ankommt, jedoch durchaus als relevante Informationen zu sehen. Das aber nur, wenn die Anforderungsrelevanz tatsächlich gesichert ist.

**Lebenslauf:**

Vielfach wird dem Lebenslauf besondere Bedeutung beigemessen. Die Angaben werden analysiert und als Belege für bisher Geleistetes sowie als Indikatoren künftiger Leistungs- und Verhaltensmuster gedeutet. Dabei sollte der verantwortliche Diagnostiker immer darauf achten, dass die Auswerteregeln sich wirklich auf valide und belastbare Zusammenhänge beziehen.

**Hinweis**

Auch wenn die Informationen objektiv ermittelt und wahrheitsgemäß angegeben sind, ist es wichtig, von zu weitgehender Interpretation abzusehen. Die richtigen Weichen dazu können schon bei der Formulierung von Anforderungen gestellt werden (siehe Kapitel Anforderungsanalyse). Ein wichtiges Thema dabei ist die Berufserfahrung, die in Jahren angegeben wird. Oft ist die in den Auswertungsregeln angegebene Schwelle, z. B:

5 Jahre Erfahrung als Controller in Konzernstruktur, eher willkürlich. Jemand mit 4 Jahren in einer Organisation, die mehr Lerngelegenheiten bietet, kann eine Stelle vielleicht besser ausfüllen, als jemand mit 7 Jahren, der schon zweimal bei der Beförderung übergangen wurde und in einer weniger leistungsförderlichen Organisation arbeitet.

**Arbeitszeugnisse:**

Es gibt zwei Arten von Arbeitszeugnissen: Im einfachen Zeugnis sind mindestens Angaben zur Person, zur Dauer und zur Art der bisherigen Beschäftigung enthalten, das qualifizierte Zeugnis umfasst weiterhin Aussagen zu Führung und Leistungen. Des Weiteren kann man unterscheiden zwischen dem

- Zeugnis, das bei Beendigung des Arbeitsverhältnisses erteilt wird,
- dem Zwischenzeugnis, das im Laufe des Arbeitsverhältnisses ausgestellt wird, und
- dem vorläufigen Zeugnis, das wegen einer bevorstehenden Veränderung des Arbeitsverhältnisses erteilt wird.

Auch Arbeitszeugnisse haben nicht die Aussagekraft, die ihnen vielfach zugeschrieben wird.

Zur Formulierung und damit Analyse von Arbeitszeugnissen gibt es zwar codierte Aussageformen. Z. B. wird oft vorgetragen, dass man von sehr guten Leistungen ausgehen könne, wenn die Formulierung „stets/ständig zu unserer vollsten Zufriedenheit“ zu finden ist. Da es zu diesem Thema ganze Bibliotheken gibt, man aber im Einzelfall doch nicht davon ausgehen kann, ob der Verfasser des Zeugnisses wirklich die Codierung kannte und benutzt hatte oder nur ein anderes zufällig vorliegendes Zeugnis als Copy-Paste-Vorlage genutzt hat, empfehlen die Kommentatoren, auf Zeugnisdeutungen ganz zu verzichten und zu valideren Verfahren zu greifen. Aus Arbeitszeugnissen sollte unseres Erachtens lediglich abgeleitet werden, ob geforderte Erfahrungen in bestimmten Tätigkeitsbereichen vorliegen könnten oder nicht.

**Schulzeugnisse:**

Schulnoten scheinen objektiv zu sein, sind es jedoch nicht. Aus Schulnoten wird oft nicht nur auf Kenntnisse in einem Fach geschlossen, sondern darüber hinaus auch z. B. auf Lernfähigkeit oder Intelligenz. Insbesondere die Entwicklungen in unserem Bildungssystem haben dazu geführt, dass hier eine einstmals gültige Quelle zur Beurteilung insbesondere von Berufsanfängern immer ungeeigneter geworden ist. Daher sollten validere Daten zur Entscheidung herangezogen werden.

Eignungsirrelevante Informationen sind nicht zu verwenden.

Die Aussage bedeutet, dass für ALLE Informationen, die für die Eignungsbeurteilung herangezogen werden, die Anforderungsrelevanz gegeben sein muss. Die Begründung der Anforderungsrelevanz muss fakten- und datengeleitet sein und nicht im Wesentlichen weltanschaulich ideologisch oder von persönlichen Glaubenssätzen geleitet.

#### 3.2.1.2 Zusammenfassung

**Anforderungen an die Dokumentenanalyse**

Um die Entscheidungen, die sich auf die Bewerbungsunterlagen stützen, abzusichern, sollten die bei der Auswertung anzuwendenden Regeln formalisiert vorgegeben werden (z.B. Vorhandensein formaler Qualifikationsnachweise, Vorhandensein beruflicher Erfahrung). Auf darüberhinausgehende Interpretationen und willkürliche, nicht schlüssig aus den Anforderungen abzuleitende Quantifizierungen (z.B. „3,5 Jahre Vertriebserfahrung") sollte verzichtet werden. Im Einzelnen ist bei der Dokumentenanalyse auf folgende Punkte zu achten:

1) Bewerbungsschreiben sollten in erster Linie dazu genutzt werden, um die Kommunikation mit dem Bewerber durch inhaltliche Anknüpfung an sein Schreiben persönlich und verbindlich zu gestalten.
2) Bei der Bewertung von Lebensläufen ist darauf zu achten, dass die Auswertung sich wirklich auf valide Zusammenhänge bezieht.
3) Arbeitszeugnisse können Aufschluss über geforderte Erfahrungen in bestimmten Tätigkeitsbereichen liefern. Auf eine Zeugnisdeutung aufgrund angenommener Codierungen sollte verzichtet werden.
4) Schulnoten sind i. d. R. wenig objektiv und erlauben kaum Schlüsse hinsichtlich Lernfähigkeit oder Intelligenz.
5) Bei Informationen aus Internetrecherchen ist auf Anforderungsbezug zu achten und sicherzustellen, dass nur Daten aus einem beruflichen Kontext berücksichtigt werden.

**Merksatz:**

Bitte nur Informationen nutzen, die sich wirklich auf Anforderungen beziehen und Spekulationen oder Deutungen vermeiden. Im Zweifel beim Kandidaten nachfragen.

### 3.2.2 Leistungstests und andere messtheoretisch fundierte Verfahren

Die DIN 33430 differenziert im Kapitel 5.1 zwischen Verfahrenskategorie 4 und 5. Diese Trennung wird bei der Formulierung der Anforderungen nicht aufrechterhalten. An messtheoretisch fundierte Tests und an messtheoretisch fundierte Fragebogen stellt die Norm die gleichen technischen Qualitätsanforderungen.

In der Praxis ist es jedoch wichtig, zwischen den beiden Verfahrenskategorien klar zu trennen, weil sich zwar keine Unterschiede in der messtheoretischen Fundierung, sehr wohl aber bei den sinnvoll möglichen Einsatzgebieten ergeben. Deshalb wird im Kommentar eine klare Unterscheidung zwischen diesen beiden Verfahrenskategorien vorgenommen und auf beide Verfahrenskategorien spezifisch eingegangen.

**5.3.3 Anforderungen an messtheoretisch fundierte Fragebogen und Tests**

**5.3.3.1 Allgemeine Anforderungen**

Die Bezeichnung „messtheoretisch fundierte“ Verfahren wird in der vorliegenden Norm als Oberbegriff für Fragebogen (z. B. Interessenfragebogen, Persönlichkeitsfragebogen) und Tests (z. B. Intelligenztest, Wissenstests, Situational Judgement Tests) genutzt. Damit ist eine Sammlung von Fragen oder Aufgaben gemeint, die auf der Grundlage einer wissenschaftlich akzeptierten Inhalts- und Testtheorie erstellt und empirisch fundiert wurde.

In der betrieblichen Praxis besonders relevant sind Leistungstests, insbesondere Messverfahren, die die Ausprägung genereller kognitiver Leistungsvoraussetzungen (sprachliche und numerische Fertigkeiten, abstrakt-analytisches Denkvermögen, Kombinatorik, Aufmerksamkeitsleistung etc.) erfassen. Deshalb werden sie im Kommentar bereits in der Überschrift hervorgehoben. Leistungstests bzw. insbesondere Intelligenztests spielen auch deshalb eine herausgehobene Rolle, weil es aus Sicht der Autoren dieses Kommentars im Rahmen der beruflichen Eignungsdiagnostik ein Fehler wäre, sie nicht zu nutzen – aus welchen Überlegungen auch immer. Was nutzt es beispielsweise, einen neuen Mitarbeiter einzustellen, der über eine hervorragende Teamfähigkeit verfügt, wenn sein kognitives Potenzial nicht ausreicht, um sich schnell das in der neuen Organisation relevante Wissen anzueignen? Oder welchen Zusatzaufwand wird eine Führungskraft haben, wenn der „Neue“ immer wieder Arbeitsanweisungen falsch versteht und dadurch sein Beitrag zur Teamleistung gering ist?

Zahlreiche Metaanalysen zum Zusammenhang von Leistungsvoraussetzungen und beruflichen Leistungskriterien unterstreichen die Wichtigkeit der „Intelligenz“ bzw. des kognitiven Potenzials. Eine Übersicht gaben nach den etablierten publizierten Ergebnissen von Hunter & Schmitt (1996) auch Salgado & Anderson (2003), Hülsheger & Maier (2008) sowie Kramer (2009) und zuletzt Sacket et al. (2021).

Wichtig ist in diesem Zusammenhang, darauf hinzuweisen, dass Intelligenzmaße höhere Zusammenhänge mit tatsächlichen Leistungskriterien, wie z. B. Produktivität oder Arbeitsqualität aufweisen als mit allgemeinen individuellen Erfolgskriterien, wie z. B. beruflichem Aufstieg oder der Steigerung des Einkommens.

„Andere messtheoretisch fundierte Tests“ können Verfahren sein, die die jeweils individuelle Ausprägung von anforderungsrelevanten Verhaltensmerkmalen/Verhaltensdimensionen nach dem Prinzip der sogenannten „objektiven Erfassung von Persönlichkeitsmerkmalen“ messen. „Objektive Erfassung von Persönlichkeitsmerkmalen“ meint im Wesentlichen, dass die interessierenden Merkmale nicht über Selbstauskünfte, die immer Verzerrungstendenzen unterliegen können (siehe auch unter Kommentar-Kapitel 3.2.2.2 „Persönlichkeitsfragebogen“), erfasst werden, sondern über andere, „indirekte“ Vorgehensweisen. So sollen Persönlichkeitsmerkmale z. B. aus dem beobachtbaren Verhalten bei bestimmten (Leistungs-)Anforderungen erschlossen werden. Allerdings sind solche Persönlichkeits-Tests im beruflichen Kontext kaum zu finden. Gleiches gilt für Implizite Assoziationstests.

Zu messtheoretisch fundierten Tests gehören auch sogenannte Situational Judgement Tests, bei denen die Kandidaten über verbale Beschreibungen oder Videosequenzen eignungsrelevante Situationen vorgegeben bekommen und angemessenes oder wirksames Verhalten ableiten, auswählen oder bewerten.

Anders als die oben beschriebenen Leistungs- und andere messtheoretisch fundierte Tests unterliegen Persönlichkeitsfragebogen im Kontext der Eignungsdiagnostik bei Auswahlentscheidungen erheblichen Einschränkungen, die darin begründet sind, dass Persönlichkeitsfragebogen im Wesentlichen Selbstauskünfte wiedergeben. Deshalb empfehlen die Kommentatoren, Persönlichkeitsfragebogen in der Eignungsdiagnostik nicht als alleiniges Auswahlkriterium zu nutzen, sondern eher, um Interviews vorzubereiten, in denen dann die aus den Selbstauskünften abgeleiteten Annahmen vertiefend hinterfragt werden können.

Ein qualitativ hochwertiges Verfahren zeichnet sich u.a. durch verständliche Informationen über das Verfahren und seine diagnostische Zielsetzung sowie über den theoretischen Hintergrund des Verfahrens aus. Diese Informationen sowie Informationen zu den Testgütekriterien müssen in den Verfahrenshinweisen dokumentiert sein.

Die Beschreibung des theoretischen Hintergrunds liefert bereits einen ersten Eindruck über die wissenschaftliche Fundierung. Die diagnostische Zielsetzung ist deshalb so wichtig, weil ein Einsatz von messtheoretisch fundierten Verfahren außerhalb ihres intendierten Einsatzgebietes auf einer völlig ungesicherten empirischen Grundlage geschehen würde. Sämtliche Kennziffern für die Testgütekriterien, denen eine herausgehobene Stellung bei der Beurteilung der Angemessenheit von messtheoretisch fundierten Verfahren zukommt, gelten nämlich nur für einen vergleichbaren Anwendungshintergrund.

Für messtheoretisch fundierte Fragebogen und messtheoretisch fundierte Leistungstests müssen zusätzlich zu den Handhabungshinweisen Verfahrenshinweise (Testmanuale, Handbücher) vorliegen. In der Regel sind die Handhabungshinweise Bestandteil der Verfahrenshinweise. Die Verfahrenshinweise müssen Anwendern des Verfahrens sowie in Sonderfällen auch Außenstehenden zugänglich sein. Die Verfahrenshinweise müssen Informationen zu den folgenden Qualitätskriterien für messtheoretisch fundierte Fragebogen und Tests enthalten:

#### 3.2.2.1 Qualitätsmerkmale

Die dann aufgezählten Gütekriterien werden im Folgenden einzeln kommentiert. Der Normtext betont an dieser Stelle die Wichtigkeit dieser sogenannten „Gütekriterien der Eignungsdiagnostik", über die in Fachkreisen und in der wissenschaftlichen Literatur ein breiter Konsens herrscht. Die Informationen über die Gütekriterien werden deshalb normativ gefordert, damit sich der „verantwortliche Eignungsdiagnostiker" anhand der Ausführungen zu den Gütekriterien (siehe normativer Anhang B) einen Überblick über sinnvoll nutzbare anforderungsrelevante messtheoretisch fundierte Verfahren machen und zwischen grundsätzlich geeigneten Verfahren, die für seinen konkreten Anwendungsbezug am besten passenden auswählen kann.

Die Gütekriterien werden im Folgenden aus Praxissicht kurz erläutert:

### a) Theoretische Fundierung als Ausgangspunkt der Testkonstruktion;

Diese Anforderung berührt zwei Ebenen:

Zum einen geht es darum, nachvollziehen zu können, inwieweit der Testkonstruktion eine theoretische Fundierung zu den erfassten Konstrukten zugrunde liegt. Es geht also darum, zu erklären, wie begründet ist, WAS gemessen wird.

Zum anderen geht es um die Frage, WIE gemessen wird, also welche anerkannte Testtheorie (klassische Testtheorie, probabilistische Testtheorie usw.) die Grundlage der Konstruktion bildet. Aussagen wie „unser Test ist so innovativ, dass er nicht mit den bisherigen Testtheorien überprüft werden kann“ entsprechen jedenfalls nicht einer wissenschaftlich fundierten Begründung.

In Bezug auf die inhalts-theoretische Fundierung bieten sich z. B. wissenschaftliche Theorien der Arbeitsgestaltung oder des menschlichen (Leistungs-)Verhaltens an, wie das Job characteristics model von J. Richard Hackman & Greg R. Oldham oder die Theory of Job Performance von Frank L. Schmidt & John Hunter oder die Handlungsregulationstheorie von Winfried Hacker & Walter Volpert.

Zwei Fragen nach der theoretischen Fundierung sind bei der Prüfung der Angemessenheit von messtheoretisch fundierten Verfahren zu stellen:

Wie ist begründet, was gemessen wird?

Auf welcher messtheoretischen Basis ist das Verfahren konstruiert?

### b) Objektivität;

Objektivität heißt, die Ergebnisse müssen unabhängig von situativen Einflüssen, ggf. der Person des Testleiters und weiteren störenden Einflüssen sein. Wer das Verfahren mit den Teilnehmern durchführt, darf z. B. keinen Einfluss auf das Messergebnis haben. Objektivität wird durch standardisierte Anwendungs-, Auswertungs- und Interpretationsbestimmungen sichergestellt. Für alle Teilnehmer müssen die Ausgangsbedingungen, die Aufgaben und die Zeit, die zur Bearbeitung zur Verfügung steht, gleich sein. Ebenso müssen die Instruktionen und die Auswertung exakt vorgegeben sein und dürfen keinen Interpretationsspielraum zulassen. Für eine hohe Interpretationsobjektivität ist es empfehlenswert, bereits in der Anforderungsanalyse oder spätestens bei der Planung des Einsatzes für alle zu erfassenden Eignungsmerkmale die Ziel-, Risiko- und ggf. Ausschlussbereiche festzulegen. Idealerweise sollten zur Sicherstellung der Interpretationsobjektivität für Messergebnisse im Risikobereich die Risiken möglichst konkret benannt und mit Führungs- und Personalentwicklungs-Hinweisen versehen sein. Dadurch wird der Konkretisierungsgrad der getroffenen Interpretationen erhöht.

Bei computergestützten Verfahren werden einige der oben genannten Dimensionen dadurch sichergestellt, dass sie maschinell ausgeführt werden.

c) Normierung;

Ein messtheoretisch fundiertes Verfahren benötigt einen Bezugsrahmen, um die individuellen Ergebnisse eines Teilnehmers einordnen zu können. Die Einordnung geschieht über den Vergleich der Ergebnisse eines Teilnehmers mit den Ergebnissen einer Stichprobe (Normstichprobe). Die Vergleichswerte können dabei auf der Basis von Mittelwerten und Standardabweichungen oder Prozenträngen gewonnen werden. Dabei sind Prozentränge auch für den Laien besonders leicht verständlich, weil sie die Stellung des individuellen Messergebnisses innerhalb der Vergleichsstichprobe klar ersichtlich machen. Bei Leistungstests bspw. bedeutet ein Prozentrang von 62, dass 62 Prozent der Vergleichsstichprobe weniger (oder gleich viele Aufgaben) gelöst haben; 38 Prozent der Vergleichsstichprobe haben (gleich viele oder) mehr Aufgaben gelöst.

Wichtige Qualitätskriterien für das Gütekriterium Normierung sind dabei: die Aktualität der Normstichprobe, die Repräsentativität der zur Erstellung der Norm herangezogenen Stichprobe, die Vergleichbarkeit der Anwendungssituation (waren die Teilnehmer in einer echten Bewerbungssituation?), der Grad der Differenzierung, der mittels der Normen möglich ist, und eine klare Festlegung, für welche Zielgruppe/n die jeweilige Normstichprobe gelten soll.

d) Zuverlässigkeit (Reliabilität, Messgenauigkeit);

Die Reliabilität (Zuverlässigkeit) gibt an, wie messgenau ein messtheoretisch fundiertes Verfahren ist, unabhängig davon, was es misst. Unter der Voraussetzung gleichbleibender Merkmalsausprägung geht es also darum, inwiefern die Ergebnisse ein und derselben Person bei einer Testwiederholung unter gleichen Bedingungen übereinstimmen. Die Reliabilität wird als Korrelationsmaß (abgekürzt mit dem Buchstaben „*r*") berechnet, das den Grad der Übereinstimmung von Messergebnissen angibt – bspw. bei mehrmaligem Messen. Sie kann theoretisch einen Wert zwischen minus Eins und Eins annehmen. Eins würde für eine vollkommen exakte Übereinstimmung stehen, die allerdings weder bei physikalischen Messungen noch beim Messen von Eignungsmerkmalen erreicht werden kann. Null hieße: Die Ergebnisse zwischen zwei Messungen schwanken so stark, dass man genauso gut würfeln könnte. Minus Eins würde heißen, dass die Ergebnisse zweier Messungen genau entgegengesetzt schwanken.

Bei Reliabilitäten über $r = .80$ kann man von einer guten Messgenauigkeit ausgehen (vgl. hierzu auch Döring & Bortz, 2016). Bei Reliabilitäten unter $r = .70$ sollte der Einsatz eines solchen Verfahrens kritisch geprüft werden.

e) Gültigkeit (Validität);

Die Gültigkeit (Validität) eines messtheoretisch fundierten Verfahrens kann definiert werden als die Stärke des Zusammenhangs zwischen den Ergebnissen eines Messverfahrens und dem, was es zu messen beansprucht. Nach DIN 33430 ist als Validität das Ausmaß, in dem die aus einem Verfahrensergebnis geschlossenen Schlussfolgerungen zutreffend sind, definiert. Ein valides messtheoretisch fundiertes Verfahren liefert Messwerte, die sich zielgenau auf das interessierende Merkmal oder die zu treffende Voraussage beziehen. Im eignungsdiagnostischen Kontext wird in der Regel mit dem Ziel gemessen, zukünftige Leistung vorherzusagen. Wenn bestimmte berufliche Leistungsmerkmale vorherzusagen sind und ein Verfahren eingesetzt wird, das eignungsirrelevante Merkmale erfasst, nützt es nichts, wenn Objektivität und Zuverlässigkeit der Messung hoch sind.

Nur wenn ein für die Fragestellung geeignetes Messinstrument verwendet wird, sind richtige Voraussagen möglich. Validitäten (mit Ausnahme der inhaltlichen Validität) werden ebenfalls als Korrelationsmaße berechnet. Im Kontext der beruflichen Eignungsdiagnostik (Personalauswahl, Personalentwicklung) wird dabei die Ausprägung von Eignungsmerkmalen mit der Ausprägung relevanter beruflicher Leistungskriterien verglichen. Weil diese Kriterien ebenso wie die Eignungsmerkmale nicht völlig exakt gemessen werden können (die Reliabilität bei der Erfassung der Kriterien liegt ebenfalls deutlich unter $r = 1.0$), liegen die zu erwartenden Korrelationskoeffizienten (ohne statistische Korrekturen, siehe hierzu auch Normungskapitel B.3.1.6 und Kommentar dazu) deutlich unter den Werten für die Reliabilität. Bei Werten von über $r = .40$ für die Validitätskennziffer kann man (eine hohe Qualität der jeweiligen empirischen Untersuchung vorausgesetzt) von einer ausreichenden, bei Werten über $r = .50$ von einer hohen Validität ausgehen.

Solch hohe Validitätswerte sind allerdings realistischerweise nur dann zu erwarten, wenn die Qualität der vorliegenden Leistungsdaten entsprechend hoch Ist. Solch hohe Werte sind auch selten bei der Prüfung des Zusammenhangs von Einzelskalen mit beruflichen Leistungskriterien zu erwarten. Häufig werden beim Einsatz von messtheoretisch fundierten Verfahren mehrere Einzelskalen zu einer Gesamtempfehlung zusammengefasst.

Die Kommentatoren empfehlen im Einsatzgebiet Personalauswahl, für Validitätsberechnungen die Höhe des Zusammenhangs zwischen der aus den Messergebnissen abgeleitete Empfehlung mit den jeweiligen relevanten beruflichen Leistungskriterien zu prüfen. Diese Vorgehensweise entspricht der Zielstellung in der Praxis am besten.

Zu einzelnen Skalen, die sich zu Testbatterien und Verfahren im Sinne dieser Norm zusammenstellen lassen, weisen Lienert und Raatz (1998, S. 271) zur Diskussion von Werten grundsätzlich darauf hin, dass bereits Validitäten über $r = .30$ praktisch bedeutsam sein können.

f) weitere Gütekriterien (z.B. Störanfälligkeit, Unverfälschbarkeit, Fairness).

Weitere Gütekriterien sind die Störanfälligkeit, Unverfälschbarkeit und die Fairness eines psychometrischen Verfahrens:

- Störanfälligkeit bezeichnet das Ausmaß, in dem ein messtheoretisch fundiertes Messverfahren in seiner Ergebnisfindung auf situative Einflüsse in der Umgebung oder auf den aktuellen Zustand eines Teilnehmers reagiert.
- Unverfälschbarkeit ist dann gegeben, wenn ein Teilnehmer eines messtheoretisch fundierten Verfahrens seine Ergebnisse nicht gezielt in eine von ihm vermeintlich als optimal angesehene Richtung steuern kann.
- Fairness bezieht sich auf die Chancengleichheit unterschiedlicher Teilnehmergruppen. Fairness liegt z.B. nicht vor, wenn Teilnehmer unterschiedlichen Zugang zu Informationen über Verfahrensinhalte und Lösungswege haben.

Anforderungen an Verfahrenshinweise sind ausführlicher in Anhang B formuliert.

Die Einschätzung der Qualität eines messtheoretisch fundierten Verfahrens muss auch anhand von Kennwerten aus empirischen Untersuchungen erfolgen.

Die Angaben zu den wissenschaftlichen Gütekriterien dürfen nicht nur behauptet, sie müssen auch empirisch nachgewiesen und überprüfbar dokumentiert sein. Dem Arbeitsausschuss war es wichtig, diese „Selbstverständlichkeit wissenschaftlichen Arbeitens" explizit vorzuschreiben.

Die Beurteilung dieser Kennwerte muss vor dem Hintergrund der Würdigung der empirischen Untersuchungen erfolgen und darf sich nicht auf eine Betrachtung der numerischen Ausprägung der Kennwerte beschränken. Neben der numerischen Höhe dieser Kennwerte muss auch die Qualität der jeweils zugrunde liegenden Untersuchungen und die Qualität deren Dokumentation bewertet werden. Qualitätsmerkmale von Gültigkeitsuntersuchungen sind beispielsweise: Größe, Repräsentativität (für die Zielgruppe) und Aktualität der Untersuchungsgruppe sowie vor allem die Angemessenheit des Untersuchungsansatzes für das zu messende Merkmal.

ANMERKUNG Aus diesem Grund enthält diese Norm keine Grenzwerte für messtheoretische Kennwerte.

Zunächst ist hervorzuheben, dass auch in Fachkreisen und in der wissenschaftlichen Literatur ein breiter Konsens darüber besteht, dass Kennwerte insbesondere für Reliabilität und Validität die zentralen Elemente zur Beurteilung von messtheoretisch fundierten Verfahren sind. Zur Interpretation der Ausprägung solcher Kennwerte ist es erforderlich, immer auch die Qualität der zugrunde liegenden empirischen Untersuchungen zu hinterfragen. Denn Kennwerte für Reliabilität und Validität können z. B. durch eine bewusst nicht repräsentative Zusammenstellung der untersuchten Stichprobe, Berücksichtigen oder Ausschließen von besonderen oder problematischen Einzelfällen oder der Wahl von wenig validen Erfolgskriterien beeinflusst werden.

Wenn bei alternativen Verfahren der Anforderungsbezug der gemessenen Eignungsmerkmale, die Qualität der zugrunde liegenden empirischen Untersuchungen, die Relevanz der für die Berechnung der Validität herangezogenen Erfolgskriterien und insgesamt alle relevanten inhaltlichen Gesichtspunkte gleich sowie auch Handhabbarkeit etc. vergleichbar sind, ist dasjenige mit den höheren Kennwerten für Reliabilität und Validität zu bevorzugen.

Es ist nicht zulässig, dem Verfahren allein anhand der Fragen und Aufgaben eine hohe Qualität zuzusprechen. Auch die subjektive Einschätzung, dass das Ergebnis und / oder das aus dem Verfahren abgeleitete Feedback / Gutachten zutreffend sei, ist für sich genommen keine zulässige Qualitätsbeurteilung.

Hier wird auf ein in der betrieblichen Praxis immer wieder anzutreffendes Missverständnis hingewiesen. Bevor ein messtheoretisch fundiertes Verfahren eingesetzt wird, bestehen immer mehr Unternehmen bzw. Personalverantwortliche darauf, den Test selbst durchführen zu können. Die vermeintliche Qualität des Tests wird dann von diesen Personen daran festgemacht, wie plausibel sie persönlich einzelne Fragen und Aufgaben finden oder ob die Ergebnisse bzw. der Ergebnisbericht den eigenen Einschätzungen entsprechen. Da immer mehr Dienstleister auf diese Forderung eingehen, sieht sich so mancher, der darauf hinweist, dass dieses Vorgehen ungeeignet sei, um die Qualität eines Verfahrens belastbar zu prüfen, mit dem Hinweis konfrontiert: „Dann haben Sie bei uns keine Chance, Ihre Mitbewerber lassen sich ja auch darauf ein." Natürlich macht es Sinn, ein Verfahren, das die Geschäftsleitung bei den eigenen Führungskräften einsetzen will, um deren zukünftige Weiterentwicklung planen und ggf. durch geeignete Maßnahmen unterstützen zu können, zunächst selbst zu prüfen (Wie „fühlt es sich an", die Aufgaben zu bearbeiten? Wie erlebe ich den Rückmeldeprozess? Kann ich die abgeleiteten Schlüsse nachvollziehen? etc.). Es kann erheblich zur Akzeptanz einer solchen Maßnahme beitragen, wenn das eigene Management und die Personalverantwortlichen „mit gutem Beispiel vorangehen".

Eine Einschätzung anhand der subjektiven Plausibilität der Fragen und Aufgaben („Augenscheinvalidität") kann eine fundierte Überprüfung nicht ersetzen.

Auch die Übereinstimmung bzw. Nicht-Übereinstimmung der Ergebnisse bspw. mit dem eigenen Selbstbild sagt nicht etwas über die Qualität des Verfahrens aus. Dies sei mit folgenden Überlegungen illustriert: Wer selbst über ein deutlich unterdurchschnittliches kognitives Potenzial verfügt, kann dieses eigene Defizit in der Regel selbst nicht objektiv einschätzen. Natürlich erlebt er oder sie, dass bestimmte Aufgaben tendenziell überfordernd sind, und meist sind diese Personen auch schon an Aufgaben gescheitert und haben dieses Scheitern wahrgenommen. Aber unabhängig von der Höhe des eigenen kognitiven Potenzials gibt es ja immer Aufgaben, die zu komplex oder Rahmenbedingungen, die nicht mehr beherrschbar sein können. Mit einem für sich selbst unerfreulichen Messergebnis konfrontiert, sind nicht alle in der Lage, sich selbst und nicht das Verfahren in Zweifel zu ziehen.

Die hier geschilderte und in der Norm „als nicht zulässig“ qualifizierte Praxis der „Überprüfung von Tests“ mag im Übrigen auch dazu beigetragen haben, dass Verfahren, die sich ausschließlich auf individuelle Stärken beziehen, sich einer so großen Beliebtheit und Verbreitung erfreuen, während sich viele Unternehmen nicht trauen, die Verfahrenskategorie mit der höchsten und nahezu universellen Vorhersagekraft (zumindest bei anspruchsvollen Tätigkeitsbereichen) einzusetzen, nämlich messtheoretisch fundierte Verfahren zum Erfassen des kognitiven Potenzials (sog. „Intelligenztests“).

Der verantwortliche Eignungsdiagnostiker darf nur Verfahren einsetzen, bei denen er die Verfahrenshinweise vor der Einsatzentscheidung einsehen und prüfen konnte.

Im Rahmen einer Eignungsbeurteilung nach dieser Norm dürfen nur solche messtheoretisch fundierten Fragebögen und Tests (Kategorien 4 und 5) eingesetzt werden, die den in Anhang B formulierten Anforderungen an Verfahrenshinweise genügen.

Die Wichtigkeit, die bloße Behauptung einer Erfüllung der wissenschaftlichen Gütekriterien durch eine möglichst hohe Nachvollziehbarkeit im Detail zu ersetzen, wurde ja bereits mehrmals betont und kommentiert.

Die Verfahren, die diesen Anforderungen gerecht werden, sind aber nicht zwangsläufig für die konkrete Eignungsbeurteilung nach dieser Norm geeignet. Die Erfüllung dieser Anforderungen ist eine notwendige, aber keine hinreichende Bedingung für den Einsatz solcher Verfahren. Die Angemessenheit eines Verfahrens für eine konkrete Eignungsbeurteilung kann nur im Rahmen seiner spezifischen Anwendung beurteilt werden.

Die Textpassage soll daran erinnern, dass ein noch so gut konstruiertes und qualitätsgesichertes, messtheoretisch fundiertes Verfahren nur dann einen sinnvollen Beitrag zu einer spezifischen Eignungsbeurteilung liefern kann, wenn die gemessenen Eignungsmerkmale für die jeweilige Zielposition auch wirklich relevant sind (Anforderungsbezug des Verfahrens). Auch ein Verfahren, das das räumliche Vorstellungsvermögen mit einer so hohen Reliabilität wie $r = .90$ misst, kann dennoch keinen Beitrag zur Validität liefern, wenn nach dem Anforderungsprofil räumliches Vorstellungsvermögen nicht benötigt wird.

Beim räumlichen Vorstellungsvermögen ist darüber hinaus noch anzumerken, dass dies eine Fähigkeit ist, deren Messergebnis bei Frauen mit dem Zyklus variiert (Markus Hausmann et al., Behavioral Neuroscience, 2000). Intelligenztests, die einzelne Skalen enthalten, die das räumliche Vorstellungsvermögen messen und diese Messung in die Gesamtbetrachtung von Intelligenz einfließen lassen, müssen sich daher der Frage nach ihrer Fairness stellen. Insbesondere wenn kein direkter Anwendungsbezug der Dimension räumliches Vorstellungsvermögen vorhanden ist.

Zusätzlich ist auch darauf zu achten, dass keine Fähigkeiten, Fertigkeiten oder Kenntnisse das Ergebnis beeinflussen, die nicht zu dem zu erfassenden Merkmal gehören und bei der Zielgruppe des Verfahrens unterschiedlich ausgeprägt sein könnten. So sollten z.B. sogenannte „textgebundene Rechenaufgaben" in der Muttersprache oder mindestens einer sicher beherrschten Zweitsprache dargeboten werden, damit die Ergebnisse nicht von den sprachlichen Fertigkeiten verzerrt werden.

Damit der verantwortliche Diagnostiker überprüfen kann, ob sämtliche oben genannten Forderungen erfüllt sind, wurden in der Norm hohe Forderungen an die Dokumentation gestellt. Diese sind im normativen Anhang B zusammengefasst. Er enthält jedoch nicht nur Dokumentationsanforderungen, sondern auch Anforderungen an die Verfahren selbst (wissenschaftliche Gütekriterien einschließlich Qualitätsmerkmale der zugrunde liegenden Untersuchungen). Deshalb wird Anhang B im Folgenden detailliert kommentiert.

**Anhang B**

(normativ)

**Anforderungen an Verfahrenshinweise für messtheoretisch fundierte Fragebogen und Tests**

**B.1 Allgemeine Anforderungen**

**B.1.1** Die theoretischen Grundlagen des Verfahrens sind zu beschreiben.

Auf der Grundlage der Beschreibung der theoretischen Grundlagen kann sich der verantwortliche Eignungsdiagnostiker bereits einen ersten Eindruck über die wissenschaftliche Fundierung des Verfahrens machen.

Zusätzlich zu den theoretischen Grundlagen muss lt. Kapitel 5.3.3.1 des Normtextes auch die diagnostische Zielstellung des Verfahrens beschrieben sein. Der Hinweis auf diese Notwendigkeit fehlt im Anhang B. Deshalb sei im Kommentar noch einmal dezidiert darauf hingewiesen. Die dezidierte Nennung der Zielstellung ist auch deshalb so wichtig, weil sie den Maßstab für die Prüfung der Angemessenheit der Normstichprobe und des Anwendungszusammenhangs wie auch der empirischen Untersuchungen darstellt.

**B.1.2** In den Verfahrenshinweisen muss angemessen (im Sinne von ausführlich und verständlich und nachvollziehbar) dargestellt werden, wie das standardisierte Verfahren konstruiert wurde indem z. B. erläutert wird, wie und warum die Fragen eines Fragebogens oder die Aufgaben eines Tests ausgewählt oder konstruiert wurden.

Auch diese normative Dokumentationsanforderung dient der besseren Nachvollziehbarkeit der theoretischen Fundierung, der Zielsetzung und der praktischen Umsetzung der zugrunde liegenden Konstruktionsüberlegungen.

Erfahrungsgemäß weigern sich manche Dienstleister, die geforderten Angaben insbesondere zur Konstruktion zu machen, mit dem Hinweis auf ihr geistiges Eigentum und ihre „Betriebsgeheimnisse“. Einer berechtigten Sorge um den Verfahrensschutz kann z. B. dadurch Rechnung getragen werden, dass vor Einsichtgabe in schützenswerte Inhalte der Verfahrenshinweise eine Vertraulichkeitsvereinbarung geschlossen wird. Wichtig ist in jedem Fall, dass der verantwortliche Eignungsdiagnostiker die in der Norm beschriebenen Informationen prüfen kann.

Best Practice bei der Verfahrenskonstruktion stellt ein mehrstufiger Konstruktions- und Aufgabenselektionsprozess dar, der bspw. so aussehen kann: Aufgabenkonstruktion gemäß einer anerkannten Theorie der Arbeitsleistung oder des Lernens, Durchführung des Verfahrens an einer Pilotgruppe von mindestens 250 Personen, Berechnung der Itemkennwerte, wie z. B. Itemschwierigkeit und Trennschärfe jeder einzelnen Frage eines Fragebogens oder jeder einzelnen Aufgabe eines Tests, Selektion von Aufgaben innerhalb einer gewünschten Bandbreite der Itemschwierigkeit und einer angestrebten Trennschärfe, Entwicklung neuer zusätzlicher Items[12] aufgrund entwickelter Unterschiedshypothesen („Was unterscheiden die trennscharfen von den weniger trennscharfen Items?“), erneute Durchführung des Verfahrens an einer weiteren Pilotgruppe bzw. mit einer Gruppe von Bewerbern usw. bis zur Entwicklung der Normstichprobe.

12 Begriffsdefinition in DIN 33430:

**2.10 Item**

einzelnes Element eines messtheoretisch fundierten Fragebogens oder Tests

BEISPIEL Aufgabe, Frage

Die geforderte Dokumentation beinhaltet nicht die Auflistung sämtlicher Fragen bzw. Aufgaben des Verfahrens. Es geht um die nachvollziehbare Darstellung des Vorgehens bei der Konstruktion des Verfahrens.

Diese Anforderungen schließen auch die Darstellung der Vorgehensweisen bei der Übertragung von Verfahren in unterschiedliche Sprach- und Kulturräume ein. Gibt es unterschiedliche Sprachversionen eines messtheoretisch fundierten Verfahrens, ist als Best Practice heute ein mehrsprachiger Konstruktionsansatz zu bezeichnen.

**B.1.3** In den Verfahrenshinweisen sind die Ergebnisse einer oder mehrerer empirischen/empirischer Untersuchung(en) zu berichten.

**B.1.4** Alle in den Verfahrenshinweisen aufgeführten relevanten empirischen Untersuchungen sind nachvollziehbar zu beschreiben / zu dokumentieren.

Ohne nachvollziehbare empirische Untersuchungen kann eine Ansammlung von Fragen oder Aufgaben nicht als messtheoretisch fundiertes Verfahren gelten. Auch eine theoretisch noch so plausibel zusammengestellte Aufgabensammlung bedarf der empirischen Überprüfung an für die Zielgruppe repräsentativen, ausreichend großen und hinreichend aktuellen Stichproben. Wenn empirische Untersuchungen fehlen, weiß man letztlich nicht, ob und was man misst. Die normativen Forderungen („muss enthalten") und Empfehlungen („sollte") der Punkte B.1.5 bis B.1.8 des Normtextes beziehen sich auf einen sinnvollen Aufbau und eine nachvollziehbare Dokumentation von empirischen Untersuchungen, deren hohe Bedeutsamkeit im Normtext an verschiedenen Stellen betont wird:

**B.1.5** Der Bericht über empirische Untersuchungen muss enthalten

a) eine Angabe über das Jahr der Datenerhebung;

Hier geht es darum, die Angemessenheit der Aktualität der Untersuchung einschätzen zu können. Im Normtext wird bei verschiedenen empirischen Untersuchungen (Normierung, Berechnung der Reliabilität und Validität) empfohlen, dass die Untersuchungen jünger als acht Jahre sein sollten. Generell gilt: Je wahrscheinlicher der Einfluss von gesellschaftlichen Veränderungen auf die Messung des jeweiligen Eignungsmerkmals ist, desto wichtiger ist eine möglichst hohe Aktualität der empirischen Untersuchungen. Bei biografisch stabilen Eignungsmerkmalen bzw. stabilen Zusammenhängen zwischen dem jeweiligen Eignungsmerkmal wie z.B. beruflich relevanten Intelligenzaspekten und beruflichen Leistungsmerkmalen können die empirischen Untersuchungen auch älter sein.

Als positive Entwicklung ist zu werten, dass Auftraggeber vermehrt im Rahmen von Pilotprojekten eigene Validierungsuntersuchungen von den ihnen angebotenen Verfahren durchführen. Nach Erfahrung der Kommentatoren sind Validierungsuntersuchungen in der Erprobungsphase von Instrumenten am leichtesten zu begründen und umzusetzen.

b) deskriptive Statistiken über die Merkmale der Untersuchungsteilnehmer wie z.B. Angaben zu Alter, Geschlecht, Bildung, Status (z.B. Schüler, Studenten, Azubis, Berufstätige usw.);

Hier geht es u.a. darum, einzuschätzen, inwieweit die Stichprobenmerkmale der Untersuchungsteilnehmer zu der interessierenden Zielgruppe passen.

c) Angaben, mit welchem Ziel der Test von Teilnehmern bearbeitet wurde (z.B. ohne für die Teilnehmer relevantes Ziel, zum Zwecke der persönlichen Orientierung oder im Zusammenhang mit Personalentscheidungen);
d) Angaben, ob die Datenerhebung unter Aufsicht oder unter nicht kontrollierten Bedingungen (z.B. über das Internet von „zu Hause" aus) stattgefunden hat;
e) Angaben, ob und wie die Teilnahme (z.B. ergebnisabhängig) „belohnt" (z.B. vergütet) wurde.

Hier geht es darum, abzuschätzen, inwieweit die Teilnehmer der empirischen Untersuchung und die Teilnehmer in der intendierten Einsatzsituation (bspw. Personalauswahl bzw. Personalentwicklung) unter vergleichbaren Rahmenbedingungen agieren. Verfahren, deren Haupteinsatzgebiet die Personalauswahl mit einer häufig damit verbundenen Wettbewerbssituation ist, sollten anhand einer für die Zielgruppe repräsentativen Stichprobe, die sich in einer vergleichbaren Situation befindet, normiert werden. Die Praxis, Verfahren für die Auswahl von Führungskräften und hochrangigen Spezialisten an Studenten zu normieren, die für die Teilnahme mit finanziellen Anreizen oder mit anrechenbaren „Übungsstunden" gewonnen wurden, ist als veraltet anzusehen.

Für empirische Untersuchungen zur Normierung oder zur Berechnung der Reliabilität gilt genauso wie für eine Messung, die eine Personalauswahlentscheidung unterstützen soll: Ergebnisse, die unter kontrollierten Prüfbedingungen erhoben wurden, sind als belastbarer anzusehen als solche, die unter unkontrollierten Bedingungen erhoben werden.

Die Zielgruppe des Anwendungszusammenhangs eines messtheoretisch fundierten Verfahrens sollte in der Normstichprobe enthalten sein.

Durch die unter B.1.5 zwingend geforderten Angaben kann eingeschätzt werden, ob die in empirischen Studien erhobenen Kennwerte für die genannten Gütekriterien belastbar sind und die jeweilige empirische Untersuchung für das intendierte Einsatzgebiet und die Zielgruppe relevant ist.

**B.1.6** Der Bericht über empirische Untersuchungen sollte weiterhin enthalten:

a) Informationen über den Stichprobenplan;

b) Informationen zu den Teilnehmerquoten.

Diese Empfehlung dient dazu, die Repräsentativität der in der empirischen Untersuchung herangezogenen Stichprobe für die Zielgruppe einschätzen zu können. Sie hat jedoch auch noch einen anderen Hintergrund, denn eine wichtige Forderung an empirische Untersuchungen ist die Forderung nach Replizierbarkeit. Unterschiedliche Stichprobenpläne oder Teilnehmerquoten (z. B. Einbeziehen aller Teilnehmer vs. Ausschluss von Teilnehmern mit auffälligen Ergebnissen) können die Replizierbarkeit erheblich beeinflussen.

**B.1.7** Die Dokumentation / der Bericht der empirischen Arbeit sollte den üblichen Kriterien für wissenschaftliche Publikationen folgen.

ANMERKUNG Siehe z. B. [1] und [3], es gilt jeweils die letzte Ausgabe dieser Publikationen.

Die Empfehlung, Dokumentationen von empirischen Studien nach den üblichen Kriterien für wissenschaftliche Publikationen zu verfassen, dient der besseren Vergleichbarkeit unterschiedlicher Studien.

**B.1.8** Die Anzahl der in den empirischen Studien untersuchten Personen muss für die jeweilige Fragestellung (z. B. Berechnung von Normwerten[13], erwartbare Effektstärke) angemessen sein.

Bei messtheoretisch fundierten Verfahren kann erwartet werden, dass eine Normierung sowie die Berechnung der Reliabilität/-en anhand einer repräsentativen Stichprobe von $N > 500$ berechnet wurden. In der betrieblichen Praxis sind heutzutage auch Stichprobengrößen von $N > 10.000$ keine Seltenheit.

Bei Validierungsstudien sind die Stichproben deutlich kleiner. Wenn es um die Vorhersage beruflicher Leistung bzw. beruflichen Erfolgs geht, sind kriterienbezogene Validierungen die erste Methode der Wahl. Dabei wird der Zusammenhang zwischen einer verfahrensbasierten, eignungsdiagnostischen Empfehlung und dem Bewährungskriterium/den Bewährungskriterien als Korrelationskoeffizient dargestellt. Nun sind selbst in Großbetrieben nur selten Mitarbeitergruppen mit $N > 100$ in vergleichbaren Tätigkeiten oder Aufgaben anzutreffen. Allerdings ergeben sich bei Stichprobengrößen von $N < 25$ äußerst selten signifikante Zusammenhänge. Ergebnisse derart kleiner Stichproben sind entsprechend mit äußerster Vorsicht zu betrachten. Letztlich ist es gerade bei kleinen Stichprobengrößen entscheidend, dass alle anfallenden Daten berücksichtigt wurden (deshalb fordert die Norm den Stichprobenplan), die resultierenden Validitätskennziffern signifikant sind und die Unterschiede im jeweiligen Bewährungskriterium zwischen empfohlenen und nichtempfohlenen Bewerbern praktisch bedeutsam sind.

**B.1.9** Sofern mit einer Verfälschung des Verfahrens zu rechnen ist, sollte ausgeführt werden, ob und wie einer Verfälschung durch die Art der Verfahrensvorgabe und -durchführung – sowie ggf. auch bei der Auswertung – entgegengewirkt werden kann.

13 Begriffsdefinition in DIN 33430:

**2.13 Normwerte**

Vergleichswerte (z. B. gewonnen auf der Basis von Mittelwerten und Standardabweichungen oder Prozenträngen), die anhand einer Vergleichsgruppe (z. B. Kandidaten bestimmter Alters-, Bildungs- oder Berufsgruppen) empirisch ermittelt wurden und mit denen die vorliegenden Ergebnisse der Kandidaten verglichen werden

So begegnen z.B. einige Persönlichkeitsfragebogen dem Risiko einer starken Verzerrung der Ergebnisse in Richtung sozial erwünschter Antworten mit sogenannten Lügenskalen (siehe hierzu im Kommentar-Kapitel 3.2.2.2 „Persönlichkeitsfragebogen“).

Aus Sicht der Kommentatoren empfiehlt es sich, unabhängig von Lügenskalen, Extremwerte in Persönlichkeitsfragebogen z.B. in einem Interview zusätzlich zu hinterfragen.

Auch sollten bei unkontrolliert online durchgeführten Leistungstests positive Ergebnisse in einem folgenden Schritt kontrolliert oder mindestens auf Plausibilität überprüft werden.

**B.1.10** Sofern die Auswertung manuell erfolgt, müssen in den Verfahrenshinweisen Regeln aufgestellt werden, wie bei der Auswertung mit nicht bearbeiteten Fragen bzw. (Teil-) Aufgaben umgegangen wird.

Diese normative Forderung dient zur Sicherstellung der Auswerte-Objektivität.

**B.1.11** Sofern es sich um ein Verfahren handelt, welches einen Vergleich mit Normwerten anbietet:

a) muss die Bezugsgruppe, an der die Normdaten gewonnen wurden, hinsichtlich zentraler Merkmale (z.B. Alter, Bildungsstand, Berufserfahrung) der Personengruppe entsprechen, für die das Verfahren laut Verfahrenshinweisen eingesetzt wird / werden soll. Eine solche Entsprechung liegt beispielsweise nicht vor, wenn etwa Englischkenntnisse von Managern untersucht werden sollen, die Normwerte zum Verfahren aber an Schülern gewonnen wurden. Ist dies nicht der Fall, muss nachgewiesen werden, dass die vorhandenen Normdaten für die Zielgruppe verwendet werden können;

Auf die Notwendigkeit, dass die Normierungsstichprobe möglichst repräsentativ für die Zielgruppe der Anwendung ist, wurde im Kommentar bereits hingewiesen. Den Mitgliedern des Arbeitsausschusses war dies so wichtig, dass der Normtext diesbezüglich eine normative Forderung enthält.

b) sollte die Angemessenheit der Normwerte in den letzten acht Jahren überprüft worden sein. Es geht nur um eine Überprüfung der Angemessenheit der Normwerte. Ob eine Neunormierung durchgeführt werden muss, ergibt sich in Abhängigkeit von den Ergebnissen der Überprüfung. Wurde die Angemessenheit der Normwerte in den letzten 8 Jahren nicht überprüft, muss begründet werden, warum das Verfahren dennoch ausgewählt wird.

Die Wichtigkeit der Repräsentativität der Normstichprobe für die in der Anwendung des Verfahrens intendierte Zielgruppe wurde unter B.1.11 a) unterstrichen. Die Repräsentativität setzt auch eine Aktualität der Normdaten voraus. Im Extremfall kann diese Aktualität durch gesellschaftliche Änderungen wie bspw. für die Zielgruppe Abiturienten die Reduktion von 13 auf 12 Schuljahre bis zur Abiturprüfung (G12 statt G13) von einem Jahr auf das andere infrage gestellt sein. Auch Einflüsse von Covid-19 auf die Unterrichtsdurchführung und Prüfungspraxis werfen unmittelbar die Frage nach der Aktualität von Normstichproben auf. Aufgrund der Abhängigkeit der Aktualität und damit der Angemessenheit der Normwerte von Faktoren wie Dynamik der gemessenen Eignungsmerkmale, Änderungen in der Bezugsgruppe etc. wurde unter B.1.12 die normative Forderung aufgestellt:

**B.1.12** Sofern es sich um ein Verfahren handelt, das auf die Erfassung eines Eignungsmerkmals zielt, dessen Ausprägung in der Referenzgruppe möglicherweise relativ kurzfristigen Veränderungen unterliegt (z. B. EDV-Kenntnisse), muss die Angemessenheit der Normwerte bereits vor Ablauf der acht-Jahres-Frist empirisch gezeigt werden.

Eine generelle normative Forderung nach einer Überprüfung der Angemessenheit der Normwerte innerhalb einer „Acht-Jahres-Frist“ wurde vom Arbeitsausschuss nicht erhoben (siehe B.1.11.b). Die Kommentatoren empfehlen jedoch, diese Frist regelmäßig zu unterschreiten, um Einschränkungen in der Vorhersagekraft der Messergebnisse aufgrund einer nicht mehr aktuellen Normierung sicher zu verhindern. Dies gilt insbesondere vor dem Hintergrund der aktuellen Beschleunigung des demografischen Wandels, der wachsenden Dynamik der Arbeitsmärkte, dem Entstehen neuer Berufe, den veloziferischen Veränderungen in den Bildungssystemen Schule, Hochschule, duale Ausbildung usw.

**B.1.13** Sofern für den Verfahrensanwender die Möglichkeit besteht, die Werte einer Person anhand unterschiedlicher Normgruppen zu bewerten (z. B. bildungsspezifische und bildungsunspezifische Normen), sollten zur Sicherung der Interpretationsobjektivität eindeutige Hinweise gegeben werden, wie die Entscheidung zu treffen ist.

Generell besteht beim Heranziehen unterschiedlicher Normen die Gefahr, dass z. B. bei der Erstellung von Anforderungsprofilen und bei der Interpretation der resultierenden Ergebnisse Äpfel mit Birnen verglichen werden. Wenn bei der Festlegung der wünschenswerten Ausprägungen von Eignungsmerkmalen (Erstellung des Anforderungsprofils) Bezug zu einer anderen Normgruppe genommen wird als bei der Berechnung des Messergebnisses, können schnell Fehlentscheidungen resultieren. Zumindest in dem Einsatzgebiet Personalauswahl empfiehlt es sich deshalb dringend, für eine einheitliche Zielgruppe jeweils nur eine Norm heranzuziehen. So sollten i. d. R. alle Bewerber auf eine ausgeschriebene Stelle unter Heranziehen derselben Norm verglichen werden. Eine einheitliche Norm entspricht hier der Einführung des Metermaßes in der Physik. Erst als das „Meter" die „Elle" des jeweiligen Landesfürsten ersetzte, wurde der Preis für Stoffe und andere Handelswaren vergleichbar. In anderen Einsatzgebieten, wie z. B. einer individuellen Standortbestimmung, kann das Heranziehen unterschiedlicher Normen dennoch Sinn machen. Aber auch hier sollte die Verwendung unterschiedlicher Normen mit viel Bedacht, klaren Regeln und genauer Kenntnis der Konsequenzen vorgenommen werden. Darauf bezieht sich auch B.1.14 des Normtextes.

**B.1.14** Sofern das Verfahren gruppenspezifische Normen vorsieht (z. B. Bildungsnormen) sollten die Effekte der Anwendung dieser gruppenspezifischen Normen nachvollziehbar erläutert werden.

Grundsätzlich ist anzumerken, dass die Verwendung einer Norm eine Konvention ist. Es ist bspw. genauso möglich, die Basketballer eines Landes nach einer Norm zu beschreiben, die sich auf erwachsene Männer der Allgemeinbevölkerung bezieht, wie auch nach einer Norm, die ausschließlich männliche Basketballer dieses Landes enthält. Das Geschlecht ist bei diesem Beispiel bedeutend, da es systematische und signifikante Größenunterschiede zwischen Männern und Frauen gibt, die Nationalität ist bedeutsam, da es signifikante Unterschiede zwischen manchen nationalen Populationen gibt. In dem Fall, dass das Bezugssystem die Allgemeinbevölkerung ist, würde man als Erwartungswert z. B. den Mittelwert plus zwei oder drei Standardabweichungen angeben.

**Beispiel**

**Einsatz von unterschiedlichen gruppenspezifischen Normen**

Ein Unternehmen rekrutiert weltweit im Laufe von vier Jahren sukzessive in 20 Ländern die Leiter der jeweiligen Landesgesellschaften.

Zur Beurteilung, ob man mit den Anwerbungsmaßnahmen und dem Kommunikationsmix (Personalmarketing, Arbeitgebermarke, Stellenanzeigen etc.) im jeweiligen nationalen Arbeitsmarkt adäquate Kandidaten erreichte, wurde die nationale Norm als Maßstab herangezogen. Wenn nach dem Maßstab der nationalen Norm nicht Kandidaten mit mindestens überdurchschnittlichem Lernpotenzial erreicht wurden, wurde in der Anwerbung nachgebessert, z. B. durch Einschalten eines Headhunters. Wenn schon ein Headhunter beauftragt war, diente die nationale Norm dazu, ihn durch objektives Feedback zu größerem Engagement zu motivieren.

Der Maßstab für die Einstellungsentscheidung war aber immer die zentrale Norm für Fach- und Führungskräfte, die im Unternehmen seit der Einführung der Testverfahren genutzt wurde (mit den entsprechenden Updates im Zeitverlauf). Dabei handelte es sich aus Gründen der Historie um die deutsche Norm für Fach- und Führungskräfte, deren Maßstab bei den Personalentscheidern im Unternehmen etabliert war. Dies ist sinnvoll, um weltweit eine gleiche „Messlatte“ anzulegen.

**B.2 Zuverlässigkeit**

**B.2.1** In den Verfahrenshinweisen müssen Angaben zur Zuverlässigkeit des Verfahrens gemacht werden, die aus empirischen Studien abgeleitet wurden.

**B.2.2** Die Angemessenheit der für die Zuverlässigkeitsbestimmung genutzten Methode(n) sollte erläutert werden. Die Bestimmung der internen Konsistenz ist beispielsweise keine angemessene Art der Zuverlässigkeitsbestimmung für Verfahren mit heterogenen Inhalten; die Bestimmung der Retest-Reliabilität ist keine angemessene Art der Zuverlässigkeitsbestimmung für Verfahren zur Messung rasch veränderlicher Eignungsmerkmale (z. B. Stimmungen). Bei der Begründung der Angemessenheit soll die Art der untersuchten Eignungsmerkmale und der angestrebten Entscheidung ebenso berücksichtigt werden wie die jeweiligen Anwendungs- und Untersuchungsbedingungen.

**B.2.3** Sofern mit dem Verfahren Eignungsmerkmale erfasst werden, für die eine zumindest relative Zeit- und Situationsstabilität angenommen wird, sollte die Zuverlässigkeit (auch) über die Retest-Methode bestimmt oder die Retest-Reliabilität durch einen geeigneten Untersuchungsplan geschätzt werden.

Die Zuverlässigkeit stellt neben der Objektivität und Gültigkeit das wichtigste Gütekriterium für die Einschätzung der Qualität von messtheoretisch fundierten Verfahren dar. Die Kennwerte für die Zuverlässigkeit werden dabei im Wesentlichen über die Methoden der internen Konsistenz und der Retest-Methode bestimmt. Beide Methoden werden im Folgenden kurz erläutert:

Bei der Berechnung der internen Konsistenz geht es darum, in einem Korrelationsmaß abzubilden, inwiefern die Items eines messtheoretisch fundierten Verfahrens miteinander in Beziehung stehen. Man geht dabei davon aus, dass man ein Verfahren nicht nur wie bei der Testhalbierungsmethode in zwei, sondern auch in drei, vier, fünf bzw. in so viele vergleichbare Teile untergliedern kann, wie Items vorhanden sind. Das gebräuchlichste Maß für die interne Konsistenz ist der Alphakoeffizient nach Cronbach. Dabei wird geprüft, inwieweit das Antwortverhalten auf ein Einzelitem mit dem Gesamtergebnis in Gleichklang ist. Cronbachs Alpha ist dann als Durchschnitt der Korrelationen aller Einzelitems mit dem Gesamtergebnis über alle Teilnehmer zu verstehen. Die Methode kann nur dann sinnvoll angewandt werden, wenn die Fragen eines Fragebogens oder Aufgaben eines Leistungstests oder anderen messtheoretisch fundierten Verfahrens dasselbe Merkmal in vergleichbarer Weise messen, also homogen sind. Bei heterogenen Inhalten wäre die Bestimmung der Retest-Reliabilität die angemessene Methode.

Die Retest-Methode ist eine Wiederholung des Verfahrens nach einem definierten, nicht zu kurzen Zeitraum (um Übungs- bzw. Erinnerungseffekte weitgehend auszuschließen und die biografische Stabilität über einen längeren Zeitraum zu belegen). Dabei gibt man der gleichen Stichprobe dasselbe Verfahren zweimal vor und ermittelt den Zusammenhang mittels eines Korrelationskoeffizienten. Dementsprechend eignet sich diese Methode nicht bei der Messung rasch veränderlicher Eignungsmerkmale. Sie belegt jedoch eine Zeit- und Situationsstabilität für den gewählten Zeitraum zwischen Erst- und Zweitmessung. Deshalb empfiehlt der Normtext unter B.2.3 für biografisch relativ stabile Merkmale neben der üblichen Berechnung der internen Konsistenz die zusätzliche Berechnung der Zuverlässigkeit über die Retest-Methode.

Die Berechnung der internen Konsistenz ebenso wie die Berechnung einer Neunormierung kann anhand einer durch die Anwendung des Verfahrens vorliegenden Stichprobe vorgenommen werden. Dafür reicht es aus, den (anonymisierten) Datenrückfluss zu organisieren und die jeweilige Berechnung vorzunehmen, sobald genug Daten zusammengekommen sind. Die Anwendung der Retest-Methode erfordert demgegenüber einen zusätzlichen Aufwand. Die Schwierigkeit derartiger Untersuchungen liegt einerseits darin, dass eine zweimalige Messteilnahme mit spürbarem organisatorischen Aufwand verbunden ist. Andererseits sollen die Teilnehmer keine Kenntnis von den Ergebnissen der Erstmessung erhalten, um eine neutrale Zweitmessung unter vergleichbaren Bedingungen zu gewährleisten. In Literatur und Lehre wird auf diese Schwierigkeiten kaum jemals eingegangen. Diese Schwierigkeiten machen jedoch nachvollziehbar, warum sich nur sehr selten eine Gelegenheit zu sinnvollen Retest-Untersuchungen bietet und warum die Stichproben für Retest-Untersuchungen, wenn sie denn überhaupt vorgenommen werden, in der Regel deutlich kleiner sind als die Stichproben bei der Berechnung der internen Konsistenz.

Auch wenn die Daten für Retest-Untersuchungen wegen der oben genannten Einschränkungen, was das Feedback der Teilnehmer zu ihren Ergebnissen angeht, nicht aus realen Testeinsätzen bei der Bewerberauswahl stammen können, stellen zusätzliche Retest-Untersuchungen bei Verfahren, die beanspruchen, biografisch recht stabile Merkmale zu erfassen, die Best Practice dar.

Auch bei dieser Entscheidung zwischen „Muss“- und „Sollte“-Kriterien ist der Versuch, die Balance zu halten zwischen maximaler Qualität und gerechtfertigtem Aufwand, erneut unmittelbar nachzuvollziehen. Wer immer es sich leisten kann, wird jedenfalls mit dem Ziel einer möglichst hohen Qualität der Eignungsbeurteilung neben den normativen Forderungen („Muss“-Kriterien) auch möglichst viele der inhaltlich gut durchdachten Empfehlungen („Sollte“-Kriterien) der DIN 33430 umsetzen.

**B.2.4** Der aktuellste Nachweis der Geltung der Zuverlässigkeitskennwerte sollte jünger als acht Jahre sein. Wurden die Zuverlässigkeitskennwerte in den letzten 8 Jahren nicht überprüft, muss begründet werden, warum das Verfahren dennoch ausgewählt wird.

Für den Nachweis der Zuverlässigkeitskennwerte gilt dasselbe wie für den Nachweis der Angemessenheit der Normwerte. Auch die Itemkennwerte „Itemschwierigkeit" und „Trennschärfe des jeweiligen Items" und damit die Gesamtreliabilität (der Zuverlässigkeitskennwert) können gesellschaftlichen Veränderungen unterliegen. Und auch hier ist die regelmäßige Testrevision mit Neuberechnung der Zuverlässigkeitskennwerte deutlich vor der Acht-Jahres-Frist als Best Practice anzusehen.

Je früher Veränderungen und deren Auswirkungen abgebildet werden, umso früher können einzelne weniger trennscharfe Items durch neue trennschärfere Items ersetzt und so die Gesamtreliabilität möglichst hochgehalten werden. Jeder verantwortungsbewusste Testentwickler und Testnutzer wird nicht erst nach acht Jahren intensiven Einsatzes eines Verfahrens feststellen wollen, dass in den letzten Einsatzjahren die Messgenauigkeit deutlich niedriger war als im Zuverlässigkeitskennwert angegeben. Auch für die Berechnung der Zuverlässigkeitskennwerte gilt wie für die Normierung: Sobald Verfahren häufig eingesetzt werden und der Datenrückfluss vertraglich gesichert ist, ist der Aufwand für eine aktuelle Berechnung der Zuverlässigkeitskennwerte relativ gering.

Die Regelung des Datenrückflusses aus tatsächlichen Anwendungen ist im Übrigen auch deshalb Voraussetzung für Best Practice, da nur so gewährleistet werden kann, dass die Daten, die für die Normierung und die Berechnung der Teststatistiken (Itemschwierigkeit, Trennschärfe, Reliabilität etc.) verwendet werden, aus einem relevanten Anwendungszusammenhang kommen.

### B.3 Gültigkeit

#### B.3.1 Allgemeine Anforderungen

**B.3.1.1** In den Verfahrenshinweisen müssen Angaben zur Gültigkeit des Verfahrens gemacht werden, die aus empirischen Studien abgeleitet wurden.

Diese normative Forderung betont die Wichtigkeit des Gütekriteriums „Gültigkeit" und der zugrunde liegenden empirischen Studien.

**B.3.1.2** Aus den Verfahrenshinweisen muss deutlich werden, welche empirischen Nachweise der Inhalts- und / oder Kriteriums- und / oder Konstruktgültigkeit eine Anwendung des Verfahrens bzw. der Verfahrensklasse für den laut Verfahrenshinweisen intendierten Anwendungszweck des Verfahrens rechtfertigen.

Diese normative Forderung soll es erleichtern, die Geeignetheit des jeweiligen Verfahrens für den intendierten Anwendungszweck zu überprüfen.

**B.3.1.3** In den Verfahrenshinweisen muss angegeben werden, welche Gültigkeitswerte:

a) in Bezug zu welchem Kriterium (z.B. Bewährungskriterium) erzielt wurden;

b) für welche Referenzgruppe erzielt wurden;

c) in welcher Untersuchung erzielt wurden.

**B.3.1.4** In den Verfahrenshinweisen muss weiterhin angegeben werden, welche Gültigkeitswerte:

a) für welches Verfahrensergebnis erzielt wurden. Bezieht sich der Gültigkeitswert beispielsweise auf das Gesamtergebnis oder auf ein Teilergebnis (etwa auf eine einzelne Skala oder einzelne Items)? Bezieht sich der Gültigkeitswert auf einen Rohwert oder auf einen standardisierten Wert?

b) zu welchem Zeitpunkt erzielt wurden.

Die normativen Forderungen unter B.3.1.3 und B.3.1.4 dienen ebenfalls einer Nachvollziehbarkeit im Detail. Gerade bei Validierungsuntersuchungen und den errechneten Gültigkeitskennwerten geht es ja um den Kernbereich jeder eignungsdiagnostischen Untersuchung, nämlich um die Gültigkeit bzw. Exaktheit der aus den Messergebnissen abgeleiteten Interpretation. Im Einsatzgebiet Personalauswahl geht es um die Vorhersage beruflicher Leistungs- und Erfolgskriterien. Das erklärt die herausragende Stellung des Gütekriteriums Gültigkeit bei der Beurteilung der Qualität eines eignungsdiagnostischen Verfahrens. Andererseits muss gerade bei angegebenen Kennziffern zur Gültigkeit deren Aussagekraft mit kritischem Blick geprüft werden. So hat die beliebte Korrelation von Selbstauskünften von Mitarbeitern mit der Fremdeinschätzung durch den jeweiligen Vorgesetzten bei Wissen der Teilnehmer um diese Überprüfung wenig Aussagekraft für das Einsatzgebiet Personalauswahl.

Leitfragen für die kritische Prüfung von Validierungsuntersuchungen sind:

a) Zu welchen Erfolgskriterien wurde ein Zusammenhang nachgewiesen?

b) Sind die untersuchten Erfolgskriterien und die untersuchte Stichprobe für das intendierte Einsatzgebiet und die Zielgruppe tatsächlich relevant?

c) Sind die berechneten Kennziffern gegenüber dem Zufall abgesichert, sind sie also signifikant?

d) Wie sieht es mit der Replizierbarkeit der Untersuchung aus – gibt es mehrere unabhängige Untersuchungen, die ein vergleichbares Ergebnis erbrachten?

e) Sind die gefundenen Unterschiede zusätzlich zu ihrer Signifikanz in der Praxis bedeutsam?

f) Wurden im Rahmen einer Untersuchungsplanung festgelegte, begründete oder theoretisch abgeleitete Hypothesen bestätigt (oder nicht bestätigt, welche davon?) oder ergaben sich etwa bei der Korrelation vieler Persönlichkeitsdimensionen mit vielen Kriterien (sogenanntes Datamining) „zufälligerweise" ein paar signifikante Treffer?

Die Antworten auf diese und ähnliche Fragen ergeben ein klares Bild, ob der in den Verfahrenshinweisen angegebene Anwendungszweck des Verfahrens gerechtfertigt ist. Pauschalisierende Angaben, dieses oder jenes Verfahren würde sich durch eine Validität von $r = .xx$ ausweisen, sind jedenfalls irreführend. Es kann immer nur darum gehen, für eine bestimmte Zielgruppe in einem bestimmten Anwendungsgebiet bestimmte Leistungs-/Erfolgskriterien vorauszusagen. Insofern hat ein Verfahren nicht eine Validität.

Validierungsuntersuchungen zu unterschiedlichen Anwendungszusammenhängen weisen dann unterschiedliche Werte für die Validitätskennziffern aus. Sie werden variieren je nach untersuchter Tätigkeit und je nach Belastbarkeit des Bewährungskriteriums wie u. a. Planerfüllungskennziffern, Umsatz, Provisionsertrag, Erfüllung von KPIs, Einschätzung durch den Vorgesetzten u. Ä. Die Koeffizienten werden dabei i. d. R. umso höher sein, je umgrenzter der Tätigkeitsbereich ist und je präziser das Bewährungskriterium differenziert.

Zum oben angesprochenen Datamining sei hier eine etwas technische Anmerkung erlaubt: Auch die Signifikanz ist eine Konvention. Auf dem 5-%-Niveau signifikant heißt ein Ergebnis, das, wenn es zufällig wäre, seltener aufträte als einmal in zwanzig Versuchen. Auf dem 1-%-Niveau signifikant ist ein Ergebnis, das seltener ist als einmal in 100 Versuchen, wenn es zufällig wäre. Daraus folgt im Umkehrschluss, dass man, wenn man 200 Korrelationen mit verfügbaren Variablen prüfte (Datamining), bei unsystematischen Zusammenhängen der Variablen untereinander allein durch den Zufall zehn Zusammenhänge auf 5-%-Niveau und zwei auf 1-%-Niveau als Resultat erhielte. Bei Wiederholung an einer anderen Stichprobe ergäben sich wieder solche Zusammenhänge, in der Regel jedoch zwischen völlig anderen Variablen.

**B.3.1.5** Der aktuellste Nachweis über die Gültigkeit des Verfahrens für den intendierten Anwendungsbereich sollte jünger als acht Jahre sein.

Dass in der überarbeiteten DIN 33430 im Gegensatz zur Vorgängerversion DIN 33430:2002-06 die normative Forderung nach dem Nachweis der Gültigkeit eines Verfahrens vor Ablauf von acht Jahren in eine reine Empfehlung umgewandelt ist, wurde vielfach in dem Sinne interpretiert, dass die überarbeitete DIN weniger oder gar keinen Wert mehr auf eine bestmögliche Erfüllung der wissenschaftlichen Gütekriterien legt. Dem ist keinesfalls so. Tatsächlich wurde im Arbeitsausschuss mit viel Engagement um einen bestmöglichen Kompromiss zwischen möglichst hohen Qualitätsanforderungen und einem leistbaren Aufwand in der Praxis gerungen. In der betrieblichen Praxis ist es tatsächlich immer wieder problematisch oder extrem aufwändig, an eine genügend große Anzahl an Untersuchungspersonen, die unter vergleichbaren Bedingungen arbeiten, oder auch an belastbare Kennziffern für die berufliche Leistung zu kommen. Kein Unternehmen beschäftigt bspw. so viele Einkäufer für ein Spezialsegment, dass für diese Position eine Kriteriumsvalidierung möglich wäre, die den wissenschaftlichen Ansprüchen genügt.

Nun sollte die Anwendung eines Verfahrens, das ansonsten völlig im Sinne der DIN 33430 konstruiert wurde, nicht schon deshalb nicht DIN-konform sein, weil es de facto keine Möglichkeit zu einer Validierungsstudie in den letzten acht Jahren gab. Diese Abänderung gegenüber der Vorgängerversion DIN 33430:2002-06 sollte also nicht im Sinne eines „Aufweichens" von Kriterien missverstanden werden. Sie sollte vielmehr als eine Anpassung an die Erfahrungen in der betrieblichen Praxis gewertet werden. Auch kann diese Formulierung als Aufforderung an die Auftraggeber gelesen werden, gemeinsam mit Testkonstrukteuren bei passenden Gelegenheiten eigene Validierungsstudien durchzuführen. Nur wenn Auftraggeber und Dienstleister eng zusammenwirken, sind für die eignungsdiagnostische Praxis wertvolle Validierungsstudien überhaupt möglich. Eine solche Vorgehensweise lässt sich aber natürlich nicht vorschreiben, sondern nur empfehlen.

Zusätzlich sollte diese Abänderung einen Beitrag dazu leisten, dass eine Verweigerung der Bestätigung der Normkonformität eines eignungsdiagnostischen Prozesses durch ein Zertifizierungsinstitut bereits beim Nichterfüllen einer einzigen normativen Forderung (Muss-Formulierung) in jedem Fall inhaltlich Sinn macht. Dem Arbeitsausschuss war es wichtig, bei keiner normativen Forderung „zu streng zu sein" bzw. keine unnötigen normativen Forderungen aufzustellen. Damit wird im Übrigen auch der teilweise zu beobachtenden Zertifizierungspraxis, bereits beim Vorliegen eines bestimmten Prozentsatzes an normativen Forderungen die DIN-33430-Konformität zu bestätigen, eine klare Absage erteilt.

**B.3.1.6** Sofern zur Bestimmung der Gültigkeit Methoden der statistischen Adjustierung / Optimierung angewendet wurden (z. B. Minderungskorrektur, Varianzeinschränkungskorrektur, multiple Regressionen):

a) müssen bei der Dokumentation der Analysen zur Gültigkeit sowohl die ursprünglich erhaltenen als auch die korrigierten Kennwerte aufgeführt werden;

b) müssen alle im Zusammenhang mit der Adjustierung verwendeten Statistiken genannt werden;

c) müssen neben den statistisch optimierten Schätzungen (z. B. multiple Regression) auch die einfachen Schätzungen (z. B. einfache Korrelationen) angegeben werden;

Korrelationskoeffizienten sind nicht gleich Korrelationskoeffizienten. Das gilt auch für die Korrelationskoeffizienten, die für die Berechnung der Gültigkeit den Zusammenhang erfassen zwischen einer Größe, die der Vorhersage dient, z. B. der allgemeinen Intelligenz, und einem Kriterium, das vorhergesagt werden soll, z. B. der Produktivität eines Programmierers. In der Statistik gibt es Korrekturen, die die Koeffizienten verändern. Diese Korrekturen sind der Tatsache geschuldet, dass empirische Untersuchungen nie unter idealen Bedingungen durchgeführt werden.

Wie bereits ausgeführt, kann kein Eignungsmerkmal mit hundertprozentiger Sicherheit gemessen werden. Jedes Messergebnis hat einen gewissen Messfehler. Auch Leistungskriterien, wie z. B. ein Maß für die Produktivität eines Programmierers, z. B. die Anzahl der korrekt geschriebenen Zeilen eines Computercodes, unterliegen einem Messfehler. Eine sogenannte Minderungskorrektur drückt nun die Annahme aus, dass die Korrelation zwischen den beiden Werten höher wäre, wenn die beiden Werte jeweils selbst schon genauer gemessen worden wären. Damit ergibt sich eine höhere Validitätskennziffer als Schätzung des tatsächlichen Zusammenhangs.

Ein zusätzliches Hindernis bei der Bestimmung des tatsächlichen Zusammenhangs ist, dass Leistungskriterien in der Regel nur für die nach Eignungsbeurteilung empfohlenen Kandidaten vorliegen. u. a., dass weder die komplette Bandbreite der Testergebnisse noch die komplette Bandbreite möglicher Arbeitsleistung zur Auswertung vorliegen. Je stärker diese

Varianz bei beiden Kriterien eingeschränkt ist, umso mehr unterschätzt der errechnete Korrelationskoeffizient den tatsächlichen Zusammenhang. Eine Varianzeinschränkungskorrektur dient zum Ausgleich und führt ebenfalls zu höheren Validitätskennziffern als Schätzung des tatsächlichen Zusammenhangs.

Gegen dieses Vorgehen ist prinzipiell nichts einzuwenden. Wenn nun aber ein statistisch optimierter Wert mit einer einfachen Korrelation ohne Minderungs- und/oder Varianzeinschränkungskorrektur verglichen wird, stimmt das Bezugssystem nicht mehr. Um die daraus resultierende Verzerrung zu unterbinden, schreibt die DIN 33430 durch die normativen Forderungen aus B.3.1.6 a), b) und c) vor, dass alle Korrekturen angegeben werden müssen sowie die ursprünglich erhaltenen Korrelationen ohne Korrektur.

Die unkorrigierten Korrelationen sind der robusteste Vergleichsmaßstab – bei den statistisch optimierten Schätzungen fließen teilweise nicht vollständig überprüfbare Zusatzannahmen ein, wie bspw. die Reliabilität des Erfolgskriteriums, die eine Vergleichbarkeit tendenziell beeinträchtigen. Geht der jeweilige Testautor bspw. von einer etwas niedrigeren Reliabilität des Erfolgskriteriums aus, kann er den resultierenden Korrelationskoeffizienten „nach oben korrigieren“, ohne dass das jeweilige Verfahren die intendierten Eignungsmerkmale tatsächlich mit einer höheren Gültigkeit erfassen würde. Deshalb empfehlen die Kommentatoren, bei der Bewertung von Verfahren auf die „einfachen“ (ursprünglich erhaltenen) und nicht auf korrigierte Kennwerte zurückzugreifen.

d) sollten die optimierten Schätzungen auf eine andere Personengruppe aus dem Geltungsbereich des Verfahrens angewendet und in ihrer Gültigkeit bestätigt werden (Kreuzvalidierung);

Diese Empfehlung bezieht sich darauf, dass, sofern die Schätzung eines Zusammenhangs statistisch optimiert wurde, die Angemessenheit dieser Optimierung selbst in mindestens einer weiteren Studie überprüft werden sollte.

Dafür bietet sich eine andere Personengruppe aus dem Anwendungs-/Geltungsbereich des Verfahrens an.

e) sollten die statistischen Optimierungsprozeduren in handlungsleitende Beurteilungsregeln umgesetzt werden. Wenn beispielsweise gezeigt wird, dass die multiple Vorhersagbarkeit eines Kriteriums unter Einbezug mehrerer Prädiktoren (z.B. mehrere Skalen eines Tests) deutlich höher ist als die einfachen Korrelationen zwischen einzelnen Prädiktoren und diesem Kriterium, so sollte dem Anwender erläutert werden, wie er die verschiedenen Prädiktoren so kombinieren / gewichten kann, dass der Vorteil praktisch nutzbar wird.

Die Punkte d) und e) beziehen sich auf durch multiple Regression erhaltene Schätzungen. Dieses statistische Vorgehen bezieht sich auf komplexere Zusammenhänge, die sich daraus ergeben, dass nicht nur ein Messwert herangezogen wird, um etwas vorherzusagen, sondern eine Kombination von Verfahrensergebnissen.

Die DIN 33430 empfiehlt an dieser Stelle, dass die Interpretation der Zusammenhänge auch dem Anwender nutzbar gemacht werden sollte – allerdings erst nach einer Kreuzvalidierung. Der Anwender ist in diesem Zusammenhang der verantwortliche Diagnostiker.

**Warnhinweis**

Bei der in der Praxis immer wieder anzutreffenden Nutzung einer multiplen Regression zur Feinjustierung des Anforderungsprofils oder beim Einsatz möglichst vieler unterschiedlicher Testverfahren in der Pilotphase mit anschließender Ableitung der Verfahren, bei denen sich eine Korrelation mit Leistungskriterien gezeigt hat, ist nur dann sinnvoll, wenn die Ergebnisse kreuzvalidiert sind.

In der multiplen Regression besteht die Optimierung darin, dass alle Prädiktoren (erfasste Eignungsmerkmale) mit „optimierten" Gewichtungen versehen sind und dadurch unterschiedliche Beiträge für einen resultierenden, möglichst hohen Zusammenhang zu einem Erfolgskriterium liefern. Erfahrungsgemäß können die resultierenden Gewichtungen mehr oder weniger stark von der untersuchten Stichprobe abhängen. Erst wenn sich ähnliche Gewichtungen an einer unabhängigen, anderen Stichprobe replizieren lassen (Kreuzvalidierung), lassen sich die Gewichtungen sinnvoll in handlungsleitende Beurteilungsregeln übertragen. Ohne Kreuzvalidierung und entsprechend abzuleitende Beurteilungsregeln ist auch ein hoher multipler Regressionskoeffizient für den praktischen Einsatz wertlos.

**B.3.1.7** Sofern der Gültigkeitsanspruch damit begründet wird, dass Gültigkeitshinweise aus anderen Untersuchungen in Anspruch genommen werden (Validitätsgeneralisierung), sollte nachvollziehbar ausgeführt werden,

a) welche Befunde generalisiert werden können (Darstellung der entsprechenden Studien, Literaturübersichten und Metaanalysen);

b) weshalb (und in welchem Ausmaß) sich die Gültigkeitshinweise übertragen lassen, die sich aus anderen Studien ergeben.

Hier ist zunächst zu prüfen, ob die Ausgangsbedingungen der Validierungsuntersuchung mit dem intendierten Einsatz vergleichbar sind. Diese Prüfung kann auf der Basis einer den normativen Forderungen der DIN 33430 entsprechenden Dokumentation erfolgen. Darüber hinaus empfiehlt der Arbeitsausschuss unter B.3.1.7 den Anbietern von messtheoretisch fundierten Verfahren, eine in Anspruch genommene Validitätsgeneralisierung auch detailliert zu begründen. Dies macht es dem Fachexperten leichter, die Angemessenheit des Einsatzes des Verfahrens zu beurteilen.

Validitätsgeneralisierung bedeutet in diesem Zusammenhang, dass von vorliegenden nachgewiesenen Zusammenhängen auf andere, ähnliche Zusammenhänge geschlossen wird. Auch die Tatsache, dass der Faktor "Allgemeine Intelligenz" für die meisten Aufgabenstellungen von allen untersuchten Faktoren am besten geeignet ist, Leistung vorherzusagen, wird häufig für eine Validitätsgeneralisierung herangezogen: Es macht für fast alle eignungsdiagnostischen Fragestellungen Sinn, Intelligenzmaße der Kandidaten zu erfassen und aus der Komplexität der Aufgabenstellung angemessen abgeleitete Schwellenwerte als erfolgskritische Messzahlen zu definieren.

Unter B.3.2 bis B.3.4 werden Empfehlungen für die unterschiedlichen Arten von möglichen Validierungen gegeben. Im Kontext der beruflichen Eignungsbeurteilungen, also für die Prognose beruflicher Leistung, kommt der Kriteriumsgültigkeit eine besondere Bedeutung zu. Denn sie zielt auf die Höhe des Zusammenhangs zwischen Prädiktoren (gemessene Eignungsmerkmale) und beruflichen Leistungs- bzw. Erfolgskriterien. Konstrukt- und Inhaltsgültigkeit sind insbesondere in der Entwicklungsphase, für Validitätsgeneralisierungen (s. o.) und in der Forschung wichtig sowie generell immer dann, wenn es neben der Prognose auch auf ein exaktes Verstehen und Erklären von Wirkungszusammenhängen ankommt (im beruflichen Kontext z.B. im Potenzialcoaching oder beim Ableiten von individuellen Fördermaßnahmen in der Personalentwicklung).

**B.3.2 Konstruktgültigkeit**

**B.3.2.1** Aufgrund von inhaltlichen Überlegungen sollte dargelegt werden, wie sich das fragliche Konstrukt zu ähnlichen Konstrukten verhält (konvergente Gültigkeit).

**B.3.2.2** Aufgrund von empirischen Ergebnissen sollte dargelegt werden, wie sich das fragliche Konstrukt zu ähnlichen Konstrukten verhält (konvergente Gültigkeit).

**B.3.2.3** Aufgrund von inhaltlichen Überlegungen sollte dargelegt werden, wie sich das fragliche Konstrukt zu unähnlichen Konstrukten verhält (diskriminante Gültigkeit).

**B.3.2.4** Aufgrund von empirischen Ergebnissen sollte dargelegt werden, wie sich das fragliche Konstrukt zu unähnlichen Konstrukten verhält (diskriminante Gültigkeit).

**B.3.3 Kriteriumsgültigkeit**

**B.3.3.1** Bei der Analyse der Kriteriumsgültigkeit des Verfahrens muss beschrieben werden, warum das in der Analyse jeweils verwendete Kriterium angemessen ist und valide erfasst wird.

**B.3.3.2** Die Objektivität und Zuverlässigkeit jedes verwendeten Kriterienmaßes sollten nach Möglichkeit dargestellt werden.

**B.3.3.3** Die Angemessenheit der für die Analyse der Kriteriumsgültigkeit herangezogenen Untersuchungsgruppe muss erläutert werden. Beispielsweise sollten die demographischen Merkmale der Untersuchungsgruppe (z. B. Bildungsstand, Alter, Berufserfahrung usw.) vor dem Hintergrund der als Zielgruppe des Verfahrens genannten Gruppe diskutiert werden.

Die Punkte B.3.3.1 und B.3.3.3 sind nicht nur als Empfehlungen, sondern als normative Forderungen formuliert. Dies ist der Wichtigkeit der Kriteriumsgültigkeit im Kontext von beruflichen Eignungsbeurteilungen geschuldet. Bei der Kriteriumsgültigkeit hängt die Höhe des resultierenden Gültigkeitskennwerts stark von dem verwendeten Außenkriterium ab. Je genauer das Außenkriterium die jeweilige berufliche Leistung abbildet und je exakter es erfasst werden kann, umso relevanter und belastbarer ist die jeweilige Untersuchung.

In der betrieblichen Praxis werden häufig keine objektiven Leistungskennwerte erhoben, sondern fast ausschließlich Leistungseinschätzungen von Vorgesetzten als Außenkriterium herangezogen. Allerdings weisen unterschiedliche Vorgesetzte in der Regel unterschiedliche Bewertungsmaßstäbe auf. Das schlägt sich in einer niedrigen Reliabilität solcher Leistungskriterien nieder. Sind jedoch die Leistungskriterien nicht reliabel erfasst, so hat eine daraus resultierende Gültigkeitskennziffer wenig Aussagekraft. Daher wird in B.3.3.2 empfohlen, zu den Kriterien nach Möglichkeit entsprechende Angaben zu machen.

Die Kommentatoren empfehlen, bereits bei der Planung eines eignungsdiagnostischen Prozesses die Möglichkeit zu prüfen, objektive Leistungskriterien für die spätere Evaluation des Prozesses zu erheben.

B.3.3.3 bezieht sich auf die Erfahrung, dass Korrelationen zwischen Messwert und Außenkriterium in unterschiedlichen Populationen unterschiedlich ausfallen können. Deshalb ist die Vergleichbarkeit zwischen Untersuchungsgruppe und Zielgruppe wichtig.

**B.3.4 Inhaltsgültigkeit (sofern für das jeweilige Verfahren relevant)**

**B.3.4.1** Der im Verfahren abgebildete Inhaltsbereich sollte nachvollziehbar beschrieben werden.

**B.3.4.2** Die Kriterien zur Beschreibung des dem Verfahren zugrunde liegenden, hypothetischen Itemuniversums sollten angegeben werden.

**B.3.4.3** Die Regeln, nach denen das Verfahren als systematisch zusammengestellte Itemstichprobe aus dem Itemuniversum abgeleitet wurde, sollten dargestellt werden.

**B.3.4.4** Sofern die Frage, ob das Verfahren den definierten Inhaltsbereich repräsentiert, durch Experten beurteilt wurde,

a) sollte der fachbezogene Ausbildungsstand und die Erfahrung und die Qualifikation der beteiligten Experten beschrieben werden;

b) sollte erläutert werden, wie die Experten zu ihrer Einschätzung gekommen sind;

c) sollte angegeben werden, inwieweit die Expertenbeurteilungen übereinstimmten.

Verfahrenshinweise, die alle normativen Forderungen und Empfehlungen des Anhangs B der DIN 33430 erfüllen, erleichtern es, sich ein Bild über die Qualität unterschiedlicher zur Verfügung stehender messtheoretisch fundierter Verfahren zu machen. Damit trägt die DIN 33430 durch die Forderung nach einer standardisierten Dokumentation sowie durch einheitliche Richtlinien für die Durchführung empirischer Untersuchungen und die Berechnung der wissenschaftlichen Kennwerte für Reliabilität und Validität erheblich zur Qualität in der beruflichen Eignungsdiagnostik bei.

#### 3.2.2.2 Persönlichkeitsfragebogen

Für Persönlichkeitsfragebogen gelten die gleichen Anforderungen wie für Leistungstests und andere messtheoretisch fundierte Verfahren. Der entsprechende Normtext wurde deshalb bereits in Kommentar-Kapitel 3.2.2 „Leistungstests und andere messtheoretisch fundierte Verfahren“ kommentiert.

Wird der Einsatz von Persönlichkeitsfragebogen (mit Vergleichsnormen) bei Personalentscheidungen erwogen, ist zusätzlich zu beachten, dass solche Fragebogen auf Selbstauskünfte der Bewerber basieren. Aufgrund dieser konstruktiven Besonderheiten ist ihr Einsatz nicht in allen typischen Einsatzgebieten für messtheoretisch fundierte Verfahren sinnvoll.

**NEGATIVBEISPIEL**

**Fraglicher Einsatz eines Persönlichkeitsfragebogens in der Personalauswahl**

In einer Kommunalverwaltung wird ein Persönlichkeitsfragebogen als alleiniges messtheoretisch fundiertes Verfahren eingesetzt, um die vorhandene Anzahl von Bewerbern für einen Laufbahnwechsel zu halbieren. Mit den verbleibenden Kandidaten wird ergänzend noch ein Interview geführt. Für die ausgeschlossenen Kandidaten ist die Tür zu einem Laufbahnwechsel und für die entsprechende Aufstiegsperspektive dauerhaft geschlossen.

Ein Mitarbeiter des Personalreferats macht sich Gedanken, ob das wohl die geeignete und zudem eine rechtssichere Vorgehensweise sein kann.

Einige Unterschiede zwischen verschiedenen Einsatzsituationen werden im Folgenden kurz beschrieben.

Beim Einsatz von Persönlichkeitsfragebogen in der Personalauswahl muss – anders als z.B. beim Einsatz im Rahmen einer individuellen Standortbestimmung innerhalb eines Coachings – mit einer Tendenz gerechnet werden, Antworten nicht spontan und offen, sondern interessengeleitet zu geben. Dieses Antwortverhalten führt zu einer Verzerrung des Messergebnisses. Da aber nicht davon ausgegangen werden kann, dass diese Verzerrung für alle Menschen gleich ist, sondern sie im Gegenteil individuell unterschiedlich sein wird, führt dies auch zu einer mangelnden Vergleichbarkeit der Ergebnisse.

Selbst wenn ein Kandidat ehrlich und völlig offen antwortet, wird eine Selbstauskunft immer auch durch die eigenen blinden Flecke begrenzt. Wer sich selbst für einen guten Zuhörer hält, muss noch lange nicht als solcher erlebt werden.

Persönlichkeitsfragebogen sind aus Gründen der notwendigen Offenheit grundsätzlich eher in beratenden Situationen einsetzbar als in Auswahlsituationen. Aber auch in der Berufsberatung oder im Coaching sollten sie wegen der blinden Flecke durch andere Verfahren ergänzt werden, die ein objektiveres Erfassen von Personenmerkmalen erlauben (Interviews mit der Möglichkeit, in die Tiefe gehend nachzufassen; objektive Persönlichkeitstests, messtheoretisch fundierte Leistungstests).

Die Autoren von Selbstauskunftsfragebogen verwenden häufig sogenannte „Lügenskalen", um dem Nachteil sozial erwünschter Antworten zu begegnen. Auch für solche Lügenskalen gilt die Gefahr der Verzerrung durch die individuell unterschiedliche Tendenz, sich ins beste Licht zu stellen, weil Lügenskalen nur generell, also für alle Teilnehmer gleich wirken. Für hochkompetente und besonders selbstbewusste Teilnehmer besteht ein hohes Risiko, mittels einer solchen Art von Lügenskala fälschlicherweise als potenzielle „Lügner" gebrandmarkt zu werden.

In jedem Fall sollten neben Selbstauskünften auch immer objektive Leistungstests verwendet werden. Dann kann bspw. die Selbstauskunft über verbale Fertigkeiten und abstrakte Problemlösefähigkeit mit den Ergebnissen der entsprechenden Leistungstests verglichen werden.

Gibt ein Dienstleister an, dass in einem Persönlichkeitsfragebogen differenziertere Methoden für ein Erkennen einer überdurchschnittlichen Tendenz zu sozial erwünschten Antworten oder auch für eine bewusste Manipulation eingesetzt werden, sollte der Auftraggeber sich diese Mechanismen detailliert erläutern oder belegen lassen. Auch für diesen „Test im Test" gelten die Anforderungen an messtheoretisch fundierte Verfahren bzgl. der Erfüllung der Gütekriterien und einer nachvollziehbaren Dokumentation.

#### 3.2.2.3 Computerbasierte und internetgestützte Tests

**5.4 Anforderungen an computerbasierte und internetgestützte Verfahren**

Sämtliche Anforderungen an messtheoretisch fundierte Verfahren gelten unabhängig von ihrer Darbietungsform. Daraus resultieren für computerbasierte oder über das Internet zur Verfügung gestellte Verfahren (sogenannte Online- oder eAssessments) einige besondere Anforderungen, um die standardisierten und objektiven Anwendungsbedingungen zu ermöglichen und die Interpretierbarkeit der Ergebnisse zu gewährleisten. Z. B. darf nicht die Bearbeitung von Konzentrationsaufgaben aufgrund eines temporären Verlustes der Internetverbindung unterbrochen werden oder eine Logikaufgabe auf einem zu kleinen Bildschirm zur Wahrnehmungsaufgabe mutieren. Und auch für die auf der Basis der erhobenen Daten erstellten Statistiken (Normen, Reliabilitäten etc.) gilt, dass sie nur so gut sein können wie die zugrunde liegenden Daten.

Um auch bei computerbasierten und internetgestützten Verfahren ein qualitätsgesichertes Vorgehen zu gewährleisten, sind gemäß DIN 33430 insbesondere die folgenden Punkte zu berücksichtigen:

**5.4.1 Allgemeines**

Für computerbasierte und internetgestützte diagnostische Verfahren sind zusätzliche Maßnahmen zu ergreifen, die der besonderen Form dieser Erhebungsart gerecht werden. Zweckmäßig ist gegenwärtig eine Orientierung an internationalen Standards (z. B. International Guidelines on ComputerBased and Internet Delivered Testing, deutsch: Internationale Richtlinien für computerbasiertes und internetgestütztes Testen [3]. Insbesondere sind zu beachten:

1) Technische Rahmenbedingungen (siehe 5.4.2);

2) Qualität der computerbasierten Verfahren (siehe 5.4.3).

Die Guidelines der „International Testcommission (ITC)" sind, wie der Name sagt, Richtlinien. Auf sie wird nur exemplarisch, als Beispiel für internationale Standards verwiesen. Sie machen im Wesentlichen computer- und internettechnische Vorgaben und gehen nicht auf psychologische Technik im Sinn von Details der Item- und Skalenkonstruktion, der Normierung und Anwendung von Gütekriterien ein.

**5.4.2 Technische Rahmenbedingungen**

Es ist sicherzustellen, dass die Hardware- und Software-Anforderungen des diagnostischen Verfahrens durch die für die Eignungsbeurteilung vorgesehenen technischen Systeme erfüllt werden. Systemstabilität und Funktionsfähigkeit sind auf den relevanten Betriebssystemplattformen sicherzustellen bzw. vorab zu erproben. Entsprechende Instruktionen zum Umgang mit Routineproblemen und zur technischen Unterstützung sind zielgruppengerecht zu formulieren und zur Verfügung zu stellen. Für Testteilnehmer, die besonderer Hilfen bedürfen, sind technische Anpassungen (z. B. spezielle Eingabegeräte, größere Schrift) daraufhin zu prüfen, ob sie notwendig, möglich und fachlich vertretbar sind. Sofern die Ergebnisse eines Kandidaten mit den Ergebnissen anderer Kandidaten verglichen werden sollen, muss vorab bedacht werden, ob mit der technischen Anpassung die Vergleichbarkeit noch gegeben ist.

Bei internetgestützten Verfahren ist zusätzlich die Kompatibilität mit gängigen Browsern zu überprüfen und zu spezifizieren. Es ist des Weiteren dafür Sorge zu tragen, dass jeder einzelne Subtest/Untertest auch bei Unterbrechung der Internetverbindung störungsfrei zu Ende bearbeitet werden kann und die Ergebnisse korrekt gespeichert werden. Die Qualität der Internetverbindung sowie Hardware-Unterschiede (im Rahmen der für die Anwendung vorgesehenen Grenzen) dürfen keine interpretationsrelevante Auswirkung auf das Zeitverhalten bei der Bearbeitung haben (z. B. Umblätterzeiten).

### 5.4.3 Qualität der computerbasierten Verfahren

Neben üblichen Kriterien der psychometrischen Qualität ist zusätzlich darauf zu achten, dass keine Kenntnisse, Fertigkeiten oder Fähigkeiten das Ergebnis beeinflussen, die nicht zum zu erfassenden Eignungsmerkmal gehören und zugleich bei der Zielgruppe des Verfahrens unterschiedlich ausgeprägt sein können.

BEISPIEL Das Ergebnis eines computerbasierten Aufmerksamkeitsverfahrens darf nicht vom Ausmaß der Computerkenntnisse oder der Routine im Umgang mit Computern beeinflusst werden.

Im Falle von elektronischen Umsetzungen von Papier-Bleistift-Tests (en: Paper-Pencil-Tests) ist darauf zu achten, dass die Normen und Interpretationen der Papier-Bleistift-Version nur dann auch für die computergestützte Variante verwendbar sind, wenn stichhaltige Nachweise für deren psychometrische Äquivalenz zum Papier-Bleistift-Test vorliegen. Insbesondere sind dabei Informationen zu Verteilungscharakteristika der Personenwerte, Zuverlässigkeit und Gültigkeit beider Verfahrenstypen relevant.

Diese Ausführungen sind sämtliche Muss-Anforderungen, die zu erfüllen sind, um internet- und computerbasierte Tests sinnvoll einsetzen zu können. Darüber hinaus sollten Auftraggeber und verantwortliche Diagnostiker beim

Einsatz aller Testinstrumente unabhängig von den eingesetzten Medienformen immer sensibel für die Nebeneinflüsse aus Rahmenbedingungen sein und hinterfragen, welche Einflüsse die Durchführungsbedingungen auf die Ergebnisse und auf die Interpretation der Ergebnisse haben können.

Bedauerlicherweise sind immer wieder Abweichungen von den Durchführungsbedingungen zu beobachten, die im Verantwortungsbereich der Teilnehmer liegen. Instruktionen werden häufig nicht sorgfältig gelesen oder die Durchführung wird doch unterbrochen, weil der Lieferdienst gerade an der Tür klingelt. Daher werden intuitive Benutzbarkeit und Reduktion von Ablenkungen durch überflüssige Designelemente bei der Beurteilung von Online-Assessments immer bedeutsamer.

Es sind aber auch Variationen von Durchführungsbedingungen durch die Anbieter zu beobachten. Die immer mehr Verbreitung findende Anreicherung von Online-Assessments mit Individualisierungs-Elementen, sei es Variationen in spielerischen Ansätzen, Branding bis zur Itemebene o. ä. ist dann kritisch zu sehen, wenn diese Individualisierungs-Elemente von Einsatz zu Einsatz oder Anwendungsfall zu Anwendungsfall variieren, aber trotzdem die Übertragbarkeit von Erkenntnissen aus unterschiedlichen Untersuchungszusammenhängen eine bedeutsame Konstruktionsgrundlage der Verfahren ist. Das ist zum Beispiel immer dann der Fall, wenn Daten aus unterschiedlichen Designvarianten oder Verfahrenskombinationen mit unterschiedlichen Reihenfolgen der Einzelelemente in einer Normierung zusammengefasst werden („Krampen-Paradigma“).

#### 3.2.2.4 Zusammenfassung

Nicht nur bei einer Durchführung von Verfahren über das Internet ist Folgendes zu beachten:

> **5.5 Sicherstellung des Datenschutzes**
>
> Bei der Sammlung, Verwendung und Speicherung persönlicher Daten müssen die jeweils einschlägigen Datenschutzbestimmungen eingehalten werden.

Hier gilt wie bei allen Prozessschritten einer beruflichen Eignungsdiagnostik, dass einschlägige rechtliche Rahmenbedingungen einzuhalten sind. Die DIN 33430 hebt den Datenschutz besonders hervor.

## 5.6 Sicherstellung des Verfahrensschutzes

Wenn ein Interesse am Verfahrensschutz besteht, ist durch geeignete Maßnahmen (z. B. durch ausschließliche Vorgabe des Verfahrens unter vollständig kontrollierten Bedingungen) dafür Sorge zu tragen. Der Zugang zu Verfahrensmaterialien (z. B. Items, Auswertungsschlüssel) ist auf qualifizierte und autorisierte Personen zu beschränken. Bei der Übertragung von Informationen über das Internet ist die Sicherheit durch geeignete Maßnahmen (Verschlüsselung bei der Datenübermittlung, Passwortschutz usw.) sicherzustellen.

Unterschiedliche Zugänge zu wichtigen Verfahrensinformationen beeinträchtigen, wie bereits weiter oben ausgeführt, die Objektivität des Verfahrens, die Vergleichbarkeit der Verfahrensergebnisse und die Fairness insgesamt.

**Zusammenfassung**

**Anforderungen an Leistungstests und andere messtheoretisch fundierte Verfahren**

1) Der Anforderungsbezug muss für die jeweilige Zielposition gegeben sein. Im Vorfeld des Einsatzes des Verfahrens muss ein Anforderungsprofil erstellt werden.
2) Es müssen verständliche Informationen über das Verfahren, seine diagnostische Zielsetzung, den theoretischen Hintergrund und zur Konstruktion vorhanden sein.
3) Es müssen spezifische Informationen zur Handhabung des Verfahrens vorhanden sein.
4) Die Objektivität muss durch standardisierte Anwendungs-, Auswertungs- und Interpretationsbestimmungen und/oder technische Maßnahmen sichergestellt sein.
5) Es müssen empirische Untersuchungen zur Normierung und den Gütekriterien Reliabilität und Gültigkeit vorhanden (und dokumentiert) sein, die wissenschaftlichen Standards genügen (u. a. Größe, Repräsentativität, Aktualität, Angemessenheit der Stichprobe, Relevanz der Erfolgs- und Leistungskriterien).
6) Empfehlung der Kommentatoren für eine angemessene Größe der Normstichprobe: $N > 500$.

7) Falls das Verfahren gruppenspezifische Normen vorsieht, sollten die Anwendung und die Effekte dieser gruppenspezifischen Normen nachvollziehbar erläutert sein.
8) Es müssen Angaben zur Reliabilität aus empirischen Untersuchungen vorliegen.
9) Für biografisch stabile Merkmale sollten neben Untersuchungen zur internen Konsistenz auch Retest-Untersuchungen vorliegen.
10) Es müssen Angaben zur Gültigkeit vorliegen (Empfehlung: Fokus auf unkorrigierte Korrelationen ohne statistische Optimierungen).
11) Im Falle statistischer Optimierungen (z. B. Minderungskorrektur, Varianzeinschränkungskorrektur, multiple Regression) müssen auch die ursprünglich erhaltenen Kennwerte und die angewandten statistischen Methoden angeführt werden.
12) Wenn Validitätsgeneralisierung beansprucht wird, sollte nachvollziehbar ausgeführt werden, welche Befunde weshalb und in welchem Maße generalisierbar sind.
13) Eine Gleichbehandlung aller Teilnehmer muss sichergestellt sein (Fairness, möglichst hohe Unverfälschbarkeit der Ergebnisse, unterschiedliche Sprachnormierungen im internationalen Einsatz).

Für Persönlichkeitsfragebogen gelten alle bereits genannten Hinweise. Darüber hinaus ist speziell für ihren Einsatz anzumerken:

- Extreme Ausprägungen sollten unbedingt vertiefend hinterfragt werden, z. B. in nondirektiven Interviews.
- Der Einsatz unterliegt Einschränkungen insbesondere im Einsatzgebiet Personalauswahl. Daher sollten aus Sicht der Kommentatoren in der Personalauswahl neben Selbstauskünften auch immer andere Quellen verwendet werden.

### 3.2.3 Interviews inkl. Videointerview nach DIN SPEC 91426

Die DIN 33430 fasst einige Anforderungen an Interviews und Verfahren zur Verhaltensbeobachtung (Arbeitsproben und situative Verfahren) zusammen, da bei beiden Verfahrenskategorien die Daten durch Personen in der Interaktion mit den Kandidaten oder durch Beobachtung der Kandidaten erhoben und in Eignungsbeurteilungen überführt werden.

Für die Spezialanwendung Videointerviews wurde im Nachgang zur DIN 33430 ergänzend die DIN SPEC 91426:2020-12 geschrieben (siehe Anhang zur DIN SPEC).

### 5.3.2 Anforderungen an direkte mündliche Befragungen und an Verfahren zur Verhaltensbeobachtung

#### 5.3.2.1 Einleitung

Sowohl bei direkten Befragungen (z.B. Interview) als auch bei Verfahren zur Verhaltensbeobachtung (z.B. Rollenspiel, Gruppendiskussion) erfolgt die Beurteilung durch Personen (Interviewer, Beobachter). Daher können einige Anforderungen an Beurteiler und deren Zusammenwirken formuliert werden, die für beide Verfahrenskategorien gelten, bevor anschließend die verfahrensspezifischen Anforderungen formuliert werden.

#### 5.3.2.2 Gemeinsame Anforderungen

Interviews und Verhaltensbeobachtungen müssen von Personen durchgeführt werden, die nachweislich für diese Aufgaben qualifiziert sind bzw. eigens trainiert wurden. Die Interviewer/Beobachter müssen dem Kandidaten gegenüber unvoreingenommen vorgehen.

Bei Interviews und Verhaltensbeobachtungen hängt die Qualität des eignungsdiagnostischen Vorgehens zum einen von einer möglichst verzerrungsfreien Gewinnung von diagnostisch relevanten Daten ab. Zum anderen müssen die gewonnenen Daten im Hinblick auf den Erfüllungsgrad eines vorher festgelegten Anforderungsprofils bewertet werden. Sowohl die Gewinnung als auch die Interpretation der Daten sind vielen Verzerrungsrisiken unterworfen.

So macht es z.B. einen erheblichen Unterschied, ob Interviewfragen offen („Wie gehen Sie an die Lösung von Konflikten heran? Schildern Sie bitte ein konkretes Beispiel aus der jüngeren Vergangenheit.“) oder suggestiv/affirmativ gestellt werden („Ihnen ist doch sicher auch wichtig, bei Konflikten alle Betroffenen zu Beteiligten zu machen – Wie gehen Sie da vor?“). Denn wenn bereits die gewonnenen Daten in erheblichem Maße von der Art der Fragestellung beeinflusst werden, fehlt bereits im ersten Schritt des eignungsdiagnostischen Vorgehens die Basis für eine objektive Eignungsbeurteilung.

Auch bei der Interpretation der gewonnenen Daten müssen sich Interviewer und Beobachter systematischer Verzerrungstendenzen in der sozialen Wahrnehmung (z.B. Überstrahlungseffekt des ersten Eindrucks, Sympathie, Antipathie, selektive Wahrnehmung) bewusst sein, um durch geeignete Maßnahmen gegensteuern zu können.

Den zahlreichen Verzerrungsrisiken kann nur durch Wissen um die Fehlerquellen sowohl bei der Datenerhebung als auch bei der Dateninterpretation und durch ein geeignetes Training von effektiven Gegenmaßnahmen begegnet werden. Deshalb fordert die DIN 33430 den Nachweis einer entsprechenden Qualifikation (siehe auch Normungskapitel 9.3 Qualifikationsanforderungen an Beobachter – das Kapitel bezieht sich auch auf Interviewer) oder ein Training, das diese Qualifikationsanforderungen vermittelt, als Muss-Anforderung.

In der betrieblichen Praxis wird häufig auf ein ausführliches Interview- bzw. Beobachter-Training verzichtet. Selbst wenn Unternehmen ein entsprechendes Training als Standard-Weiterbildungsmodul anbieten und Interviewer- und Beobachter-Pools aufgebaut haben, kommt es bei einem Wechsel im Pool immer wieder vor, dass Nachbesetzungen vorgenommen werden, ohne dass die jeweiligen Interviewer das entsprechende Training absolviert haben. Oft wird auch davon ausgegangen, dass erfahrene Führungskräfte schon rein intuitiv gute Interviews führen, blicken sie doch auf eine langjährige Gesprächs- und Beurteilungspraxis zurück. Diese Annahme beruhigt zwar das Gewissen der Verantwortlichen, sie ist aber definitiv falsch.

Die Erfahrung zeigt immer wieder, dass nicht systematisch trainierte Interviewer mit wachsender Erfahrung zwar subjektiv sicherer in ihrer Beurteilung werden, jedoch nicht wirklich treffsicherer sind als vergleichsweise weniger erfahrene Interviewer. Das liegt auch daran, dass das Durchführen vieler Interviews nicht unbedingt zu einem Lerneffekt führt, weil es kaum verwertbares Feedback über den Erfolg gibt. Interviewer bekommen in der Regel keine Erfolgsmeldungen, die sie systematisch mit ihrer Auswahlprozedur vergleichen. Im Falle einer Einstellung würden ihnen selbst Erfolgsmeldungen nicht helfen, zu erkennen, welche ihrer Fragen brauchbar und welche unbrauchbar sind. Ein Teil der Fehler, die bei Einstellungsentscheidungen gemacht werden, ist sogar prinzipiell nicht erkennbar, nämlich die Ablehnung qualifizierter Bewerber.

Der Mangel an Lernmöglichkeit durch Erfahrung muss also durch ein systematisches Training kompensiert werden – ein Training, in dem die wissenschaftlichen Erkenntnisse der Interviewforschung vermittelt und in praxisbewährte Handlungsempfehlungen übertragen werden (u.a. häufigste Fehler im Interview und Optimierungshinweise, praxisbewährte Interview-/Fragetechnik, sinnvolle Gesprächsstruktur).

In der DIN 33430 sind Länge, Intensität und Qualität eines Interview-Trainings nicht spezifiziert. Die Kommentatoren empfehlen jedoch dringend, einen hohen Wert auf die Qualität des Trainings aller Interviewer zu legen.

Erfahrungsgemäß ist ein kompetentes Führen von Interviews nicht an einem Trainingstag oder gar in vier Stunden zu vermitteln. Es braucht zumindest die Abfolge Training – begleitete Praxiserfahrung – Vertiefungstraining.

In der wissenschaftlichen Literatur wird für die Validität von Interviews eine Bandbreite an Validitätskennziffern von deutlich unter $r = .20$ (unstrukturierte Interviews) bis über $r = .60$ angegeben (siehe hierzu u.a. Schuler 2014). Je nach Güte der Interviews könnte man also genauso gut würfeln oder man erreicht eine Vorhersagegenauigkeit im Spitzenbereich eignungsdiagnostischer Verfahren. Letzteres ist nur bei Beachtung der Erkenntnisse der Interviewforschung und mit erfahrenen, trainierten Interviewern möglich. Die Erfahrung mit in Interviews erfahrenen Personalfachleuten und auch Personalberatern, die bereits extrem viele Interviews durchgeführt haben, zeigt, dass nahezu alle Teilnehmer von einem systematischen, wissenschaftlichen Ansatz und dem Aufzeigen der Wirkzusammenhänge sehr profitieren (sei es, weil bestimmte individuelle Vorgehensweisen bestätigt, sei es, weil effektivere Handlungsalternativen erkannt werden).

Die zusätzliche Forderung im Normtext, dass Interviewer/Beobachter dem Kandidaten gegenüber unvoreingenommen vorgehen müssen, ist einerseits ohne entsprechende Qualifikation bzw. Training nicht sicherzustellen. Andererseits geht es darum, Interessenkonflikte zu vermeiden, die etwa bestehen, wenn der direkte Vorgesetzte, der einen eigenen Mitarbeiter für die Aufnahme in einen High-Potential-Pool vorgeschlagen hat, diesen Mitarbeiter im Vergleich zu anderen Kandidaten bewerten muss.

### 3.2.3.1 Qualitätsmerkmale

Die folgenden Absätze des Normtextes fassen die wichtigsten Forschungsergebnisse zur Qualitätssteigerung von Interviews (Erhöhung der Gültigkeit und damit der Trefferquote) in normative Forderungen und Empfehlungen zusammen:

> Es sind konkrete Maßnahmen zu ergreifen, um sicherzustellen, dass alle Kandidaten mit gleichen Anforderungen konfrontiert (z.B. Formulierung der Fragen im Interview, Elaborationsmöglichkeit durch Nachfragen des Interviewers, Verhalten des Rollenspielers im Rollenspiel usw.) und auf gleiche Weise behandelt (z.B. Umgang mit Nachfragen, Bewertungsmaßstab für die Antworten und Verhaltensreaktionen usw.) werden. Solche Maßnahmen sind beispielsweise Schulungsmaßnahmen sowie die Nutzung von Interviewleitfäden, Teilnehmer- und Beobachterinstruktionen sowie Handhabungshinweise (siehe Anhang A).

Hier geht es um eine Standardisierung in der Durchführung und Auswertung von Interviews (und Verhaltensbeobachtungen) und somit um die Grundvoraussetzung für Durchführungs- und Auswertungsobjektivität.

In den letzten 35 Jahren hat die Interviewforschung die wichtigsten Ursachen für die unzulängliche Validität der in der betrieblichen Praxis immer noch weit verbreiteten unstrukturierten, frei geführten Auswahlgespräche unmissverständlich dargelegt. Grob zusammengefasst sind folgende Fehlerquellen für die mangelnde Treffsicherheit in der Vorhersage beruflichen Erfolgs verantwortlich:

Fehlerquellen im unstrukturierten Interview

- mangelnder Bezug der Fragen zu den Tätigkeitsanforderungen
- falsche Fragetechnik (geschlossene Fragen, Suggestiv-Fragen, Affirmativ-Fragen etc.)
- unzulängliche Verarbeitung der aufgenommenen Information
- fehlende Systematik in der Urteilsbildung und daraus resultierend eine geringe Beurteiler-Übereinstimmung
- dominierendes Gewicht früher Gesprächseindrücke
- Überbewertung negativer Information
- emotionale Einflüsse (z. B. Sympathie) auf die Urteilsbildung
- Das gesamte Interview ist als „Stress-Interview" gestaltet (unglaublich, aber leider immer noch anzutreffen).
- Angst, zu freundlich zu sein, um „keine Verpflichtung zu schaffen"
- Beanspruchung des größten Teils der Gesprächszeit durch den Interviewer, insbesondere bei positiv bewerteten Kandidaten

Ein Bewusstsein für diese Fehlerquellen und geeignete Abhilfe-Maßnahmen wird am besten durch geeignete Trainingsmaßnahmen vermittelt.

Im Rahmen solcher Interview-Trainings kann auch am besten ein einheitliches Verständnis der Möglichkeiten und Grenzen von Interviews erzeugt werden (u. a.: Welche Eignungsmerkmale lassen sich mit welchem Verzerrungsrisiko im Interview erfassen?):

Grundsätzlich dient die Verfahrensklasse „Interview" dazu, mittels Sprache diagnostisch relevante Daten zu gewinnen und Informationen zwischen Interviewer und Interviewten auszutauschen. Dies sollte möglichst verzerrungsfrei geschehen. In einem zweiten Schritt müssen die gewonnenen Daten in Hinblick auf den Erfüllungsgrad eines vorher festgelegten Anforderungsprofils bewertet werden. Auch die Interpretation der Daten sollte möglichst verzerrungsfrei geschehen.

Daraus leiten sich die Leitplanken ab, zur Erfassung welcher Eignungsmerkmale sich die Methodenklasse „Interview“ anbietet:

1) Interviews sind grundsätzlich dazu geeignet, die Dimensionen zu erfassen, die sich in Sprache manifestieren, die also beim Sprechen und in der Interaktion konkret gezeigt werden und die man unmittelbar beobachten kann.
2) Darüber hinaus kann man Merkmale erfassen, über die man sich im Interview austauschen kann, wie Erfahrungen und Wissen, berufsbezogene Interessen, Bedürfnisse, Werthaltungen und Motive.
3) Durch geeignete (biografische) Fragestellungen und konkretisierende Nachfassfragen kann die Schilderung konkreter, (prinzipiell beobachtbarer) Verhaltensweisen aus der (jüngeren) Vergangenheit inklusive erzielter Ergebnisse initiiert werden, um Schlussfolgerungen auf den Erfüllungsgrad einzelner anforderungsrelevanter Kompetenzen zu ziehen.
4) Durch situative Fragen (Situationsschilderungen erfolgskritischer Situationen mit Fragen nach geeigneten Lösungsansätzen) können Verhaltensschilderungen initiiert werden, die Rückschlüsse auf von den Interviewten gedachte „Ideallösungen“ zulassen.

Dabei nimmt das Verzerrungsrisiko bei der Gewinnung der Daten (bspw. „Tendenz, sich ins beste Licht stellen zu wollen“, sozial erwünschte Antworten) von 1. bis 4. zu.

Demgegenüber sind Interviews nur sehr bedingt geeignet, um belastbare Informationen über Potenzialaspekte (wie bspw. abstrakt-analytische Fähigkeit, generelle Intelligenzaspekte) überhaupt zu generieren, wie bereits im Kap. 3.1.4 „Auswahl und Zusammenstellung von Verfahren“ erläutert (hier weicht das Selbstbild häufig schon allein aufgrund mangelnder Erfahrung bzw. falscher Einschätzung der eigenen Grenzen von einem objektiven Vergleich mit einer repräsentativen Vergleichsstichprobe deutlich ab).

Zu jedem Eignungsmerkmal sollte im Interview mehr als eine Frage gestellt bzw. in Verfahren zur Verhaltensbeobachtung mehr als eine Übung (z.B. Rollenspiel, Gruppendiskussion, Präsentation, Fallstudien, Arbeitsproben) vorgesehen werden.

Dies stellt ein Grundprinzip einer additiv-absichernden Eignungsdiagnostik dar und hilft, unzulässige, aber in der Praxis durchaus anzutreffende „Kurzschlüsse“ nach dem Motto „Wenn ein Kandidat auf Frage X nicht erwähnt, dass ..., dann muss er im Eignungsmerkmal Y mit der Kategorie ‚erfüllt die Anforderung nicht‘ beurteilt werden“ zu vermeiden.

Die grundsätzliche Haltung „Der jeweilige Kandidat soll möglichst optimale Rahmenbedingungen vorfinden, um seine Kompetenzen tatsächlich zeigen zu können" führt zu den validesten Interviewergebnissen. Nachdem jede einzelne Frage durchaus individuell unterschiedlich verstanden werden kann, gehört dazu das Beleuchten eines Eignungsmerkmals aus unterschiedlichen Blickwinkeln anhand mehrerer Fragen.

Interviewverlauf und Antworten auf Interviewfragen sowie relevante Beobachtungen sind für die Eignungsbeurteilung in geeigneter Form festzuhalten (z. B. Interviewprotokoll bzw. Beobachtungsbogen).

Hier geht es um die Nachvollziehbarkeit des Zustandekommens der Eignungsbeurteilung, wobei es sich hier zwar um eine normative Forderung handelt, die DIN 33430 jedoch offenlässt, was unter einer geeigneten Form zu verstehen ist. Dies auch deshalb, weil die Anforderungen an die Dokumentation sicherlich auch vom Einsatzgebiet abhängen. Mindestkriterien für eine Nachvollziehbarkeit sind aus Sicht der Kommentatoren das Protokollieren der Interviewfragen, das Notieren von Stichworten zu den Antworten und die Zusammenfassung der aus den Antworten resultierenden Beurteilungen pro Eignungsmerkmal und Interviewer.

Für das Einsatzgebiet Personalentwicklung sollten zusätzlich immer auch Hinweise auf konkrete Verbesserungsmöglichkeiten erfasst werden, weil dies jede Bewertung, die unterhalb der Kategorie „erfüllt die Anforderungen voll" liegt, konkretisiert und damit nachvollziehbarer macht. Auch für das Einsatzgebiet Personalauswahl erhöhen solche zusätzlichen Hinweise die Qualität der Beurteilung und der Rückmeldung.

Für eine rechtliche Absicherung, z. B. für den Fall von Konkurrentenklagen, bspw. bei Fragestellungen des Laufbahnwechsels in Behörden, sind die höchsten Anforderungen an die Dokumentation zu stellen. Im Falle eines fehlenden Interviewleitfadens oder spontan gestellter, von Kandidat zu Kandidat deutlich abweichender Fragen, wird es nahezu unmöglich, nachzuweisen, dass die Anforderungen für alle Kandidaten gleich waren.

Eignungsmerkmale müssen durch konkrete Verhaltensweisen beschrieben werden. Die Ausprägungen der Potenziale und Kompetenzen sollten sofern möglich, durch vorab festgelegte verhaltensverankerte Beurteilungsskalen beschrieben werden.

Grundsätzlich gibt es drei mögliche Beschreibungsebenen für Anforderungskriterien bzw. Eignungsmerkmale: Eigenschaftsbegriffe, Fähigkeitsbegriffe oder die Beschreibung von konkreten (und damit prinzipiell beobachtbaren) Verhaltensweisen. Erfahrungsgemäß werden Anforderungsprofile häufig anhand von Eigenschafts- und Fähigkeitsbegriffen erstellt: „kompetent, gewinnend, initiativ, teamfähig, durchsetzungsstark" soll der neue Mitarbeiter sein und über ein hohes „strategisches Denken" und „Verhandlungsgeschick" verfügen etc. Insbesondere die Eigenschaftsbegriffe haben dabei nur scheinbar einen großen Vorteil: Man kann sich schnell auf einen Anforderungskanon einigen, weil jeder unter den Eigenschaftsbegriffen das verstehen kann, was er will. Meinungsverschiedenheiten kommen so erst gar nicht ans Tageslicht. In der Vieldeutigkeit der Eigenschaftsbegriffe liegt daher auch deren größter Nachteil. Je nach Kontext kann der gleiche Begriff sogar positiv oder negativ besetzt sein. Wenn es darauf ankommt, dass alle unter einem Anforderungskriterium das Gleiche verstehen, ist es deshalb unerlässlich, das Anforderungskriterium mittels konkret beobachtbarer Verhaltensweisen zu beschreiben.

**Beispiel**

**Operationalisierung bzw. Beschreibung des Anforderungskriteriums „Überzeugungskraft" mittels konkret beobachtbarer Verhaltensweisen**

- geht offen auf Gesprächspartner zu
- geht zielgerichtet auf gestellte Fragen ein
- baut Argumente logisch und nachvollziehbar auf
- verwendet prägnante und anschauliche Formulierungen
- verwendet überwiegend Positiv-Formulierungen
- hört aktiv zu
- stellt sich auf unterschiedliche Gesprächspartner ein
- unterstützt eigene Aussagen durch Gestik, Mimik und Körperhaltung
- unterstützt eigene Aussagen durch seine Sprechstimme (Sprechgeschwindigkeit, Modulation, Lautstärke)
- kann begeistern und Gesprächspartner für die eigenen Ideen gewinnen

Ob das Eignungsmerkmal dabei als „Argumentationsfähigkeit/Überzeugungskraft", „Überzeugungsfähigkeit" oder „Kommunikationsfähigkeit" tituliert wird, ist nicht entscheidend. Entscheidend ist eine einheitliche Operationalisierung anhand von konkret beobachtbaren Verhaltensweisen. Diese müssen für die jeweilige Zielposition erfolgskritisch bzw. leistungsrelevant sein. Überzeugungskraft bedeutet bei einem Fachspezialisten im Detail durchaus etwas anderes als bei einem Vertriebsmitarbeiter oder bei einem Vorstandssprecher.

Die Auswertung von Interviews und Verhaltensbeobachtungen muss regelgeleitet erfolgen. Wenn mehrere Personen am Interview oder an der Verhaltensbeobachtung teilnehmen und gleichzeitig eine Beurteilung abgeben, so müssen die Bewertungen zunächst unabhängig voneinander vorgenommen werden.

Nach dem Sammeln von anforderungsrelevanten Informationen geht es im nächsten Schritt um die Interpretation der gesammelten Daten. Damit auch die Interpretation möglichst verzerrungsfrei geschieht, bedarf es neben einer möglichst konkreten Festlegung der geforderten/erfolgskritischen Eignungsmerkmale – idealerweise durch vorab festgelegte verhaltensverankerte Beurteilungsskalen – eines klaren Regelwerks zur Ableitung der Beurteilung pro Anforderungskriterium sowie zur Ableitung des Gesamturteils. Ein solches empfehlenswertes Regelwerk wäre z. B. für jede konkrete Verhaltensweise festzuhalten, ob sie überwiegend gezeigt wird oder nicht. Dies kann bei entsprechend gestalteten Auswertebogen durch einfaches Ankreuzen erfolgen.

Aus der Gesamtheit der Bewertungen aller relevanten Verhaltensweisen lässt sich dann das Gesamturteil ableiten.

**Beispiel**

**Bewertungsschema für Anforderungskriterien in Interviews oder situativen Übungen**

Ein sinnvolles und praxisbewährtes Schema für das Gesamturteil verbalisiert zu einer Vereinheitlichung des Verständnisses die einzelnen Bewertungsstufen und sieht z. B. folgendermaßen aus:

Bewertungsstufe 1: „Erfüllt die Anforderungen bezüglich der beurteilten Dimension nicht“

Bewertungsstufe 2: „Erfüllt die Anforderungen bezüglich der Dimension in wesentlichen Teilen nicht, es besteht erheblicher Verbesserungsbedarf“

Bewertungsstufe 3: „Erfüllt die Anforderungen im Wesentlichen, es besteht leichter Verbesserungsbedarf“

Bewertungsstufe 4: „Erfüllt die Anforderungen voll“

Bewertungsstufe 5: „Erfüllt die Anforderungen in herausragender Weise“

Die Anzahl der Bewertungskategorien variiert in der Praxis von 3 bis 9. Bei drei Kategorien neigen die Interviewer oft dazu, die Kreuze auch zwischen den Kategorien zu machen, weil sie sich eine stärkere Differenzierungsmöglichkeit wünschen. Neun Kategorien erzeugen in der Regel eine „Scheingenauigkeit“, weil die Interviewer mit einer so starken Differenzierung in der Regel überfordert sind. Die im Beispiel gezeigten fünf Beurteilungskategorien reichen vom Differenzierungsgrad sowohl für Auswahlentscheidungen als auch für Personalentwicklungsempfehlungen und überfordern die Interviewer nicht. Der Vorteil der gewählten Verbalisierung im Vergleich zu den stärker verbreiteten „– –; –; 0; +; ++“ oder „weit unterdurchschnittlich-, unterdurchschnittlich-, durchschnittlich-, überdurchschnittlich-, weit überdurchschnittlich“-Beurteilungsschemata liegt in dem Fokus auf dem Verbesserungsbedarf, der anhand der Interviewergebnisse oder Beobachtungen konkret benannt werden sollte. Dadurch kann bei abweichenden Beurteilungsergebnissen zweier Interviewer oder mehrerer Beobachter leichter ein gemeinsames Gesamturteil formuliert werden. Dazu muss derjenige mit der niedrigeren Bewertungseinstufung den von ihm erkannten Verbesserungsbedarf konkret benennen. Dies kann anhand der Operationalisierungen des Eignungsmerkmals problemlos erfolgen. Diese Vorgehensweise trägt dazu bei, dass unterschiedliche Interviewer unter dem jeweiligen Eignungsmerkmal dasselbe verstehen. Im nächsten Schritt wird gemeinsam geprüft, ob der benannte Verbesserungsbedarf tatsächlich laut Einschätzung aller Beurteiler gegeben ist und wie hoch der geschätzte Aufwand ist, um die Anforderungen voll zu erfüllen. Diese Art von Bewertungsskala unterstützt so eine faktenorientierte gemeinsame Urteilsbildung und verhindert Endlosdiskussionen oder die Notlösung einer Mittelwertbildung, die methodisch bedenklich wäre und für die Beteiligten unbefriedigend ist.

In der DIN SPEC 91426 wird für den Fall, dass sich die Interviewer für eine Zusammenführung der Beurteilungen der einzelnen Interviewer auf der Basis einer Mittelwertbildung entscheiden, gefordert, dass die Einzelbeurteilungen nicht stark voneinander abweichen dürfen, sondern die gleiche Beurteilungstendenz haben. Für den Fall von klaren Beurteilungsdiskrepanzen muss eine andere Regel/Vorgehensweise festgelegt werden. Die Autoren der

DIN SPEC 91426 schlagen hier ebenfalls eine nachgelagerte Diskussion der Einzelbeurteiler vor, bis die Beurteilungsdiskrepanzen aufgelöst werden. Bei aufgezeichneten Videosequenzen ergibt sich zusätzlich die Möglichkeit, weitere Beurteiler hinzuzuziehen (DIN SPEC 91426, siehe Anhang).

Sinnvollerweise wird das verwendete Beurteilungs-Schema in den Handhabungshinweisen zusätzlich erläutert und idealerweise visualisiert. Für das verwendete Praxisbeispiel z. B. folgendermaßen:

**Beispiel**

**Bewertungsschema für Anforderungskriterien in Interviews oder situativen Übungen – *Fortsetzung***

Die Bewertungsstufen 1 bis 2 stellen eine in der Grundtendenz negative Bewertung dar. 3 ist eine grundsätzlich positive Bewertung. Allerdings ist mit Zusatzaufwand zu rechnen, der in den Bemerkungen auch konkretisiert werden soll. 4 steht für eine Leistung, die voll den Anforderungen entspricht. Eventuelle Verbesserungshinweise beziehen sich auf nicht erfolgsentscheidende Punkte („i-Tüpfelchen"). 5 stellt bezüglich der beurteilten Interviewdimension eine Leistung ohne jeglichen erkennbaren Verbesserungsbedarf dar. Visualisierung der Beurteilungsstufen:

| – | | + | | |
|---|---|---|---|---|
| 1 | 2 | 3 | 4 | 5 |

Ein rein faktenorientiertes Zusammentragen der „Beobachtungen" (auf der Grundlage verbaler Schilderungen im Interview oder konkreter Verhaltensweisen bei situativen Verfahren) setzt voraus, dass alle Interviewer bzw. Beobachter auf Augenhöhe agieren können und kein Hierarchiegefälle oder eine Dominanz eines einzelnen Beurteilers besteht. Um bei mehreren Interviewern/Beobachtern den Objektivitätsgewinn durch eine additiv-absichernde Urteilsbildung durch mehrere unabhängige Beurteiler nicht zu verlieren, weil ein Beurteiler sich mit seinem Urteil einfach durchsetzt, ohne dass die individuellen Eindrücke zunächst zusammengetragen und besprochen werden, fordert die DIN 33430, die Bewertungen zunächst unabhängig voneinander vorzunehmen und dies auch zu dokumentieren. Diese Dokumentation liefert dann auch die Datenbasis, um Kennwerte für die Objektivität/Reliabilität (Interviewer-Übereinstimmung) berechnen zu können.

**Beispiel**

**Beobachtungsbogen für das Anforderungskriterium Überzeugungskraft**

Teilnehmer: ______________________________

Beobachter/Interviewer: ______________________________

| **Beobachtbare Verhaltensweisen** | **Kaum beobachtbar** | **Überwiegend beobachtbar** |
|---|---|---|
| geht offen auf Gesprächspartner zu | ❑ | ❑ |
| geht zielgerichtet auf gestellte Fragen ein | ❑ | ❑ |
| baut Argumente logisch und nachvollziehbar auf | ❑ | ❑ |
| verwendet prägnante und anschauliche Formulierungen | ❑ | ❑ |
| stellt sich auf unterschiedliche Gesprächspartner ein | ❑ | ❑ |
| unterstützt eigene Aussagen durch Gestik, Mimik und Körperhaltung | ❑ | ❑ |
| unterstützt eigene Aussagen durch seine Sprechstimme (Sprechgeschwindigkeit, Modulation, Lautstärke) | ❑ | ❑ |

Gesamtbewertung:

Verbesserungsbedarf:

→ 2. Seite: Raum für prägnante Zitate

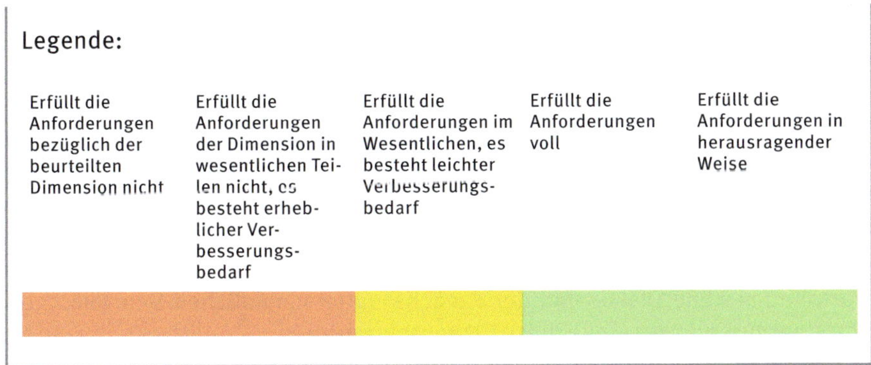


Im folgenden Beispiel wird noch eine weitere, durchaus empfehlenswerte Bewertungsskala vorgestellt, die den Blick auch darauf lenkt, dass bei einigen Kompetenzen (wie bspw. „Durchsetzungskraft“, „Empathie“, „Kundenorientierung“) nicht nur eine zu schwache Ausprägung, sondern auch eine zu starke Ausprägung je nach Anforderungen der Zielposition unvorteilhaft sein kann.

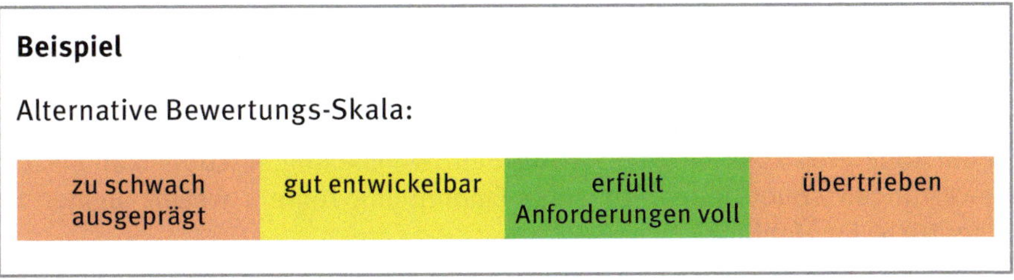


Für jedes Eignungsmerkmal müssen die Bewertungen der verschiedenen Interviewer / Beobachter auf der Basis einer vorher festgelegten Regel zusammengefasst werden. Sofern ein Gesamturteil gebildet wird, müssen die Bewertungen der verschiedenen Kompetenzen bzw. Potenziale über eine vorher festgelegte Entscheidungsregel zu diesem Gesamturteil zusammengefasst werden.

Auch hier geht es wieder um eine möglichst hohe Objektivität. Es muss festgelegt werden, wie die Bewertungen verschiedener Interviewer zu einem Urteil pro Eignungsmerkmal zusammengetragen werden. Die häufig anzutreffende Mittelwertbildung nutzt dabei kaum das Optimierungspotenzial einer additiv-absichernden Urteilsbildung. Wenn zunächst alle unabhängigen

Beobachtungen zusammengetragen werden und dann alle Interviewer/ Beobachter aufgrund der erweiterten Datenbasis (unterschiedliche Interviewer legen tendenziell unterschiedliche Schwerpunkte, einige Aspekte mögen der Aufmerksamkeit eines Interviewers entgangen sein) zu einem gemeinsamen Urteil kommen, ist das resultierende gemeinsame Urteil in der Regel genauer als jedes einzelne Urteil. Auch können stark abweichende Einzelurteile darauf hinweisen, dass ein bestimmtes Verhalten polarisiert. Dies kann eine wertvolle Rückmeldung für den Kandidaten sein und eine wertvolle Erkenntnis für die gemeinsame Urteilsbildung – bei einer Mittelwertbildung ohne Diskussion der zunächst unterschiedlichen Beurteilungen einzelner Interviewer ginge diese Erkenntnis verloren.

Bei der Bildung eines Gesamturteils geht es darum, aus den Bewertungen sämtlicher Eignungsmerkmale z. B. eine Besetzungsentscheidung zu treffen. Mit der hierzu in der Norm geforderten festgelegten Entscheidungsregel ist nicht eine rein mathematische Abbildung der Entscheidung gemeint, sondern eine grundsätzliche Festlegung auf die Vorgehensweise, wie die einzelnen Bewertungen zusammengeführt werden.

Eine strikte, mathematische Entscheidungsregel ist aus Sicht der Kommentatoren nicht zu empfehlen, weil im Einzelfall auch eine besonders ungünstige Ausprägung eines einzelnen Kriteriums zum Ausschluss führen kann. Stattdessen empfiehlt sich das Festlegen von Eckpunkten für die Entscheidungsfindung anhand von Leitfragen wie: Kann der erkannte Entwicklungsbedarf in der konkreten Position geleistet werden? Welche Kombinationen an Einzelbewertungen sollen immer zu einer Empfehlung führen, welche immer zu einer Nicht-Empfehlung?

Die Entscheidungsregel kann z. B. auch festlegen, die Gesamtentscheidung in einer durch den verantwortlichen Eignungsdiagnostiker moderierten Diskussion herbeizuführen. Dieses Vorgehen hat den Vorteil, dass die Interviewer/Beobachter auch in schwierigen Entscheidungsfällen hinter der gegebenen Empfehlung stehen.

### 5.3.2.3 Anforderungen an direkte mündliche Befragungen

Bei direkten mündlichen Befragungen wird unterschieden, ob der Kandidat selbst (Selbstbericht) oder eine dritte Person zum Kandidaten (Fremdbericht) befragt wird. Der erste Fall betrifft vor allem die Durchführung eines Eignungsinterviews, der zweite Fall das Einholen mündlicher Referenzen.

Für das Einholen von Referenzen gelten die gleichen Anforderungen wie für die Durchführung von Interviews. Dieser diagnostische Anspruch an beide Formen der Befragung ist darin begründet, dass nicht davon ausgegangen werden kann, dass ein Referenzgeber unvoreingenommen ist. Daher ist auch ein solches Interview in einer Weise zu führen, die, unabhängig von der Einstellung eines Referenzgebers oder eines anderen Dritten, in einem Informationsgewinn für die Eignungsbeurteilung resultiert.

Vor der Eignungsbeurteilung ist die Anzahl der Interviewer festzulegen, die am jeweiligen Gespräch teilnehmen. Sind mehrere Interviewer an einem Gespräch beteiligt, sind dabei auch ihre Rollen festzulegen. Außerdem ist vorab zu klären, wie viele Interviews mit einem Kandidaten geführt werden. Finden mehrere Interviews mit einem Kandidaten statt, sind die Inhalte der einzelnen Interviews im Vorhinein aufeinander abzustimmen.

Gerade bei mehrstufigen Interviewprozessen mit mehreren Beteiligten laufen die Interviews häufig unkoordiniert ab. Damit besteht die Gefahr, dass einzelne Eignungsmerkmale mehrfach, andere ungenügend erfasst werden. Dadurch ist die Vergleichbarkeit bei mehreren Kandidaten gefährdet. Die Festlegungen der DIN 33430 sichern einen standardisierten, additiv-absichernden Interviewprozess.

Bei der Vorbereitung sind die Inhalte des Interviews im Hinblick auf die in Frage stehenden Positionen anforderungsbezogen zu gestalten. Des Weiteren ist dafür Sorge zu tragen, dass das Interview hinsichtlich der gestellten Fragen strukturiert und / oder (teil-)standardisiert vorgenommen wird. Strukturierung bedeutet in diesem Fall eine festgelegte Abfolge verschiedener Abschnitte bzw. Fragenbereiche des Interviews. Dazu muss zumindest ein Interviewleitfaden vorliegen.

Für Interviews gilt wie für alle eignungsdiagnostischen Verfahren die normative Forderung des Anforderungsbezugs. Die Notwendigkeit, nur solche Personenmerkmale zu erfassen, die für die Anforderungen der jeweiligen Zielposition relevant sind, kann nicht oft genug betont werden. Während es bei messtheoretisch fundierten Verfahren darum geht, dass nicht ein für die Position Y bewährtes Verfahren ohne weitere Prüfung für eine andere Position mit deutlich unterschiedlichen Anforderungen herangezogen wird, geht es bei Interviews darum, dass es die generell einsetzbaren, „best-geeigneten" Musterfragen und generell gültigen Musterantworten nicht gibt. Hier wird der häufig zu beobachtenden Praxis, dass Interviewer für alle Positionen unreflektiert „IHRE Lieblingsfragen“ stellen, eine klare Absage erteilt. Fragen dienen in erster Linie dazu, eine möglichst verzerrungsfreie Schilderung über die individuelle Herangehensweise an erfolgskritische Aufgabenstellungen/ Situationen des jeweiligen Interviewten bzw. der jeweiligen Interviewten anzustoßen. Die erzeugten Schilderungen müssen dann im Hinblick auf den Erfüllungsgrad der vorher festgelegten jeweiligen Anforderungskriterien interpretiert werden.

Eine Strukturierung und (Teil-)Standardisierung mittels eines Interviewleitfadens ist ein absolutes Muss. Die Wichtigkeit einer methodisch korrekten und standardisierten Vorgehensweise kann nicht genug betont werden. Damit ist aber nicht eine fixe Abfolge von allgemeinen, immer gleichen Standardfragen gemeint. Dies wäre auch nicht sinnvoll. Fragebogenmäßig vorgetragene Standardfragen führen auf Dauer nur zu sich immer mehr angleichenden Standardantworten. Die Standardisierung sollte also idealerweise auf einer höheren Ebene erfolgen – durch eine standardisierte Fragetechnik und eine einheitliche Gesprächsstruktur.

**Beispiel**

**Die Gesamtstruktur des Interviews**

Das Interview ist sinnvollerweise in unterschiedliche Gesprächsphasen mit unterschiedlichen Zielen unterteilt.

- Warming-up → Schaffen einer angenehmen Gesprächsatmosphäre
- Informationssammlung/Phase I:

  Initialfragen bspw. zu beruflichen Meilensteinen, Veränderungsmotivation etc.

  Technik: nondirektiv-verstärkende Interviewtechnik, fokussiertes Nachfassen

  Gegenstand: Selbstkonzept des Bewerbers, Interessen, Werthaltungen, Motive und Einstellungen, Passung zu den Anforderungen der Zielposition
- Klären offener Fragen aus dem Lebenslauf (CV)

  Technik: nondirektiv-verstärkende Interviewtechnik, fokussiertes Nachfassen

  Gegenstand: Lücken im CV, Kernkompetenzen (aus dem Anforderungsprofil abgeleitet)

- Informationssammlung/Phase II:

  gezieltes Sammeln von Information zur Bewertung des Erfüllungsgrads bisher noch nicht angesprochener Kernkompetenzen

  Technik: bevorzugt mittels biografiebezogener Fragen

  Gegenstand: Kernkompetenzen
- prägnante, verstärkende Information zu den wichtigsten tätigkeitsrelevanten Aspekten der Zielposition und zum Zielunternehmen (Interaktions- und Führungsstil, Organisationsklima)

  Technik: Vermitteln eines realistischen Bildes der zu besetzenden Position

  Ziel: Eröffnen der Möglichkeit des Bewerbers zur Selbstreflexion: „Passen meine Stärken und Vorstellungen zur angestrebten Zielposition?“
- optional: situative Fragen zu besonders erfolgskritischen Situationen (kurze Situationsschilderung, „Wie verhalten Sie sich?“ ...), evtl. auch Fragen zum Fachwissen

  Gegenstand: Kernkompetenzen

  Ziel: Vermitteln eines realistischen Bildes der zu besetzenden Position, Erzeugen eines Commitments über die Bewältigung erfolgskritischer Anforderungen
- Gesprächsabschluss mit der Möglichkeit für den Kandidaten, noch offene Fragen abzuklären, Information über das weitere Vorgehen

  Ziel: Bindung geeigneter Kandidaten, positiver letzter Eindruck für alle Bewerber (Personalmarketing)

Es empfiehlt sich, einen einheitlichen Interviewleitfaden zu verwenden, der die Abfolge der Gesprächsphasen (Gesprächsstruktur) sowie bewährte Fragen bzw. abzudeckende Inhalte innerhalb der einzelnen Gesprächsphasen fixiert. Der Interviewleitfaden sollte, genauso wie die dazugehörigen Beobachtungsbogen, auch zur Dokumentation genutzt werden.

Aufforderungen, gegebene Antworten weiter zu erläutern, sollten in standardisierter Form erfolgen.

Hier empfehlen sich Konkretisierungsfragen. Konkretisierungsfragen bewähren sich auch dann, wenn die Aussagen des Gesprächspartners zu abstrakt oder auch durch die Verwendung von Eigenschaftsbegriffen vieldeutig sind. Bsp.:

Kandidat: „Ich pflege einen sehr kooperativen Führungsstil. Das ist mir wichtig." „Worauf kommt es Ihnen da besonders an? Schildern Sie mir doch bitte eine Situation, in der dieser kooperative Führungsstil besonders wichtig war."

Freie, also nicht standardisierte Gesprächsteile sind z. B. solche, in denen Fragen zu Spezifika des jeweiligen Lebenslaufs und zum konkreten beruflichen Hintergrund eines Kandidaten gestellt werden.

Geeignete Fragen im Eignungsinterview sind – neben beruflichen Wissensfragen und Fragen zu beruflichen Erfahrungen, die für die entsprechende Position Bedeutung haben – vor allem biografiebezogene und situative Fragen. Mit biografiebezogenen Fragen wird ermittelt, was ein Kandidat in erfolgskritischen Situationen in der Vergangenheit getan hat, mit situativen Fragen, was ein Kandidat in möglichen erfolgskritischen Situationen tun würde.

Fragen werden dann als biografiebezogen bezeichnet, wenn sie vergangene Erlebnisse, Ereignisse oder Verhaltensweisen, aber auch die subjektive Verarbeitung dieser Vorfälle zum Gegenstand haben. Sie basieren auf dem Prinzip, vergangenes Verhalten als Prädiktor für zukünftiges Verhalten zu betrachten.

Die Güte biografischer Fragen ist umso höher, je sorgfältiger folgende Grundsätze berücksichtigt werden:

- vor allem verhaltens- und ergebnisbezogene Fragen stellen
- vor allem quantifizierbare, objektive Information sammeln
- bevorzugt offene Fragen stellen und den Gesprächsfluss mittels Verstärkungstechniken in Fluss halten (nondirektiv-verstärkende Interviewtechnik)
- bei Unklarheiten oder einem zu abstrakten Erklärungsniveau Konkretisierungsfragen stellen, Beispiele erfragen
- bevorzugt Verhaltensweisen und Leistungen aus der jüngeren Vergangenheit erfragen
- eingetretene Ereignisse (im Gegensatz zu Vorhaben und Plänen) erfragen

- tatsächliches Verhalten schildern lassen
- immer den Anforderungsbezug der erfragten Verhaltensweisen sicherstellen

Empfehlenswert ist es, biografiebezogene Fragen mit nachfassenden Konkretisierungsfragen zu verbinden. Auf eine offene Initialfrage folgen einengende, konkretisierende Fragen. „Zu welchem Ergebnis hat Ihre Maßnahme geführt? Worauf sind Sie stolz? Mit welchen Aspekten waren Sie nicht zufrieden? Was würden Sie heute anders machen?“ Biografiebezogene Fragen und insbesondere die nachfassenden Konkretisierungsfragen wirken Beschönigungstendenzen entgegen.

Ziel situativer Fragen ist, zu eruieren, auf welche Art und Weise ein Bewerber auf eine vorgestellte Situation reagieren würde. Spezifisches Verhalten soll durch eine mentale Tätigkeitssimulation erfasst werden – analog den konkret beobachtbaren Verhaltensweisen in der Arbeitsprobe. Im Gegensatz zu den vergangenheitsbezogenen biografischen Fragen zielen die situativen Fragen auf (fiktives) zukünftiges Verhalten ab. Deshalb ist davon auszugehen, dass durch situative Fragen nicht „typisches“ Verhalten, sondern schwerpunktmäßig „maximales“ Verhalten erfasst wird (welches Verhalten hält der Teilnehmer für in der geschilderten Situation besonders wünschenswert? – unabhängig davon, ob er dieses Verhalten wirklich zuverlässig zeigen würde). Durch den fiktionalen Anteil, den jede situative Frage enthält, („Was würden Sie tun?“ vs. „Was haben Sie konkret getan?“) sind situative Fragen für Beschönigungstendenzen anfällig und deshalb als breit eingesetztes diagnostisches Mittel wenig sinnvoll. Diese Fragenart eignet sich jedoch, wenn es darum geht:

- wichtiges, besonders erfolgskritisches Fach- bzw. Handlungswissen zu erfragen („Wie reagieren Sie in dieser kritischen Situation?“) sowie
- das Commitment des Bewerbers über die Bewältigung besonders erfolgskritischer Anforderungen zu verstärken.

Im Eignungsinterview können auch Interviewanteile integriert werden, die eine konkrete Leistung verlangen, z. B. die Präsentation kurzer Fallstudien und Rollenspiele.

Siehe hierzu die Ausführungen in Kapitel 3.1.4 Arbeitsproben und situative Übungen zur Verhaltensbeobachtung und -beurteilung.

Bestandteil des Eignungsinterviews sollte auch eine realistische Schilderung der angestrebten Tätigkeit sein – sofern diese Information nicht an anderer Stelle bereits gegeben wurde –, damit ein Kandidat eine Entscheidung im Hinblick auf ein etwaiges Stellenangebot auf der Basis angemessener Informationen treffen kann. Diese Informationen sowie mögliche Fragen von Kandidaten dazu sollten im Sinne der geforderten Standardisierung, wenn möglich in einem separaten Gesprächsabschnitt gebündelt werden.

Siehe hierzu das Beispiel zur Gesprächsstruktur weiter oben. Bei der standardisierten Gesprächsstruktur ist die richtige Abfolge der einzelnen Gesprächsphasen für die Gewinnung einer möglichst verzerrungsfreien Information entscheidend. So sollten die spezifischen Erwartungen im Rahmen einer realistischen Schilderung der angestrebten Tätigkeit nicht vor der Informationssammlung zum Einschätzen der jeweiligen Ausprägung der wichtigsten Eignungsmerkmale/Kernkompetenzen detailliert werden, da sonst die große Gefahr besteht, dass die Bewerber versuchen, ihre Antworten gezielt auf die geschilderten spezifischen Erwartungen auszurichten.

Bei der Vorbereitung und Durchführung eines Interviews sind die aktuell gültigen gesetzlichen Regelungen und die aktuell gültige Rechtsprechung bezüglich der zulässigen Fragen bzw. Fragenbereiche zu beachten. Bei der Durchführung sind ebenso ethische Aspekte zu beachten (z.B. Konsistenz im Verhalten gegenüber verschiedenen Kandidaten, respektvoller Umgang usw.). Bei mündlichen Befragungen sollte für Störungsfreiheit gesorgt werden.

Dies bedarf keines weiteren Kommentars.

Sofern eine dritte Person zum Kandidaten befragt wird (Fremdbericht/ Referenzen) sind zusätzlich zu beachten: Das Gespräch mit einem Referenzgeber ist anforderungsbezogen zu gestalten und muss sich auf das frühere Arbeitsverhältnis beziehen. Das Einverständnis des Kandidaten hierzu muss eingeholt werden, sofern es nicht bereits vorliegt. Wenn der Kandidat das Gespräch mit einem Referenzgeber untersagt, darf kein Kontakt zu diesem Referenzgeber hergestellt werden. Es ist festzulegen, auf welche Weise Informationen verwendet werden können, wenn einzelne Kandidaten das Einholen mündlicher Referenzen untersagen, während andere Kandidaten damit einverstanden sind.

Die Norm regelt auch das Vorgehen beim Einholen von Referenzen und betont die Wichtigkeit, das Einverständnis des Kandidaten hierzu einzuholen. Hier ging es dem Arbeitsausschuss um Fairness und einen Umgang mit Bewerbern „auf Augenhöhe". Ein weiteres Prinzip ist ein möglichst gleiches Vorgehen bei allen Kandidaten, um eine optimale Vergleichbarkeit zu gewährleisten.

#### 3.2.3.2 Videointerviews nach DIN SPEC 91426

Grundsätzlich ist die Interviewführung per Videokonferenz nur ein anderer Durchführungsmodus der Verfahrensklasse „Interview". Entsprechend gelten die gleichen Qualitätskriterien wie für Präsenzinterviews. Allerdings ergibt sich durch den Modus Videokonferenz die verlockende Möglichkeit der technischen Aufzeichnung. Neben dem gesprochenen Text (Schilderung von anforderungsrelevantem Verhalten, Wissensaspekten, Werten, Motivation etc.) kann eine Vielzahl an zusätzlichen Daten wie bspw. Stimmlage und Modulation, Augenbewegung, Gesichtsmerkmale, Mimik sowie Besonderheiten in der sprachlichen Formulierung erfasst werden. Diese gesammelten Daten wecken bei manchen den Wunsch nach automatisierter Auswertung durch Algorithmen oder selbstlernende KI. Entsprechenden Anwendungen fehlt bisher zumeist die für eine der Ernsthaftigkeit des Themas angemessene Zuverlässigkeit und Qualität sowie der extrem wichtige Anforderungsbezug.

Neben den klaren Vorteilen, die der Einsatz von Videokonferenzen bietet (u.a. zeitliche und räumliche Flexibilität, Aufzeichnung des Interviews und Möglichkeit, für die Interpretation die gesammelten Informationen mehrfach abspielen und zusätzlichen Beurteilern vorlegen zu können) und die zu einer Erhöhung der Trefferquote führen können, birgt ein unsachgemäßer videogestützter Interviewprozess Risiken. Dies bspw., wenn die Technik dazu genutzt wird, anforderungsirrelevante Daten heranzuziehen und anhand von nicht fundierten Modellen zu interpretieren. Das kann Fehlentscheidungen bis hin zu einer systematischen Diskriminierung von Kandidaten zur Folge haben.

Auch die Möglichkeit, Interviews zeitversetzt zu führen, bringt weitere Aspekte mit sich, die besonders zu beachten sind.

Deshalb wurde die DIN SPEC 91426 „Qualitätsanforderungen an videogestützte Methoden der Personalauswahl (VPM)" initiiert und im Dezember 2020 veröffentlicht.

Die DIN SPEC wurde im PAS-Verfahren erarbeitet. In der DIN-Nomenklatura ist eine DIN SPEC (PAS) ein Konsortialstandard, der nicht zwingend unter Einbeziehung aller interessierten Kreise erarbeitet wird. Die Initiatoren und

Verfasser sind deshalb in der DIN SPEC namentlich genannt. Obwohl ein solcher Konsortialstandard keine allgemein gültige DIN-Norm darstellt, die als breiter Konsens und unter Anhörung aller relevanten und interessierten Kreise erarbeitet wurde, haben die Kommentatoren sich dafür entschieden, diese DIN SPEC in den Kommentar aufzunehmen, weil sie von den Inhalten überzeugt sind. Norbert Gantner und Harald Ackerschott haben auch selbst gemeinsam mit weiteren ausgewiesenen Experten für die DIN 33430 an der Erarbeitung der DIN SPEC intensiv mitgearbeitet, insbesondere mit dem Ziel, das nahtlose Zusammenspiel mit der DIN 33430 sicherzustellen.

Die Autoren der DIN SPEC setzen sich insgesamt sowohl aus Praktikern aus Organisationen, die eignungsdiagnostische Methoden nutzen, führenden eignungsdiagnostischen Dienstleistern, dem Vertreter einer Zertifizierungsstelle für Eignungsdiagnostik sowie der Wissenschaft zusammen, wobei ein erheblicher Teil der beteiligten Experten sich seit vielen Jahren und aus unterschiedlichen Perspektiven mit dem Thema „Eignungsdiagnostik" beschäftigen. Sie beschreiben den Anwendungsbereich folgendermaßen:

„Diese DIN SPEC legt praxisbezogene und personaldiagnostische Anforderungen für video-gestützte Methoden der Personalauswahl (VMP) fest. Damit sind alle Verfahren gemeint, die durch Echtzeit-Videointerviews, aufgezeichnete strukturierte Videosequenzen oder aufgezeichnete unstrukturierte Video-Bewerbungen/Video-Lebensläufe mit und ohne Elemente der Künstlichen Intelligenz (KI) zur Eignungsbeurteilung von Bewerber*innen herangezogen werden. Diese DIN SPEC regelt nicht den Einsatz von Videomitschnitten, wie sie beispielsweise in Assessment-Centern zum Einsatz kommen.

Die DIN SPEC soll ein praxisorientierter Leitfaden sein, der die bereits in DIN 33430:2016-07 dargestellten Anforderungen nun auch für videogestützte Methoden der Personalauswahl konkretisiert und ergänzt."

Die DIN SPEC betont ausdrücklich, dass die DIN 33430 für alle Verfahrensklassen gilt und somit auch für Video-Interviews. Sie geht an einigen Stellen über die normativen Forderungen und Empfehlungen der DIN 33430 hinaus. Dies betrifft insbesondere die Themen:

- Fairness beim Zugang zur Technik

  Alle Kandidaten müssen die Möglichkeit erhalten, auch ohne Herunterladen einer spezifischen Software-Applikation mit unterschiedlichen Endgeräten an einem Videointerview teilnehmen zu können, damit Kandidaten, die die notwendigen Endgeräte nicht selbst besitzen, nicht von einer Teilnahme ausgeschlossen werden.

- Anforderungen an unterstützende KI

  Neben Anforderungen an die Transparenz der Trainingsdaten zur Entwicklung und Validierung der KI wird u.a. gefordert, dass Anbieter Angaben zur mathematischen Güte Ihrer Algorithmen vorlegen und zeigen müssen, dass diese regelmäßig überprüft werden (siehe auch Kap. 6 „KI, Machine learning & Co. in der Eignungsdiagnostik").

- Anforderungen an die Benutzerfreundlichkeit

  Die Benutzerfreundlichkeit, und zwar sowohl für die Anwender der Videointerview-Systeme wie für die Kandidaten, muss durch die Anbieter empirisch überprüft und dokumentiert sein.

- Qualitätssicherung der Beurteilung

  Die DIN SPEC enthält die Forderung, dass die Beurteilung jedes einzelnen Eignungsmerkmals für jeden Kandidaten von mindestens zwei Personen unabhängig voneinander vorgenommen werden muss. Die einzige Ausnahme von dieser Regel ist eine Herangehensweise, in der zwei unabhängige valide Methoden zum Einsatz kommen: ein gut entwickeltes Interview und ein psychometrisches Verfahren, die beide dieselben Eignungsmerkmale unabhängig voneinander erfassen. Die zweite unabhängige Perspektive ist dann das parallel eingesetzte psychometrische Verfahren. Nach Sicht der Kommentatoren und Meinung vieler Experten stellt dies die überzeugendste Vorgehensweise.

Die DIN SPEC spezifiziert die auch in der DIN 33430 geforderte Trennung zwischen Informationssammlung und Beurteilung für die technische Umsetzung von Videointerview-Systemen. Auch fordert sie, die Beurteilung regelgeleitet durchzuführen. Eine rein intuitive Beurteilung von Bewerbern ist also beim Einsatz von VMP nach der DIN SPEC 91426 ausgeschlossen.

Überhaupt setzt sich diese DIN SPEC ausdrücklich gegen Bias und für faire und transparente Auswahl ein.

In einem zeitversetzten Videointerview werden die Antworten der Bewerber auf standardisierte Interviewfragen oder Aufgaben per Video aufgezeichnet. Da die Möglichkeit für Verständnisfragen der Teilnehmer fehlt, ist in besonderem Maße auf die Klarheit und Verständlichkeit der textbasierten Fragen zu achten. Um gleiche Bedingungen für alle Kandidaten zu gewährleisten, müssen dieselben Fragen in derselben Reihenfolge und unter gleichen zeitlichen Rahmenbedingungen für das Aufzeichnen der Antworten verwendet werden.

Die Aufzeichnungen der Antworten sind für autorisierte Personen (Eignungsdiagnostiker, Interviewer bzw. Beobachter gemäß DIN 33430) zugänglich und können zu einem späteren Zeitpunkt für die Beurteilung herangezogen werden. Zeitversetzte Videointerviews bieten sich vor allen Dingen dann an, wenn Bewerber und Beurteiler aus stark unterschiedlichen Zeitzonen kommen. Generell führt ihr Einsatz zu einer deutlich höheren zeitlichen Flexibilität.

Einige Experten sehen auch einen großen Vorteil in der maximalen Standardisierung der Fragen. Demgegenüber möchten die Kommentatoren darauf hinweisen, dass die Möglichkeit zu konkretisierenden Nachfassfragen in zeitversetzen Interviews fehlt. In Echtzeit-Interviews erhöhen Nachfassfragen aber die Authentizität und Aussagekraft des Austauschs zwischen Kandidaten und Interviewer. Und das Risiko von Verzerrungen in der Informationsgewinnung wird reduziert. Dies ist im Zweifelsfall höher zu werten als eine maximale Standardisierung.

**Hinweis**

**Erhöhen der Aussagekraft der Interviews durch konkretisierende Nachfassfragen**

Durch ein standardisiertes Abarbeiten vorbereitender Fragen fühlen sich Kandidaten selten persönlich angesprochen. Das führt dazu, dass sie aus distanzierter Haltung reagieren und es ihnen leicht fällt, die als erwünscht vermutete Rolle zu spielen. So folgen auf die standardisierten Fragen vorbereitete, standardisierte Antworten.

Erst wenn sich der Kandidat durch Fragen persönlich angesprochen fühlt, wenn er ehrliches Interesse an seiner Person spürt, wird er „echt" reagieren. Ziel ist, dass der Kandidat aus seinem autobiographischen Gedächtnis heraus antwortet und selbst erlebte Szenarien innerlich aufleben lässt, statt eine antrainierte Standardantwort abzuspulen.

Dies erreicht man leichter, wenn man dem Gedankenfluss des Gesprächspartners folgt. Für die interviewten Kandidaten sind Nachfragen, die sich direkt auf ihre eigenen Schilderungen beziehen, schon deshalb von hoher Bedeutung, weil sie wirklich die Besonderheiten ihrer Person ansprechen. Der Kandidat öffnet sich erfahrungsgemäß stärker, denn er kommt sich nicht fragmentiert vor, sondern spürt, dass der Interviewer nachvollziehen möchte, wie er zu dem geworden ist, der er ist. Das funktioniert natürlich nur, wenn der Interviewer sich tatsächlich für den Kandidaten, für dessen Gedanken, Gefühle und Handlungen interessiert.

Die Nachteile von vollständig strukturierten Interviews sollten jedoch keinesfalls dazu führen, in ein unstrukturiertes Vorgehen zurückzufallen. Deshalb empfiehlt sich ein teil-standardisiertes Vorgehen (statt einer starren Abfolge standardisierter Fragen bzw. einer unsystematischen Vorgehensweise). Die Vorteile der Flexibilität und Kandidatenzentrierung werden dabei mit der Fokussierung auf relevante Kompetenzen verbunden.

Eine Checkliste der zu beurteilenden Kernkompetenzen (inklusive Operationalisierung und beispielhafter Initialfragen) verhindert, dass wichtige Bereiche vergessen bzw. nicht erfasst werden.

Diese oben beschriebene Intensität des sich Einbringens nennt die Fachwelt „Ego-Involvement".

#### 3.2.3.3 Zusammenfassung

Für Interviews gelten unabhängig vom Durchführungsmodus (Präsenz- oder Remote-Modus) die folgenden Qualitätsmerkmale:

**Der Weg zu möglichst validen Interviews**

1) Das Interview muss anforderungsbezogen gestaltet sein.
2) Die Operationalisierung der zu bewertenden Eignungsmerkmale sollte durch Verhaltensanker erfolgen.
3) Interviews in strukturierter und (teil-)standardisierter Form sind grundsätzlich unstrukturierten Interviews vorzuziehen.
4) Es wird die Verwendung von bewährten Fragetechniken mit Schwerpunkt auf möglichst weit gefasste, themenbezogene Fragen und biografiebezogene Fragen empfohlen. Diese sollten durch Verstärkungstechnik unterstützt und durch konkretisierendes Nachfassen vertieft werden.
5) Pro Eignungsmerkmal sollten mehrere Fragen gestellt werden. Idealerweise führen zwei Interviewer das Gespräch oder das Interview wird mit messtheoretisch fundierten Tests- oder Fragebogen, die die gleichen Eignungsmerkmale erfassen, kombiniert (additiv-absichernde Eignungsdiagnostik).
6) Die Informationssammlung muss von der Beurteilung getrennt sein.

7) Als Strukturierungshilfe und Dokumentation für die Sammlung der Information und die anschließende Interpretation/Beurteilung empfehlen sich Interviewleitfaden und verhaltensverankerte Beurteilungsskalen sowie ein systematisches und regelgeleitetes Ableiten der Gesamtempfehlung.
8) Die Vorbereitung der Interviewer durch ein verfahrensbezogenes Training ist unbedingt zu empfehlen. Bei unerfahrenen Interviewern ist es ein Muss.

Grundsätzlich gilt: Interviews haben Grenzen. Die Kombination insbesondere mit Leistungstests und anderen messtheoretisch fundierten Verfahren zum Erfassen von anforderungsrelevanten Verhaltensmerkmalen/Verhaltenspräferenzen macht immer Sinn!

Für zeitversetzte Videointerviews gelten die Qualitätsanforderungen und Ausführungen der Verfahrensklasse „Verhaltensbeobachtung“, da anders als im Echtzeit-Interview keine spontanen Interaktionen stattfinden und vertiefende Nachfassfragen nicht möglich sind.

## 3.2.4 Arbeitsproben und situative Übungen zur Verhaltensbeobachtung und -beurteilung

### 3.2.4.1 Qualitätsmerkmale

Für Arbeitsproben und situative Verfahren gelten die bereits im Kommentar-Kapitel 3.2.3 „Interviews“ dargelegten Anforderungen an die Qualifikation und Unvoreingenommenheit der durchführenden Personen, die Sicherstellung der Gleichbehandlung aller Kandidaten, das regelgeleitete Ableiten der Beurteilungen aus den Beobachtungen, das Prinzip einer additiv-absichernden Eignungsdiagnostik sowie die Operationalisierung der Eignungsmerkmale anhand konkret beobachtbarer Verhaltensweisen analog.

Die Forderung der DIN 33430 aus dem Kapitel 5.3.2.2

> Zu jedem Eignungsmerkmal sollte [...] in Verfahren zur Verhaltensbeobachtung mehr als eine Übung (z. B. Rollenspiel, Gruppendiskussion, Präsentation, Fallstudien, Arbeitsproben) vorgesehen werden.

bezieht sich ebenfalls auf das Prinzip einer additiv-absichernden Eignungsdiagnostik.

Grundsätzlich ist diese Absicherung aus Sicht der Kommentatoren auch dann erfüllt, wenn die unterschiedlichen Informationen zu einem Eignungsmerkmal nicht aus einer Verfahrenskategorie, sondern aus unterschiedlichen Verfahrenskategorien stammen. So können sich Ergebnisse aus messtheoretisch fundierten Verfahren mit Interviews und Verhaltensbeobachtungen sinnvoll ergänzen.

An dieser Stelle ist es den Kommentatoren wichtig, kritisch zu reflektieren, dass die Forschungsergebnisse der letzten 30 Jahre darauf hinweisen, dass in situativen Verfahren die einzelnen Übungen viel mehr Einfluss auf die Beurteilung der Kandidaten haben als die einzelnen Eignungsmerkmale. Sackett und Dreher wiesen bereits 1982 darauf hin, dass die Korrelation der Beurteilungen des gleichen Eignungsmerkmals in verschiedenen Übungen wesentlich geringer ausfällt als die Korrelation der in einer Übung erfassten unterschiedlichen Eignungsmerkmale untereinander. Diese Forschungsergebnisse sind zuverlässig replizierbar und entsprechen auch unseren langjährigen Praxis-Erfahrungen. Oft gelingt es Beobachtern nicht, in ausreichendem Maße zwischen verschiedenen Beobachtungsdimensionen (Eignungsmerkmalen) in einer Übung zu differenzieren. Sie geben eher ein Urteil darüber ab, wie gut der jeweilige Kandidat in einer spezifischen Übung abgeschnitten hat. An diesem empirischen Befund haben auch didaktisch hochwertige, dimensionsbezogene Beobachtertrainings nichts ändern können.

Nimmt man die eindeutigen Forschungsergebnisse und Praxiserfahrungen wirklich ernst, dann empfiehlt es sich, Alternativen zu dem dimensionsbezogenen Ansatz in Betracht zu ziehen. Nicht zuletzt deshalb ist die obige Empfehlung der DIN 33430 nur als Empfehlung formuliert.

Eine praktische und sinnvolle Alternative besteht darin, auf verschiedene Beurteilungsdimensionen innerhalb einer Übung zu verzichten und stattdessen Übungen so zu konzipieren, dass jeweils ein erfolgskritisches Eignungsmerkmal für eine erfolgreiche Bewältigung einer Übung zentral ist. Dies lässt sich z.B. für „Verhandlungsgeschick“, „Beratungskompetenz“, „Überzeugungskraft“, „Analyse- und Entscheidungsfähigkeit“ sowie „Lösungsorientiertes Agieren in Konflikten“ problemlos realisieren.

Ein wunderbarer Nebeneffekt einer solchen Vorgehensweise liegt in dankbaren Beobachtern, die sich mit diesem Vorgehen wesentlich leichter tun. Sie können das tun, was sie „aus dem Bauch heraus“ schon immer tun wollten, und müssen nicht mühevoll und meist erfolglos ihrem natürlichen Beurteilungsverhalten entgegensteuern.

#### 5.3.2.4 Anforderungen an Verfahren zur Verhaltensbeobachtung und Verhaltensbeurteilung

In der Eignungsdiagnostik können Übungen (z. B. Rollenspiel, Gruppendiskussion, Präsentation, Fallstudien, Arbeitsproben) eingesetzt werden, um gezielt Verhalten hervorzurufen, welches dann beurteilt wird.

Ebenso wie beim Interview geht es bei situativen Verfahren sowohl um das Generieren von beobachtbaren Verhaltensweisen als auch um eine aus den Beobachtungen systematisch abgeleitete Beurteilung.

Das von den Kandidaten gezeigte Verhalten wird zum einen durch ihre Eignungsmerkmale und zum anderen durch Merkmale der Situation bestimmt (z. B. die Situation des Rollenspiels, der Gruppendiskussion, der Arbeitsprobe usw.). Die Situation kann z. B. durch Störungen unsystematisch variieren. Dies kann die Beobachtung derjenigen Verhaltensweisen überschatten, die auf die interessierenden Eignungsmerkmale zurückgehen. Daher sind die Übungen, mit denen das Verhalten hervorgerufen werden soll, sorgfältig und wenig störungsanfällig zu konstruieren. Die Übungen sollten nicht zu leicht oder zu schwer sein, sie müssen es ermöglichen, das Verhalten, welches beobachtet werden soll, zu zeigen.

BEISPIEL Die Konfliktfähigkeit einer Person kann nicht beobachtet und beurteilt werden, wenn die Übung keinen Konflikt hervorruft.

Hier wird darauf hingewiesen, dass situative Verfahren sorgfältig konstruiert werden müssen. Eine sorgfältige Konstruktion schließt neben einem strikten Anforderungsbezug (durch für die jeweilige Zielposition maßgeschneiderte Übungen) auch einen möglichst realitätsnahen Pilotlauf (trainierte Beobachter, mit der Zielgruppe vergleichbare Teilnehmerstichprobe in einer vergleichbaren Bewerbungssituation) mit ein. Hierdurch wird deutlich, dass für valide situative Verfahren ein enormer Aufwand betrieben werden muss. Sobald bei der Konstruktion an Aufwand gespart wird, nimmt die Aussagekraft von situativen Verfahren erheblich ab.

**Beispiel**

**Negativbeispiel einer wenig aussagekräftigen situativen Übung**

In einem Handelsunternehmen hatten junge, engagierte Mitarbeiter des PE-Bereichs für die Aufnahme-Entscheidung von internen Kandidaten in einen Nachwuchsführungskräfte-Entwicklungspool u. a. eine Übung konzipiert, bei der es um ein Kritikgespräch mit einem Mitarbeiter ging, dessen Leistung in den letzten Wochen spürbar abgenommen hat. Die ersten vier Teilnehmergruppen „scheiterten" fast ausnahmslos an der Übung – ihre „Personenorientierung" und „Konfliktlösefähigkeit" wurden als „deutlich unter den Anforderungen" beurteilt. Ab der 5. Teilnehmergruppe wurde für über 80 % der Teilnehmer für beide Eignungsmerkmale konstatiert: „erfüllt die Anforderungen voll" oder sogar „erfüllt die Anforderungen weit überdurchschnittlich" mit noch steigender Tendenz. An dieser Stelle wurde einer der Kommentatoren als Berater hinzugezogen. Was war passiert? Wie leider immer noch häufig in der Praxis anzutreffen, gab es für die Kandidaten keine Transparenz in Bezug auf die zu beurteilenden Eignungsmerkmale bzw. Erwartungen der Beobachter. Die Teilnehmer orientierten sich in der Übung an dem Führungsverhalten ihrer Vorgesetzten – sie versuchten, möglichst „taff" und durchsetzungsstark zu wirken. Die Beobachter, allesamt Mitarbeiter der PE-Abteilung, erwarteten jedoch, dass die Sicht der Mitarbeiter zu den Vorwürfen durch aktives Zuhören erfragt wird, die Hintergründe für den aktuellen Leistungsabfall eruiert werden, bevor gemeinsam mit dem Mitarbeiter Lösungsalternativen erarbeitet werden. Sobald sich diese Erwartung der Beobachter im Unternehmen herumgesprochen hatte, „lösten" alle Teilnehmer die Aufgabe, die Übung differenzierte nicht mehr.

Das Herstellen von Transparenz über die Beobachtungsdimensionen und die Erwartungen der Beobachter bzgl. eines erfolgreichen Agierens in der Übung sowie eine gleichzeitige Erhöhung des Schwierigkeitsgrades führten zu einer nachhaltigen Differenzierungsfähigkeit der Übung.

**Hinweis**

Die Autoren dieses Kommentars haben sich bemüht, möglichst positive Praxisbeispiele auszuwählen. An mancher Stelle wurden aber auch zur Verdeutlichung eines oft anzutreffenden Mangels Negativbeispiele vorgestellt. In jedem der Fälle wurden Kontexte wie Branche, Zielgruppe oder Fragestellung so verfremdet, dass ein Zurückführen auf ein konkretes Unternehmen nicht möglich sein sollte.

Dieses Beispiel illustriert auch ein zunehmendes Problem in der betrieblichen Praxis. In den letzten Jahrzehnten erfreuen sich situative Verfahren einer immer größeren Beliebtheit. Gleichzeitig nimmt die Güte dieser Verfahrenskategorie kontinuierlich ab. Eine entscheidende Ursache für diesen Qualitätsverlust dürfte darin begründet sein, dass situative Verfahren in der Praxis immer seltener von eignungsdiagnostischen Experten konzipiert werden und auch der Aufwand für das Training der Beobachter sukzessive reduziert bis völlig vernachlässigt wird. Die DIN 33430 appelliert an dieser Stelle dazu, situative Verfahren wieder sorgfältig unter Einbezug der entsprechenden diagnostischen Expertise zu konzipieren und den notwendigen Trainingsaufwand für Beobachter und Rollenspieler als notwendige Investition zu betrachten. Für die Konzeptionsphase ist ein Zusammenwirken von internen Experten für die Zielposition mit internen oder externen Experten für das eignungsdiagnostische Vorgehen besonders empfehlenswert.

Der erhebliche Konstruktions- und Trainingsaufwand kann sich vor allen Dingen auch aufgrund „erwünschter Nebenwirkungen" dieser Verfahrenskategorie für ein Unternehmen rechnen. So berichten als Beobachter eingesetzte Führungskräfte regelmäßig, dass sie von den Beobachtertrainings und der Teilnahme an den situativen Übungen, Beobachterkonferenzen und Feedbackrunden erheblich für ihre Führungsfunktion profitieren – geht es doch beim Führen von Mitarbeitern auch um das Beobachten und Interpretieren von Leistungsverhalten sowie um Leistungsfeedback.

> Instruktionen für die Kandidaten sowie ggf. zur Verfügung gestellte Materialien müssen so gestaltet werden, dass die Ziele der Übung deutlich werden. Alle Übungen müssen vor dem Ernstfalleinsatz praktisch erprobt werden. Sofern Rollenspieler eingesetzt werden, müssen sie ausführliche Anweisungen erhalten, damit sie die Rollenspielsituation sowohl über verschiedene Kandidaten hinweg vergleichbar gestalten als auch durch individuelle Reaktionen möglichst natürlich wirken. Rollenspieler müssen geschult werden und das Rollenspiel vorab praktisch üben.

Bei diesen normativen Forderungen der DIN 33430 geht es einerseits um die Chancengleichheit zwischen den Kandidaten. Gleichzeitig tragen sie erheblich zur Erhöhung der Validität bei. Deshalb sind sie in vollem Bewusstsein des damit verbundenen Aufwandes als „Muss-Kriterien" definiert. Hinter diesen Forderungen steckt die einhellige Überzeugung des Arbeitsausschusses, dass situative Verfahren, bei denen diese Forderungen nicht konsequent umgesetzt werden, für Personalentscheidungen wertlos sind. Ungeachtet dieser Tatsache ist in der Praxis leider häufig beobachtbar, dass die eingesetzten situativen Verfahren diesen wichtigen Qualitätsmerkmalen nicht entsprechen. Da mit der Durchführung situativer Übungen immer ein hoher Personal- und Zeitaufwand verbunden ist, ist dieses Versäumnis besonders zu bedauern, zumal das Optimierungspotenzial relativ leicht zu heben wäre.

Im Rahmen der Eignungsdiagnostik durchgeführte Verhaltensbeobachtungen müssen sich von „natürlichen“ Verhaltensbeobachtungen u. a. dadurch unterscheiden, dass die Verhaltensdaten nach einem vorab festgelegten, definierten Regelsystem erfasst und beurteilt werden. Dieses so genannte Beobachtungssystem legt u. a. fest, wann und wo die Beobachtung erfolgt, welche Verhaltensweisen beobachtet werden und in welcher Form die Ergebnisse der Beobachtung dokumentiert werden.

Siehe hierzu auch die analogen Forderungen für Interviews, die im Kommentar-Kapitel 3.2.3 „Interviews“ kommentiert sind.

Es ist vorab eindeutig zu regeln, welche Eignungsmerkmale in welcher Übung durch welche Beobachter / Beurteiler jeweils erfasst werden. Beobachter / Beurteiler dürfen damit nicht überfordert werden, weshalb die Anzahl der in einem bestimmten Zeitraum gleichzeitig zu beurteilenden Eignungsmerkmale so zu wählen ist, dass eine trennscharfe Beurteilung möglich ist.

Diese normativen Forderungen dienen wieder einer hohen Standardisierung. Die zweite „Muss-Anforderung“ widerspricht der in der Praxis immer wieder zu findenden Tendenz, in einem falschen Effizienzgedanken pro Übung möglichst viele Eignungsmerkmale erfassen zu wollen. Leider fehlt im Normtext eine Konkretisierung dieser Vorgabe. Ideal wären aus Sicht der Kommentatoren eine Beobachtungsdimensionen pro Übung. Mehr als drei Beobachtungsdimensionen überfordern demgegenüber sicher die Wahrnehmungskapazität der meisten Beobachter.

Die Kandidaten sind zu Beginn des Verfahrens darüber zu informieren, welche Übungen wann und wo stattfinden; sie sind über etwaige Pausen- und Wartezeiten aufzuklären.

Dieser organisatorische Hinweis bedarf keines weiteren Kommentars.

#### 3.2.4.1 Zusammenfassung

**Anforderungen an Arbeitsproben und situative Verfahren**

1) Die eingesetzten Übungen bzw. Arbeitsproben müssen anforderungsbezogen gestaltet sein (Abbilden leistungs- bzw. erfolgsrelevanter Eignungsmerkmale).
2) Eine Voraussetzung für sinnvolle Arbeitsproben und situative Verfahren sind die verhaltensverankerten Operationalisierungen aller zu bewertenden Eignungsmerkmale.
3) Es muss klar festgelegt sein, welche Eignungsmerkmale in welcher Übung durch welche Beobachter beobachtet werden.
4) Die DIN 33430 empfiehlt, jedes Eignungsmerkmal aus mehreren Perspektiven/Übungen zu betrachten. Die Empfehlung der Kommentatoren ist, diese unterschiedlichen Betrachtungsperspektiven insbesondere durch die Vielfalt der Methoden sicherzustellen.
5) Ein möglichst realitätsnaher Pilotdurchlauf vor dem ersten Einsatz (mit möglichst realitätsnahen Teilnehmern) ist bei dieser Verfahrenskategorie notwendig.
6) Die Beobachter müssen klare Anweisungen nach einem definierten Regelsystem (was ist wann zu beobachten/beurteilen und wie zu dokumentieren) erhalten.
7) Die Rollenspieler müssen klare Anweisungen erhalten und vor ihrem realen Einsatz unbedingt ihre Rollen stabil einüben können.
8) Schulungen und entsprechendes Training von Beobachtern und Rollenspielern sind notwendig für einen sinnvollen Einsatz.
9) Diese Anforderungen an Verfahren zur Verhaltensbeobachtung gelten analog auch für zeitversetzte Videointerviews. Insbesondere ist bei zeitversetzen Videointerviews auf eine maximale Klarheit (Eindeutigkeit und Verständlichkeit) der textbasierten Fragen zu achten, weil die Möglichkeit zu vertiefenden Nachfragen fehlt.

### 3.2.5 Stichworte: Assessment-Center, Management-Audit & Co.

Kapitel 5.1 Kategorisierung von Verfahren, letzter Absatz:

> Assessment-Center / Development-Center, Management-Audits usw. bestehen aus einem Methoden-Mix. Hinsichtlich der Anforderungen ist jede „Übung" einzeln zu betrachten und einer Kategorie und deren Anforderungen zuzuordnen.

Assessment-Center (AC), Development-Center (DC) und sogenannte Management-Audits oder aber auch Führungskräfte-Audits, Vertriebs-Audits oder Innovations-Audits sind in der Praxis weit verbreitet. Dennoch hat die DIN 33430 keine eigenen Anforderungen an diese Vorgehensweisen formuliert. Dies nicht, weil praxisrelevante Verfahren übersehen worden wären, sondern weil sich hinter diesen Begriffen in der Regel ein Mix unterschiedlicher Methoden verbirgt, und zwar von Methoden und Instrumenten aus den in der Norm einzeln behandelten Verfahrenskategorien.

Assessment-Center und Development-Center wurden ursprünglich als Veranstaltung konzipiert, in der situative Verfahren, Interviews, Leistungstests und andere messtheoretisch fundierten Verfahren eingesetzt wurden. Dabei unterscheiden sich Assessment-Center und Development-Center einerseits in ihrem Einsatzgebiet. AC werden üblicherweise in der Personalauswahl und DC in der Personalentwicklung eingesetzt. Andererseits erfolgt in den Development-Centern in der Regel das Leistungsfeedback teilweise schon während der DCs, sodass die Teilnehmer die Möglichkeit haben, ihren potenziellen Lernfortschritt bereits in weiteren Übungen mit den gleichen Anforderungs-Charakteristika umzusetzen. So kann neben den gezeigten Kompetenzen auch der jeweilige Lernfortschritt beobachtet werden. Neben einer positiven motivationalen Wirkung bei einer bereits im DC verwirklichten Kompetenzverbesserung hat dieses Vorgehen den Vorteil, dass das Lernpotenzial der Kandidaten bezüglich der anforderungsrelevanten Kompetenzen eingeschätzt werden kann. Allerdings bedürfen solche Development-Center einer besonders sorgfältigen Entwicklung und eines höheren Zeitaufwands in der Durchführung. Dem steht eine Tendenz in der Praxis gegenüber, den Aufwand für Assessment-Center und Development-Center möglichst zu reduzieren.

Dies wirkt sich negativ auf die Qualität aus. Schuler (2014) vergleicht Ergebnisse von Einzelstudien und Metaanalysen zur prognostischen Validität. Die berichteten Koeffizienten fielen über 50 Jahre hinweg zunehmend geringer aus und liegen jetzt unter dem durchschnittlichen Prognosewert von strukturierten Auswahlgesprächen. Schuler konstatiert: „Soweit erkennbar, ist das Assessment-Center das einzige eignungsdiagnostische Verfahren, das in den letzten Jahren an Qualität verloren hat. Gleichzeitig findet es zunehmende Verbreitung, und zwar sowohl was die Zahl der Unternehmen als auch die Art der Positionen betrifft“ (S. 297). Als Erklärung für den auf den ersten Blick frappierenden Widerspruch, dass ein Verfahren an Qualität abgenommen und gleichzeitig verstärkten Zuspruch gefunden hat, sieht er: „Das Assessment Center hat sich zur Spielwiese der Laiendiagnostik entwickelt.“ (Schuler, 2014, S. 294)

Eine weitere Ursache dürfte darin liegen, dass sich AC immer mehr auf die Verfahrenskategorie „Situative Verfahren zur Verhaltensbeobachtung“ beschränkt haben. Bereits in der ersten Auflage des Kommentars haben die Kommentatoren dringend empfohlen, diese Fehlentwicklung zu korrigieren und wieder zu dem Ursprungskonzept einer multimethodischen Herangehensweise zurückzukehren. Zu beobachtende Tendenzen in diese Richtung sind erfreulich und die Kommentatoren möchten diese Entwicklung weiter ermutigen.

Auch das legendäre Assessment-Center von AT&T, das der ersten großen Validierungsstudie aus den Jahren 1956 bis 1966 mit einem berichteten Validitätskoeffizienten von $r = .46$ zugrunde lag, bestand bereits aus einem solchen Methoden-Mix.

Auch Management-Audits sollten aus einem Methoden-Mix aus Leistungstests und anderen messtheoretisch fundierten Verfahren mit einem kompetenzbasierten Interview bestehen, wobei das Interview in der Regel von zwei Interviewern durchgeführt wird. Teilweise bieten Dienstleister nur ein Interview mit zwei branchenerfahrenen Interviewern unter dem Begriff „Management-Audit“ an. In diesem Fall gelten schlicht die Anforderungen der DIN 33430 an Interviews.

Aus Sicht der Kommentatoren stellt ein für die jeweilige Zielposition anforderungsbezogener Methodenmix aus einem solide konstruierten kompetenzbasierten Interview mit zwei erfahrenen Interviewern (auch in der Kombination von internem und externem Interviewer), kognitiven Leistungstests und messtheoretisch fundierten Verfahren zur Erfassung anforderungsrelevanter Verhaltensmerkmale/Verhaltenspräferenzen derzeit die Best Practice-Vorgehensweise dar. Dem erhöhten Aufwand für die passgenaue Konstruktion und Durchführung eines solchen Methoden-Mix steht ein erheblicher zusätzlicher Erkenntnisgewinn gegenüber, da sowohl wichtige Potenzial- und Kompetenzaspekte („Könnens-Aspekte“) erfasst werden als auch die gerade für Management-Positionen zusätzlich besonders erfolgskritischen und leistungsrelevanten Werte und generellen Handlungsziele bzw. Motive, wie z.B. Anschluss-, Leistungs- und Machtmotive („Wollens-Aspekte“).

Ein Erkenntnisgewinn, der umso bedeutender ist, je folgenschwerer eine Fehlbesetzung der Zielposition wäre.

Bei sogenannten Führungskräfte- und Vertriebs-Audits wird der Aufwand bisweilen dadurch reduziert, dass statt zwei Interviewern nur ein Interviewer das Interview durchführt und das Interview nicht ganz so zeitintensiv ausgelegt ist. Dies ist aus Sicht der Kommentatoren durch den sinnvollen Methoden-Mix bei einem erfahrenen Interviewer durchaus vertretbar.

# 4 Rollen und Verantwortlichkeiten

Neben den in der Norm definierten sollen hier noch einige weitere Rollen genannt werden, die ebenfalls eine wichtige Funktion für das Gelingen oder die Relevanz von eignungsdiagnostischen Maßnahmen haben.

## 4.1 Der Auftraggeber

Der Auftraggeber ist in seiner Personalentscheidung frei. Er entscheidet und berücksichtigt dabei die ihm zur Verfügung gestellten Eignungsbeurteilungen, soweit er es für richtig hält und soweit sie in die für ihn wichtigen übergeordneten oder äußeren Rahmenbedingungen passen.

## 4.2 Fachliche Experten für die Anforderungen

Das können Vorgesetzte, Stelleninhaber, Personen in Schnittstellenfunktionen mit der zu besetzenden Position oder andere Personen mit Kenntnissen der Aufgaben, Tätigkeiten und Rahmenbedingungen sein. Ohne Quellen, die Aussagen über die Anforderungen machen können, oder ohne die Gelegenheit, Anforderungen in Beobachtungen oder teilnehmenden Beobachtungen ermitteln zu können, entbehrt Eignungsdiagnostik einer wesentlichen Grundlage. Selbstverständlich gibt es generische Anforderungsprofile und auf Validitätsgeneralisierung basierende Vorgehensweisen, aber eine Vorgehensweise, die auf der klaren Erfassung der Anforderungen basiert, wird in den meisten Anwendungsfällen vergleichbaren Ansätzen ohne spezifizierte Anforderungen überlegen sein. Der am meisten praktizierte und leichtgängigste Weg zum Erfassen der Anforderungen ist die Befragung entsprechender Experten (auch wenn diese Herangehensweise nicht die einzig verwendete Methode der Anforderungsanalyse sein sollte, siehe hierzu auch Kommentar-Kapitel 3.1.2 „Anforderungsanalyse“). An diese Experten werden keine Qualifikationsanforderungen gestellt, außer der impliziten, dass sie die Tätigkeit oder Aufgabe, um die es geht, kennen und gemäß den Fragen des verantwortlichen Eignungsdiagnostikers beschreiben können.

Auch der Auftraggeber gibt häufig selbst Auskunft zu der zu besetzenden Stelle. Er würde in diesen Momenten aber nicht als Auftraggeber, sondern als Experte agieren und müsste selbst auch dementsprechend befragt werden. Ggf. müssten seine spontanen Aussagen während der Auftragsklärung im Rahmen der Anforderungsanalyse vertiefend hinterfragt werden. Generell empfiehlt es sich, mehrere Experten für die Anforderungen der Zielposition unabhängig voneinander zu befragen.

An die im engeren Sinne an der Eignungsbeurteilung beteiligten Personen stellt die DIN 33430 eine Reihe expliziter Anforderungen.

**9 Anforderungen an die Qualifikation der an der Eignungsbeurteilung beteiligten Personen**

**9.1 Allgemeines**

Die vorliegende Norm unterscheidet zwischen (verantwortlichen) Eignungsdiagnostikern und mitwirkenden Personen (Beobachter), die an Verfahren zur Verhaltensbeobachtung und / oder an direkten mündlichen Befragungen (z.B. Eignungsinterviews) beteiligt sind. Die Qualifikation weiterer Assistenzkräfte (z.B. für die Eingangssichtung der Bewerbungen, Durchführung von hochstandardisierten Gruppentestungen) ist nicht Gegenstand der Norm, muss aber dennoch durch den Dienstleister sichergestellt werden.

Auch wenn z.B. der Auftraggeber selbst mitwirkende Person ist, werden an ihn in dieser Rolle Anforderungen gestellt.

## 4.3 Assistenzkräfte

Die Qualifikation von Assistenzkräften muss durch den Dienstleister sichergestellt werden. Dies kann im Rahmen des Vorgehens durch Briefings und/oder die Vermittlung von festen Vorgaben wie Durchführungs- und/oder Auswerteregeln u.Ä. erfolgen. Im Briefing oder in der Einweisung sollten auch Kontrollfragen enthalten sein, die das Verständnis der Instruktionen und Vorgaben sicherstellen. Der Dienstleister muss dies für sein eigenes Personal und für die gegebenenfalls vom Auftraggeber zur Verfügung gestellten Mitarbeiter leisten. Die Verantwortung trägt der verantwortliche Diagnostiker, der mindestens entsprechende formale Vorgaben macht, bestenfalls auch die Überprüfung standardisiert gestaltet.

ANMERKUNG Wenn an Verhaltensbeobachtungen/-beurteilungen oder direkten mündlichen Befragungen Personen mitwirken, die ausschließlich fachliche Kenntnisse und Fertigkeiten beurteilen sollen, werden an sie keine Qualifikationsanforderungen nach Abschnitt 9 gestellt.

Solche mitwirkenden Personen sind grundsätzlich von Qualifikationsmaßnahmen freigestellt, trotzdem ist aus Sicht der Kommentatoren dringend zu empfehlen, dass der verantwortliche Eignungsdiagnostiker sicherstellt, dass die Experten sich in den Kontaktsituationen mit den Kandidaten nicht kontraproduktiv verhalten. In der Praxis sind Linienvorgesetzte oder andere im Interview eingesetzte Experten häufig nicht in der Lage, suggestionsfreie Fragen zu stellen. Sie haben viel zu hohe Redeanteile und erklären oftmals erst ihre eigenen Gedanken sehr ausführlich, um dann Bestätigungsfragen zu stellen. Im geschilderten Fall würde lediglich eine Verweigerung dieser Bestätigung seitens des Kandidaten eine diagnostisch verwertbare Information enthalten.

Daher bietet es sich an, mit allen Personen, die eine Funktion in Gesprächen oder bei situativen Übungen einnehmen, vorher nicht nur die Abläufe und Fragen abzustimmen, sondern auch ihren Einsatz und das Zusammenspiel zu üben.

## 4.4 Verantwortlicher Eignungsdiagnostiker und Eignungsdiagnostiker

Nach der Auftragsklärung liegt die fachliche Verantwortung für den gesamten Prozess und den Einsatz der Verfahren beim verantwortlichen Eignungsdiagnostiker, der die Eignungsuntersuchung auch im Detail plant. Zu seiner Rolle führt die DIN 33430 bereits im Kapitel Auftragsklärung (3.1) aus:

> Der verantwortliche Eignungsdiagnostiker[14] ist im Auftrag des Dienstleisters verantwortlich für die Planung und Durchführung des gesamten Eignungsbeurteilungsprozesses, die Auswertung und Interpretation der Ergebnisse sowie für den Bericht an den Auftraggeber.

Beim Dienstleister muss es nach der Norm diese festgelegte Person geben, die qualifiziert jeden Schritt und alle Dimensionen des eignungsdiagnostischen Prozesses verantwortet und der Ansprechpartner für den Auftraggeber in allen für den Gesamtprozess erfolgskritischen Dimensionen ist.

---

14 Begriffsdefinition in DIN 33430:

> **2.18 Verantwortlicher Eignungsdiagnostiker**
>
> Eignungsdiagnostiker, der den gesamten Eignungsbeurteilungsprozess gegenüber dem Auftraggeber, Dienstleister und den Kandidaten verantwortet
>
> Anmerkung 1 zum Begriff: Dabei kann er von anderen Eignungsdiagnostikern – die in diesem Projekt nicht die Hauptverantwortung tragen – sowie von Beobachtern und anderen mitwirkenden Personen unterstützt werden.

Der verantwortliche Diagnostiker kann bestimmte Elemente des Prozesses gar nicht oder nur an ebenso qualifizierte Fachexperten delegieren.

So schreibt die Norm zur Delegationskompetenz des verantwortlichen Diagnostikers vor:

> Er kann Verantwortungen und Aufgaben delegieren. Die Verantwortungen für die folgenden Aufgaben dürfen nur an Eignungsdiagnostiker, nicht an Beobachter oder andere Mitwirkende delegiert werden:
>
> a) die Erstellung der Anforderungsanalyse mit der Festlegung der Eignungsmerkmale und deren Ausprägungen;
>
> b) die Auswahl und Zusammenstellung von Verfahren;
>
> c) die Planung der Eignungsuntersuchung;
>
> d) die Festlegung der Auswertungsregeln;
>
> ANMERKUNG 2 Hierbei geht es z. B. darum festzulegen, wie den einzelnen Eignungsmerkmalen Skalenwerte zugeordnet werden und ob und wie einzelne erhobene Werte zu einem Gesamtwert zusammengefasst werden.
>
> e) die Festlegung der Regeln für die Ergebnisinterpretation;
>
> ANMERKUNG 3 Hierbei geht es um Fragen wie z. B. ab welchem Skalenwert eines einzelnen Eignungsmerkmals und / oder des Gesamturteils von welcher Eignungsausprägung ausgegangen wird, ob und wie Cut-off-Werte und Kompensationsmöglichkeiten vorgesehen werden.
>
> f) die Festlegungen zur Dokumentation und Archivierung der Ergebnisse;
>
> g) die Erstellung des Ergebnisberichtes;
>
> h) die Fachaufsicht über die Beobachter und andere mitwirkende Personen.
>
> Erfolgen Teile der oben genannten Aufgaben automatisiert, so trägt der verantwortliche Eignungsdiagnostiker die Verantwortung für deren fachliche Angemessenheit.

Aufgrund der Verantwortung des verantwortlichen Eignungsdiagnostikers im Gesamtprozess empfehlen die Kommentatoren, diesen bereits bei der Auftragsklärung hinzuzuziehen, sofern Dienstleister und verantwortlicher Eignungsdiagnostiker nicht eine Person sind.

## 9.2 Qualifikationsanforderungen an Eignungsdiagnostiker und verantwortliche Eignungsdiagnostiker

Eignungsdiagnostiker und verantwortlicher Eignungsdiagnostiker gleichen sich in ihrer Qualifikation. Der Unterschied liegt in der definierten Rolle für eine Eignungsuntersuchung oder eine Klasse von Eignungsuntersuchungen. Die Anforderungen beziehen sich im Wesentlichen auf die Inhalte, die relevant für die Erstellung einer Anforderungsanalyse, die Planung der Vorgehensweise, die Auswahl und Zusammenstellung von Verfahren unterschiedlicher Verfahrenskategorien und die Planung und Aufsicht über die Durchführung sowie die Evaluation sind. Darüber hinaus müssen die Diagnostiker Kenntnisse und Einblicke in die Rahmenbedingungen ihrer Tätigkeit haben, vom rechtlichen Rahmen bis zu den wirtschaftlichen und organisatorischen Zusammenhängen, innerhalb derer sie agieren.

Die meisten der aufgelisteten Themen sind entweder allgemeinverständlich oder lassen sich aus den entsprechenden Inhalten der DIN 33430 ableiten. Einige sind jedoch sehr fachspezifisch. Ausführungen zu diesen besonders fachspezifischen Qualifikationsanforderungen, die diese vollständig allgemeinverständlich erklären, würden jedoch den Rahmen dieses Kommentars sprengen. Da Eignungsdiagnostik eine Aufgabenstellung ist, bei der es im Kern um die Erfassung von Menschen, ihren Kenntnissen, ihren Potenzialen und ihren Verhaltensvorlieben, Motiven, Neigungen und Interessen sowie um die Prognose ihres Verhaltens und ihrer Leistung geht, liegt ganz selbstverständlich ein Schwerpunkt der Qualifikation auf psychologischen Inhalten und Methoden. Denn die Psychologie ist die Wissenschaft vom menschlichen Verhalten, vom Denken, Wahrnehmen, Lernen, Erinnern sowie von Emotionen und Motivation.

In der Vergangenheit geäußerte Kritik, dass es sich bei der DIN 33430 um ein Dokument handle, das Psychologen bevorzugen würde, weisen die Kommentatoren hier ausdrücklich zurück. Niemand würde kritisieren, dass zum Brotbacken Kenntnisse und Erfahrungen eines Bäckers nützlich sind oder dass beim Reparieren von elektrischen Schaltungen oder beim Verständnis zusammenfassender Erklärungen zu diesem Thema Elektrotechniker einen Vorteil haben.

Die Norm leistet das genaue Gegenteil der Bevorzugung von Psychologen: Sie macht die Leistungen, die zu einer guten Eignungsdiagnostik notwendig sind, für alle transparent und klärt dadurch auf. Die Auflistung der geforderten Qualifikationen ermöglicht es im Übrigen auch, dass fachlich geeignete

Dienstleister entsprechende Schulungen anbieten und eine Qualifizierung – selbstverständlich auch für Nicht-Psychologen – vornehmen können.

Die psychologischen Grundlagen der Eignungsdiagnostik reichen als Rüstzeug allerdings nicht aus. Darüber hinaus sind Grundkenntnisse der wirtschaftlichen und organisatorischen Zusammenhänge, in denen Eignungsdiagnostik stattfindet, bzw. die Anwendung der gültigen rechtlichen Regelwerke unverzichtbar. Die DIN 33430 kommt dem in ihrer aktuellen Fassung nach.

Dabei führt sie aus, dass Kenntnisse allein nicht ausreichen. Es müssen auch Erfahrungen in der Praxis gemacht worden sein, mit einer qualitätssichernden Anleitung und Supervision.

**Warnhinweis**

In der Praxis der Personenzertifizierung wird die wichtige angeleitete Praxiserfahrung nicht von allen Zertifizierungsstellen geprüft. Die Kommentatoren empfehlen, den Anforderungskatalog der Zertifizierer dahingehend zu überprüfen, um den Wert der erteilten Zertifikate einschätzen zu können.

Im Einzelnen fordert die DIN 33430 für Eignungsdiagnostiker und verantwortliche Eignungsdiagnostiker:

Eignungsdiagnostiker und verantwortliche Eignungsdiagnostiker müssen fundierte Kenntnisse über Eignungsbeurteilungen sowie über Eignungsmerkmale haben. Sie benötigen fundierte Kenntnisse und angeleitete Praxiserfahrungen in Anforderungsanalysen, der Entwicklung, Planung, Gestaltung und kontrollierten Durchführung, Auswertung und Interpretation von Verfahren zur Eignungsbeurteilung sowie deren Evaluation (9.2 a) bis f)).

Sie müssen die zur Beantwortung der Fragestellung verfügbaren Verfahrenskategorien und Prozesse sowie deren Vor- und Nachteile sowie Einsatzvoraussetzungen kennen. Sie müssen Qualitätsstandards und qualitätssichernde Maßnahmen kennen und einhalten sowie die rechtlichen Rahmenbedingungen berücksichtigen.

a) Für die fachgerechte Erarbeitung von Anforderungsanalysen sind Kenntnisse notwendig über:
   - Methoden der Arbeits- und Anforderungsanalyse;
   - Verfahren zur Darstellung der Ergebnisse in Form eines Anforderungsprofils;
   - Methoden zur Operationalisierung von Eignungsmerkmalen;
   - die Abhängigkeit der Ergebnisse der Anforderungsanalyse von Stereotypen (z. B. Geschlecht, Alter, Herkunft);
   - die Kulturabhängigkeit von Anforderungen (um zu vermeiden, dass nur Angehörige einer bestimmten Kultur den Anforderungen gerecht werden können).

b) Für die fachgerechte Nutzung von Verfahren sind Kenntnisse notwendig über:
   - Verfahren der Eignungsbeurteilung sowie ihre Möglichkeiten und Grenzen;
   - statistisch-methodische Grundlagen (für die Auswahl von Verfahren sowie zur Evaluation);
   - klassische Testtheorie und Item-Response-Theorien (für die Auswahl von Verfahren und deren Interpretation sowie zur Evaluation);
   - Konstruktionsgrundlagen (für die Auswahl von Verfahren und die Interpretation);
   - Einsatzmöglichkeiten (für die Auswahl von Verfahren);
   - Durchführungsbedingungen;
   - Gütekriterien (für die Auswahl von Verfahren und die Interpretation der Verfahrensergebnisse);
   - die Erstellung des Ergebnisberichtes;
   - Evaluationsmethoden einschließlich Kosten-Nutzen-Aspekten.

c) Für die fachgerechte Eignungsbeurteilung sind Kenntnisse notwendig über:
   - verschiedene Vorgehensweisen und Strategien in der Eignungsbeurteilung;
   - Beurteilungsprozeduren (verfahrens- und prozessbezogen);

- Kenntnisse der Ergebnisse einschlägiger Evaluationsstudien;
- Abschätzung der Prognosegüte von berufsbezogenen Eignungsbeurteilungen und darauf aufbauenden Entscheidungen unter Berücksichtigung der jeweiligen Rahmenbedingungen (Anteil geeigneter Kandidaten und Auswahlquote).

d) Für die fachgerechte Durchführung von Verhaltensbeobachtungen und -beurteilungen sind Kenntnisse notwendig über:

- Verständnis des Begriffs „Beobachtung“;
- Systematik der Beobachtung;
- Definition und Abgrenzung von Beobachtungseinheiten;
- Registrierung und Dokumentation der Beobachtungen;
- Auswertung/Bewertung der Beobachtungen;
- Bezugsmaßstab für die Einschätzung von Skalenausprägungen;
- die Kulturabhängigkeit von Verhalten und Anforderungen;
- die Abhängigkeit der Eignungsbeurteilung von Stereotypen (z. B. Geschlecht, Alter, Herkunft);
- Rating-/Skalierungsverfahren;
- Formen der Urteilsbildung (statistisch und nicht-statistisch);
- Beobachtungsfehler/-verzerrungen;
- Selbstdarstellungsstrategien;
- Gruppenprozesse bei der Urteilsbildung (z. B. Konformitätsdruck, Gehorsam).

e) Für die fachgerechte Durchführung von direkten mündlichen Befragungen sind Kenntnisse notwendig über:

- Interviewklassifikationen;
- Handhabung von Interviewleitfäden;
- die Abhängigkeit der Eignungsbeurteilung von Stereotypen (z. B. Geschlecht, Alter, Herkunft);
- die Kulturabhängigkeit von Verhalten und Anforderungen;
- Fragetechniken, Formulierungstechniken;
- Beobachtungs- und Beurteilungsfehler;

- Selbstdarstellungsstrategien;
- Interviewbezogene Beurteilungskriterien;
- rechtliche Zulässigkeit von Fragen.

f) Es sind Kenntnisse notwendig über:

- Kostenabschätzung für einzelne Module der Eignungsbeurteilung sowie Kosten-Nutzen-Rechnungen (Grundkenntnisse);
- rechtliche Rahmenbedingungen, Datenschutz (z.B. Allgemeines Gleichbehandlungsgesetz (AGG), Betriebsverfassungsgesetz (BetrVerfG), Bundesdatenschutzgesetz (BDSG) und andere in den für die Eignungsbeurteilungen einschlägigen Ausschnitten) (Grundkenntnisse);
- Organisationsstrukturen von Auftraggebern (Grundkenntnisse);
- Schul-, Hochschul- und Ausbildungsabschlüsse und relevante Veränderungen (Grundkenntnisse);
- die Inhalte dieser Norm.

Eine häufig gestellte Frage zur Prüftiefe in dem Thema „statistisch-methodische Grundlagen" ist, ob ein verantwortlicher Eignungsdiagnostiker selbst komplett einen Test oder Fragebogen konstruieren können muss. Aus Sicht der Kommentatoren ist das nicht notwendig, denn das würde fast ein Psychologiestudium als Zugangsvoraussetzung für verantwortliche Eignungsdiagnostik festschreiben und das war nie das Ziel der Autorinnen und Autoren der Norm.

Die in der Norm geforderten Kenntnisse der Grundlagen von Statistik sind als genau so zu verstehen. Es geht um die statistisch-methodischen Grundlagen, soweit sie für die Auswahl von Verfahren sowie zur Evaluation relevant sind.

Zu den Entwicklungen von inhaltlich auf die eigenen Arbeitsthemen bezogenen Theorien und veröffentlichten Studien sollte sich allerdings jede Person mit einem fachlichen Anspruch auf dem Laufenden halten. Darin unterscheidet sich die Eignungsdiagnostik nicht von anderen Disziplinen.

Ein verantwortlicher Eignungsdiagnostiker sollte nicht nur die in der DIN ausgeführten Grundsätze der Eignungsdiagnostik kennen, sondern auch die aktuellen Diskussionen und Trends bewerten können.

## 4.5 Beobachter in situativen Übungen

Darüber hinaus formuliert die DIN 33430 Anforderungen an die Personen, die als Beobachter oder Co-Interviewer in Verhaltensbeobachtungen oder Interviews teilnehmen, z. B. im Rahmen von Assessment-Centern. Sie werden alle als „Beobachter" bezeichnet. Die DIN 33430 unterscheidet allgemeine Anforderungen, die für die Teilnahme an Verhaltensbeobachtungen und die Teilnahme an Interviews gelten, und zusätzliche für beide Verfahrenskategorien spezifische Anforderungen.

Die Qualifikationsanforderungen, die sich im Wesentlichen auf Details und Aspekte einer spezifischen Eignungsbeurteilung beziehen (Kenntnisse der interessierenden Eignungsmerkmale, angeleitete Praxiserfahrung in der Durchführung von Verhaltensbeobachtungen oder Interviews, rechtliche Rahmenbedingungen, Kenntnis des konkreten Anforderungsprofils), werden in der Regel in Form von Beobachterschulungen bzw. Interviewtrainings im Rahmen einer Maßnahme zur Eignungsbeurteilung vermittelt. Diese sind im Kapitel 9.3.1 Allgemeines aufgeführt:

**9.3 Qualifikationsanforderungen an Beobachter**

**9.3.1 Allgemeines**

Beobachter müssen Kenntnisse über Eignungsbeurteilungen sowie über die Eignungsmerkmale besitzen, die in der konkreten Eignungsbeurteilung eine Rolle spielen, an der der Beobachter beteiligt ist. Zudem sollten Beobachter – soweit möglich – angeleitete Praxiserfahrungen in der kontrollierten Durchführung von Verfahren zur Eignungsbeurteilung aufweisen. Sie müssen Qualitätsstandards und qualitätssichernde Maßnahmen einhalten sowie die rechtlichen Rahmenbedingungen berücksichtigen.

Es werden zudem die folgenden Kenntnisse erwartet:

– Kenntnisse über die Ergebnisse der Arbeits- und Anforderungsanalyse, die der konkreten Eignungsbeurteilung, an der der Beobachter beteiligt ist, zugrunde liegt. Zu diesen Ergebnissen gehören das Anforderungsprofil und die Operationalisierung der Eignungsmerkmale.

Darüber hinaus formuliert die DIN 33430 spezifische Qualifikationsanforderungen für die Teilnahme an Verhaltensbeobachtungen und -beurteilungen. Auch diese können im Rahmen einer detaillierten Beobachterschulung im Kontext einer spezifischen Eignungsfeststellungsmaßnahme oder im Rahmen von allgemeinen Qualifizierungsmaßnahmen erworben werden.

**9.3.2 Qualifikationsanforderungen an Beobachter, die an Verhaltensbeobachtungen und -beurteilungen beteiligt sind**

Wer als Beobachter an der Durchführung und Auswertung von Verhaltensbeobachtungen beteiligt ist, benötigt zusätzlich Kenntnisse über die im Folgenden aufgeführten Themenbereiche. Dabei ist es hinreichend, wenn sich die genannten Kenntnisse auf die konkrete Umsetzung in der jeweiligen Eignungsbeurteilung beziehen.

Es sind Kenntnisse notwendig über:

- Verständnis des Begriffs „Beobachtung“;
- Systematik der Beobachtung;
- Definition und Abgrenzung von Beobachtungseinheiten;
- Registrierung und Dokumentation der Beobachtungen;
- Auswertung / Bewertung der Beobachtungen;
- Bezugsmaßstab für die Einschätzung von Skalenausprägungen;
- die Kulturabhängigkeit von Verhalten und Anforderungen;
- die Abhängigkeit der Eignungsbeurteilung von Stereotypen (z. B. Geschlecht, Alter, Herkunft);
- Rating- / Skalierungsverfahren;
- Beobachtungsfehler / -verzerrungen;
- Selbstdarstellungsstrategien;
- Gruppenprozesse bei der Urteilsbildung (z. B. Konformitätsdruck, Gehorsam).

## 4.6 Co-Interviewer bzw. Beobachter in einem Interview

In Einstellungsinterviews kann man viel falsch machen und dementsprechend gibt es viele nützliche Tipps und Techniken der Interviewführung. Diese können im Rahmen eines ausführlichen Interviewtrainings im Kontext einer spezifischen Eignungsfeststellungsmaßnahme oder im Rahmen von allgemeinen Qualifizierungsmaßnahmen eingeübt werden.

### 9.3.3 Qualifikationsanforderungen an Beobachter, die an direkten mündlichen Befragungen beteiligt sind

Wer als Beobachter an der Durchführung und Auswertung von direkten mündlichen Befragungen (z. B. Eignungsinterviews) beteiligt ist, benötigt zusätzlich Kenntnisse über die im Folgenden aufgeführten Themenbereiche. Dabei ist es hinreichend, wenn sich die genannten Kenntnisse auf die konkrete Umsetzung in der jeweiligen Eignungsbeurteilung beziehen.

Es sind Kenntnisse notwendig über:

- Interviewklassifikationen;
- Handhabung von Interviewleitfäden;
- die Kulturabhängigkeit von Verhalten und Anforderungen;
- die Abhängigkeit der Eignungsbeurteilung von Stereotypen (z. B. Geschlecht, Alter, Herkunft);
- Fragetechniken, Formulierungstechniken;
- Beobachtungs- und Beurteilungsfehler;
- Selbstdarstellungsstrategien;
- Interviewbezogene Beurteilungskriterien;
- rechtliche Zulässigkeit von Fragen.

# 5 Eignungsdiagnostik und Assessment im internationalen Kontext mit der ISO 10667

## 5.1 Funktion und Struktur der ISO 10667 sowie Zusammenspiel mit der DIN 33430

Für international agierende Organisationen bietet sich die ISO 10667 als Rahmen für die Gestaltung von Personalauswahlprozessen an. Eine weltweite Harmonisierung von Prozessen und Instrumenten oder auch die globale Beschaffung von diagnostischen Dienstleistungen lassen sich sehr gut an ihr ausrichten. Sie kann als einheitliche Entscheidungsgrundlage für die Gestaltung von eignungsdiagnostischen Prozessen genauso gut in multinationalen Konzernen wie in international aktiven mittelständischen Unternehmen dienen.

Die ISO 10667: Assessment service delivery — Procedures and methods to assess people in work and organizational settings[15] ist zweigeteilt in: „Part 1: Requirements for the client" und „Part 2: Requirements for the service provider".

Diese Zweiteilung ist ein starkes Signal, das an ein fundamentales Prinzip der Eignungsdiagnostik erinnert, welches auch schon in der DIN 33430 anklingt und nicht genug betont werden kann. Es handelt sich um die Tatsache, dass Eignungsdiagnostik insbesondere bei der Beurteilung von Kandidatinnen und Kandidaten in der Personalbeschaffung immer nur so gut sein kann, wie die Zusammenarbeit zwischen Auftraggeber und Dienstleister. Und dieses Prinzip gilt immer, egal ob Auftraggeber und Dienstleiter im selben Unternehmen angestellt sind oder ob es sich um ein Verhältnis intern zu extern handelt.

In einer idealen Welt wäre vertrauensvolle und intensive Zusammenarbeit bei der Feststellung der Passung von Personen zu Anforderungen eine Selbstverständlichkeit, wir finden aber immer wieder unterschiedliches Engagement,

15 An dieser Stelle im Text benutzen die Autoren ganz bewusst die englischen Bezeichnungen. Die Übersetzung lautet: ISO 10667 Eignungsdiagnostische Dienstleistungen Teil 1 bzw. Teil 2. Diese Übersetzung ist pragmatisch gewählt für den eignungsdiagnostischen Einsatzbereich der ISO 10667, auch wenn den Autoren bewusst ist, dass es auch über die reine Eignungsdiagnostik hinausgehende Einsatzgebiete dieser Norm gibt, insbesondere Einschätzungen und Audits von internen Teams bis hin zur Betrachtung ganzer Organisationen.

Die vollständige, wörtliche Übersetzung des Normtitels ist: Beurteilungs-Dienstleistungen – Vorgehensweisen und Methoden um Menschen in Arbeitssituationen und Organisationszusammenhängen zu beurteilen – Teil 1: Anforderungen an den Klienten sowie Teil 2: Anforderungen an den Dienstleister

unterschiedliche Kompetenzniveaus, Ungeduld mit den Bedarfen und Sichtweisen der „Gegenseite“, die in Ressentiments und Vorwürfen ausgelebt werden und das Gesamtergebnis gefährden. Für alle, die solche Friktionen vermeiden wollen, stellt die ISO 10667 einen Rahmen für die Beauftragung von eignungsdiagnostischen Dienstleistungen dar.

Für die Konkretisierungen der Qualitätsanforderungen, die Gestaltung des eignungsdiagnostischen Prozesses, die Anforderungen an Instrumente sowie die Sicherstellung der Qualifikation der am eignungsdiagnostischen Prozess beteiligten Expertinnen und Experten, insbesondere auf dienstleistender Seite, empfiehlt die ISO 10667 die Anwendung von spezifischen fachlichen oder nationalen Standards.

Die DIN 33430 ist beides, sowohl Fachstandard als auch nationale Norm. Sie ist damit für internationale Organisationen, insbesondere mit Sitz in Deutschland, die zentrale Ergänzung für die ISO 10667 mit ihrer Beschreibung eines qualitätsgesicherten, organisationsweiten internationalen Vorgehens.

Um diese Grundlage auch international praktisch handhab- und anwendbar zu machen, haben die Autoren initiiert, dass dem Markt über den Beuth Verlag auch eine englischsprachige Version der DIN 33430 zur Verfügung gestellt wird.

## 5.2 Inhalte der ISO 10667

Beide Teile der ISO 10667 stimmen inhaltlich darin überein, was fachlich nötig ist, um den angestrebten Nutzen von Eignungsdiagnostik in Organisationen zu ermöglichen. In diesem Sinne geben beide Teile der ISO 10667 übereinstimmend Empfehlungen für ein evidenzbasiertes Vorgehen und beschreiben Themen, die unbedingt berücksichtigt werden müssen, um die gewünschten Ziele für die Organisation erreichen zu können.

Ähnlich der DIN 33430 enthalten beide Teile der ISO 10667 auch jeweils ein identisches Kapitel für englische Begriffe und Definitionen für die wichtigsten Fachtermini des „Assessment“. Die Autoren dieses Kommentars waren bei der Entwicklung involviert und haben auch darauf geachtet, dass die Aussagen des nationalen und internationalen Standards kompatibel sind und konkreten Nutzen für die betriebliche Praxis generieren.

Die zentrale Rolle der Erfassung der Anforderungen als Grundlage jeder Eignungsbeurteilung und die Pflicht zur Zusammenarbeit zwischen Auftraggeber und Dienstleister, um diese zu klären, sind in beiden Teilen der ISO 10667 betont.

Zu den Methoden und Verfahren, für die die ISO 10667 gilt, führt die ISO 10667 in völliger Übereinstimmung mit der DIN 33430 aus, dass dazu nicht nur Interviews, Verhaltensbeobachtungen oder Tests und Fragebögen gehören, sondern alle Verfahren und Ansätze, die zur Erhebung und Interpretation von Beurteilungsdaten verwendet werden, unabhängig davon, wie sie entwickelt und vermarktet werden, z. B. und insbesondere auch Ansätze, die künstliche Intelligenz einsetzen.

Beide Teile der ISO 10667 sind sehr ähnlich aufgebaut und formulieren klare Anforderungen, die als Bedingungen für gute Eignungsdiagnostik formuliert sind. Sie klären die Beziehung zwischen Auftraggeber und Dienstleister, thematisieren wechselseitige Verantwortlichkeiten und schlagen Eckpunkte vor, die in einer Vereinbarung über eignungsdiagnostische Dienstleistungen geregelt sein sollten.

Die ISO 10667 gliedert den eignungsdiagnostischen Prozess in vier Phasen:

- Erarbeitung der Vereinbarung,
- Vorbereitung,
- Durchführung und
- Nachbearbeitung der eignungsdiagnostischen Maßnahme.

In beiden Teilen der ISO 10667-Reihe wird jede dieser Phasen in einem separaten Abschnitt behandelt.

Zur Erarbeitung der Vereinbarung werden die gegenseitigen Verantwortlichkeiten und Verpflichtungen des Auftraggebers und des Dienstleisters beschrieben.

Als Pflicht des Auftraggebers formuliert ISO 10667 Teil 1 insbesondere, dass er sich am Beurteilungsprozess beteiligen muss.

Im Einzelnen beschreibt sie, dass ein Auftraggeber schon in der Phase der Vorauswahl allen Dienstleistern, die er für eine eignungsdiagnostische Dienstleistung in Betracht zieht, seinen Beurteilungsbedarf mitteilen muss. Sie führt aus, dass, wenn er diesen selbst nicht genügend detailliert beschreiben kann, er mit einem oder allen Dienstleistern zusammenarbeiten muss, um seine Bedarfe zu klären.

Dann muss der Auftraggeber nach ISO 10667 einen Dienstleister auswählen, der für die Durchführung der eignungsdiagnostischen Dienstleistung geeignet ist. Der Kunde muss sich nach ISO 10667 vom Dienstleister erklären und begründen lassen, welche Schlussfolgerungen auf welcher Grundlage aus den eignungsdiagnostischen Informationen gezogen werden.

Darüber hinaus muss der Klient nach ISO 10667 Teil 1 alle Anforderungen in der Vereinbarung mit dem Dienstleister diesem und den Teilnehmenden gegenüber sowie alle gesetzlichen Vorgaben, die damit zusammenhängen, erfüllen. Davon ist insbesondere auch abgedeckt, dass der Auftraggeber den Auftragnehmer bei der Zusammenstellung aller Informationen unterstützen muss, die der Auftragnehmer (nach DIN 33430 ist das der verantwortliche Eignungsdiagnostiker) zum Verständnis der Anforderungen braucht.

Die Dienstleister müssen im Gegenzug ihre vorgesehene Vorgehensweise transparent machen und erklären. Dabei dürfen sie nicht nur die Vorteile herausstellen, sondern müssen auch auf mögliche Risiken hinweisen. Sie müssen erklären, welche Beurteilungsprozesse den Bedürfnissen des Auftraggebers entsprechen könnten, und diese Beurteilungsdienstleistungen bei Beauftragung dann für diesen Kunden erbringen.

Darüber hinaus muss der Dienstleister nach ISO 10667 Teil 2 den Kunden über alle geltenden fachlichen, rechtlichen und behördlichen Anforderungen im Zusammenhang mit der Anwendung der Beurteilungsverfahren und -methoden bei der Erfüllung seiner Pflichten im Rahmen der Vereinbarung informieren und einen Plan mit dem Kunden entwickeln und koordinieren, um die Sicherheit aller vertraulichen Informationen, einschließlich der persönlichen Daten der Assessment-Teilnehmer, während des gesamten Assessment-Prozesses zu schützen. Er muss auch eine vollständige und genaue Dokumentation des eignungsdiagnostischen Prozesses zur Verfügung stellen.

Grundsätzlich muss nach ISO 10667 Teil 2 der Auftragnehmer alle fachlichen, rechtlichen und behördlichen Anforderungen an die Anwendung der eignungsdiagnostischen Methoden kennen.

Detailliert beschreibt die ISO 10667 die Inhalte einer Vereinbarung, in der Auftraggeber und Dienstleister ihre Zusammenarbeit konkretisieren. An dieser Stelle unterscheiden die ISO 10667 ausdrücklich zwischen internem und externem Dienstverhältnis, denn sie führen aus, dass die Vereinbarung bei einem internen Dienstverhältnis durch eine schriftliche Arbeitsanweisung, bei einer externen Beauftragung in einem Vertrag erfolgen kann.

**Vorbereitung:**

Zur Vorbereitung der Maßnahme wird in der ISO 10667 beschrieben, dass insbesondere zu klären ist, was wie erfasst werden soll. Dazu gehören auch die Auswahl der Kriterien für die Bewertung des Erfolges der Maßnahme wie auch eine klare Formulierung der Erwartung an den Nutzen des Prozesses insgesamt.

Darüber hinaus geht es bei der Vorbereitung um die Feststellung, ob es Interessenkonflikte gibt, die ausgeglichen werden müssen, und die Bereitstellung einer klaren Begründung für die eignungsdiagnostische Maßnahme.

**Durchführung:**

Die Beschreibungen und Hinweise der ISO 10667 zur Durchführung der eignungsdiagnostischen Maßnahme umfassen alle Phasen der Durchführung und sind kompatibel mit DIN 33430.

**Nachbearbeitung:**

In dem Kapitel zur Nachbearbeitung der eignungsdiagnostischen Maßnahme geht es darum, das Assessment-Verfahren und die Assessment-Ergebnisse zu bewerten, um festzustellen, ob die Ergebnisse, Konsequenzen und der Nutzen des Assessments mit den Assessment-Anforderungen übereinstimmen, ob die Ziele erreicht wurden und welche Änderungen im Assessment-Verfahren für die künftige Nutzung durch den Kunden vorgenommen werden sollten.

Darüber hinaus gibt die ISO 10667 Hinweise zu den Rechten und Pflichten der Teilnehmenden an den eignungsdiagnostischen Maßnahmen, zu Anforderungen an technische Dokumentationen von eignungsdiagnostischen Instrumenten, zu Analyse und Interpretation der Untersuchungsergebnisse und zur Berichterstattung. Da die Autoren aktiv an der letzten Überarbeitung der ISO 10667 mitgewirkt haben, konnten sie darauf Einfluss nehmen, dass die ISO 10667 in allen Inhalten mit der DIN 33430 kompatibel ist.

Die ISO 10667 enthält auch eine Bibliografie, in der die DIN 33430 ausdrücklich als einziger nationaler Fach-Standard zu dem gemeinsamen Thema referenziert wird.

## 5.3 Die Vereinbarung einer eignungsdiagnostischen Dienstleistung

Detailliert beschreibt die ISO 10667 die Inhalte einer Vereinbarung, in der Auftraggeber und Dienstleister ihre Zusammenarbeit konkretisieren. An dieser Stelle unterscheidet die ISO 10667 ausdrücklich zwischen internem und externem Dienstverhältnis, denn sie führt aus, dass die Vereinbarung bei einem internen Dienstverhältnis durch eine schriftliche Arbeitsanweisung, bei einer externen Beauftragung in einem Vertrag erfolgen kann.

Zu den relevanten Informationen gehören insbesondere Umfang, Einzelheiten der zu erbringenden Dienstleistung oder Produkte, Dauer, Eigentum und angemessene Nutzung des geistigen Eigentums sowie Kosten.

Die Themen, die in einer Vereinbarung über eignungsdiagnostische Dienstleistungen nach ISO 10667, in beiden Teilen übereinstimmend, vereinbart werden müssen sind: (zitiert, Übersetzung der Kommentatoren)

1) Der Umfang der Dienstleistung,
2) die zeitliche Dauer der Dienstleistung,
3) Einzelheiten zu den verwendeten Methoden und Instrumente,
4) die auf die Instrumente angewandten Analyseverfahren,
5) eine angemessene Berichterstattung über die Bewertungsergebnisse für jeden Endnutzer,
6) ob und wie die Daten aus den verschiedenen Beurteilungsverfahren kombiniert werden,
7) die jeweiligen Rollen, Pflichten und Verantwortlichkeiten des Kunden und des Dienstleisters,
8) Informationen über Datenschutz und -sicherheit, Eigentum an geistigem Eigentum und Bewertungsdaten, Datenspeicherung und Datenlöschung,
9) Erklärung über die Einhaltung der einschlägigen Gesetze und Vorschriften,
10) Art und Häufigkeit der Überwachungs- und regelmäßigen Überprüfungsverfahren, die erforderlich sind, um die Qualität der Bewertung zu gewährleisten und sicherzustellen, dass sie den erforderlichen fachlichen Anforderungen entspricht und die rechtlichen und regulatorischen Anforderungen berücksichtigt,
11) Art des Feedbacks und, falls ein solches vorgesehen ist, die Art und Weise, in der es bereitgestellt wird, sowie die Zuständigkeit für das Feedback,
12) Ermittlung der Kosten und
13) Ermittlung der Anforderungen an die Zugänglichkeit, der verfügbaren und erforderlichen Vorkehrungen und der Art und Weise, wie diese Zugänglichkeitsbestimmungen entweder vom Kunden oder vom Dienstleister oder von beiden umgesetzt werden sollen.

Gegebenenfalls ermutigt der Dienstleister den Kunden, an einer Überprüfung nach der Bewertung mitzuwirken (siehe Punkt 7). Die Spezifikationen für diese Überprüfung müssen Folgendes umfassen:

a)
   1) eine Erklärung zu den erforderlichen Kompetenzen der Personen, die die Überprüfung durchführen;
   2) was überprüft wird und wann es überprüft wird,

b) wer an der Überprüfung beteiligt sein wird,

c) die Kriterien für die Überprüfung und

d) die Art und Form des Ergebnisses der Überprüfung.

# 6 KI, Machine learning & Co. in der Eignungsdiagnostik

Vor dem Hintergrund, dass KI auch im Anwendungsfeld HR mit ganz unterschiedlicher technischer Tiefe genutzt wird, möchten die Kommentatoren den Begriff genauso weit fassen, wie er in der Praxis benutzt wird. Künstliche Intelligenz umfasst nach diesem Verständnis alle Systeme, die automatisiert Informationen verarbeiten, ob als Machine learning-Systeme oder als mehr oder weniger einfache Algorithmen.

Zur automatisierten Informationsverarbeitung gehört das Suchen und Bewerten von Informationseinheiten innerhalb von größeren Mengen von Informationen, das Sortieren, Klassifizieren und / oder Bewerten von Informationen. Im Ergebnis führen diese technischen Bewertungen in unserem Zusammenhang zur Beurteilung von Menschen. Diese Vorgänge können durch einfache Algorithmen gesteuert werden oder durch automatisierte Anwendung von komplexen mathematischen und / oder statistischen Methoden bis hin zum automatischen oder synthetischen (ohne Kontrolle oder steuernde Einflussnahme von Menschen) Aufbauen von immer komplexeren statistischen Modellen, Ordnungs- oder Bewertungsprinzipien (selbstlernende Systeme).

Dabei ist zu reflektieren, ob autonom lernende Algorithmen oder KI-Systeme, die insbesondere dann zum Einsatz kommen, wenn die sie konstruierenden oder einsetzenden natürlichen oder juristischen Personen nicht den Aufwand (insbesondere an Zeit) leisten (können bzw. wollen), das System überwacht zu trainieren oder den Anwendungsgegenstand des KI-Systems vollständig zu durchdenken, überhaupt zum Einsatz bei der Beurteilung von Menschen und ihren Potenzialen kommen sollten.

Nach der Transparenzforderung im Punkt 3 der Hambacher Erklärung sollten solche Systeme eigentlich gar nicht zum Einsatz kommen dürften.

(Quelle: Entschließung der 97. Konferenz der unabhängigen Datenschutzaufsichtsbehörden des Bundes und der Länder Hambacher Schloss 3. April 2019)

Die aktuellen Angebote im Markt, Personalauswahlentscheidungen durch KI-Lösungen zu unterstützen, beziehen sich auf unterschiedliche Prozessschritte.

Es gibt Lösungsangebote von der automatischen Vorsortierung großer Mengen von Bewerbungen mit automatischen Empfehlungen für die engere

Auswahl über „Roboter" zur Suche und mit automatisierten, skalierbaren Bewertungen von potenziellen Kandidaten im Internet bzw. in sozialen Medien bis zu Robotinterviews, die eine weitere Auswahlstufe vor der letzten Entscheidungsinstanz darstellen sollen.

Diese Ansätze nutzen unter anderem:

- Algorithmen zur automatischen Überprüfung von Referenzen und zur Suche in sozialen Medien
- Algorithmen zum Filtern von Bewerbungen und Lebensläufen anhand von Schlüsselwörtern (CV-Parsing)
- Algorithmen zur Bewertung von Fähigkeiten oder der Persönlichkeit auf der Basis von geschriebenem Text, Sprache, Gesichtsausdrücken oder Stimme

Einige dieser Techniken können, wenn sie richtig entwickelt und angewandt werden, erhebliche Vorteile bieten, die sich insbesondere durch Skalierungseffekte ergeben. Die Nebenwirkung der Skalierung ist aber, dass auch mögliche Risiken skaliert werden.

Wenn die Daten, die bei der Entwicklung eines KI-Tools verwendet wurden, Verzerrungen enthalten, und sei es auch nur unbeabsichtigt, kann zum Beispiel der gesamte Prozess auf der Grundlage von Diversitätsdimensionen oder anderer, unbeabsichtigt ermittelter Merkmale gegenüber bestimmten Bewerbern voreingenommen sein.

Generell gehen die Kommentatoren davon aus, dass die in der DIN für Auswahlverfahren formulierten Anforderungen immer auch für KI-Tools gelten, und zwar genau die Vorgaben, die für die Verfahrensklassen beschrieben sind, die die jeweiligen Tools ersetzen oder komplementieren. Das heißt, dass z.B. die KI-basierten Tools, die mit den Leistungsversprechen angeboten werden, die denen von messtheoretischen Tests oder Fragebogen vergleichbar sind, den oben dargestellten Anforderungen der DIN 33430 an messtheoretisch fundierte Fragebogen und Tests erfüllen müssen.

Oder als weiteres Beispiel müssen Verfahren, die Text analysieren, den Anforderungen an die Verfahrensklasse Dokumentenanalyse entsprechen.

**Warnhinweis**

Bei der Prüfung von Angeboten ist insbesondere zu beachten, dass der Begriff der „Validität" bei KI-Verfahren zur Eignungsdiagnostik im eignungsdiagnostischen Sinne anzuwenden ist. Dieser unterscheidet sich nämlich von dem Begriff der „Validierung", wie er im Zusammenhang mit Modellen der KI in der Informatik genutzt wird. Dort gilt ein Ansatz schon als validiert, wenn eine KI dem Modell entsprechend funktioniert, wenn also bspw. ein KI-System zu gleichen Beurteilungen kommt wie der Mensch, der es trainiert hat. In der Eignungsdiagnostik genügt das jedoch nicht. Dort muss darüber hinaus noch nachgewiesen oder belegt sein, dass das Modell zutreffende Prognosen oder Empfehlungen abgeben kann bzw. die Bewertung durch relevante Außenkriterien wie bspw. Leistungskriterien bestätigt wird.

Über die Betrachtungen der DIN 33430 zu Qualität und Gütekriterien hinaus gibt es in der Informatik auch eigene Qualitätsansprüche an und Kennzahlen für Tools, die künstliche Intelligenz nutzen.

Die Qualität und Quantität der Daten, die zur Entwicklung und zum Training eines Werkzeugs der künstlichen Intelligenz verwendet werden, sind dabei entscheidende Komponenten.

Anbieter von Tools, die maschinelles Lernen in der Personalauswahl einsetzen, müssen bspw. laut DIN SPEC 91426 zu Videointerviews den Auftraggebern eine Beschreibung der Trainingsdaten und die Dokumentation der Entwicklung und Validierung der KI zur Verfügung stellen. Dies schließt die ursprünglichen Daten und die Beschreibung des Lernansatzes ein.

Dazu muss beschrieben werden, inwieweit die verwendeten Daten unvoreingenommen ausgewählt und wie Stereotypisierungen vermieden wurden. Außerdem muss empirisch nachgewiesen werden, dass die verwendeten Algorithmen nicht auf der Grundlage persönlicher Merkmale ohne Anforderungsbezug oder auf der Basis von gesetzlich geschützten Diversitätsdimensionen diskriminieren.

Bei der Auswahl der Daten sollten geschultes Personal und geeignete Datenanalysetechniken eingesetzt werden, um Verzerrungen aufzudecken.

Dieser Anspruch sollte nach Ansicht der Kommentatoren für KI-Anwendung bei allen anderen eignungsdiagnostischen Aufgabenstellungen gelten.

Auch für Tools, die Bewerber oder Texte bzw. Textteile klassifizieren, empfehlen die Kommentatoren die analoge Anwendung der DIN SPEC 91426, die zwingend vorschreibt, dass Anbieter ihre Kunden informieren über:

- alle bekannten Merkmale der Ausgangsdaten, die zum Training und zur Entwicklung der KI verwendet wurden (z. B. Anzahl der Datensätze, Verteilung der demografischen Merkmale, Zeitpunkt der Datenerhebung usw.),
- die Behandlung von Grenzfällen (sog. „edge cases“) beim Training und in der Anwendung.

Zusätzlich muss die (mathematische) Qualität der Algorithmen beschrieben sein, die in der Regel durch folgende Prüfgrößen bestimmt wird:

- Accuracy (Genauigkeit): das Verhältnis der korrekt klassifizierten (richtig positiv + richtig negativ) Fälle zur Gesamtzahl der Fälle,
- Precision (Präzision): das Verhältnis der richtig positiv klassifizierten Fälle zur Gesamtzahl der positiv klassifizierten Fälle,
- Recall (Trefferquote): das Verhältnis der richtig positivklassifizierten Fälle zu allen (wirklich) positiven Fällen und
- F1-Score: ein gewichteter Durchschnitt von Precision und Recall.

Da KI-Systeme, insbesondere wenn maschinelles Lernen eingesetzt wird (d.h. Algorithmen und/oder Datensätze entwickeln sich im Laufe der Zeit weiter) Eigendynamiken entwickeln können, empfehlen die Kommentatoren mit Bezug auf die DIN SPEC 91426, dass Anbieter zeigen müssen, dass diese Werte regelmäßig überprüft werden und dass sie für den vorliegenden Anwendungsfall angemessen sind.

**Hinweis**

Wie die Diskussion in 2022/23 um ChatGPT zeigt, muss die regelmäßige Überprüfung einer sehr dynamischen Entwicklung entsprechen. Damit sollten Überprüfungszeiträume eher im Monats- als im Jahresbereich liegen.

# 7 Make or buy? Ausschreibungen vornehmen und Anbieter bewerten

Im Alltag stellt sich in Organisationen regelmäßig die Frage, ob man die Instrumente und Methoden, die im Auswahlprozess genutzt werden, selbst entwickelt oder ob man sich von geeigneten Dienstleistern unterstützen lässt.

Die Norm stellt den Prozess und die Instrumente der Eignungsdiagnostik unabhängig davon dar, ob interne oder externe Dienstleister involviert sind. Im informativen Anhang C macht sie Vorschläge für die Gestaltung von Ausschreibungen. Anlass, diesen Anhang zu formulieren, war, dass die Resonanz auf die DIN 33430:2002-06 im öffentlichen Sektor sehr gut war und ist und zunehmend auch Unternehmen dazu übergehen, bei eignungsdiagnostischen Fragestellungen Ausschreibungen vorzunehmen. Allerdings tragen diese Ausschreibungen häufig nicht zur Qualität der gewünschten eignungsdiagnostischen Dienstleistung bei, wie das folgende Praxisbeispiel einer Ausschreibung für ein Online-Assessment illustrieren soll.

**Beispiel**

**Negativbeispiel einer wenig qualitätsfördernden Ausschreibung**

Ein Unternehmen hatte die Zuschlagskriterien in der Ausschreibung eines Online-Assessments für Nachwuchstalente folgendermaßen veröffentlicht:

60 % Preis

40 % Qualität, aufgeteilt in:

- Usability für die Recruiter: 50 % dieser 40 % für Qualität, also 20 % der Bewertung insgesamt
- Usability für die Kandidaten: 25 % der 40 % für Qualität, also 10 % der Bewertung insgesamt
- Qualitätsbelege der wissenschaftlichen Fundierung des Verfahrens: ebenfalls 25 % der 40 % für Qualität

Damit bezogen sich lediglich 10 % der Gesamtbewertung auf die tatsächliche Aussagekraft des ausgeschriebenen Online-Assessments, also darauf, ob das Verfahren die Trefferquote in der Auswahl überhaupt erhöhen kann.

Solche Zuschlagskriterien beinhalten, unabhängig von den an anderer Stelle gemachten Ausführungen zu Spezifikationen oder Vorgaben, die für eine angemessene Qualität fatale Botschaft, dass ein möglichst niedriger Preis eine für die beim Einsatz eignungsdiagnostischer Instrumente verfolgte Zielstellung sinnvolles Hauptkriterium sei. Gegenüber dem Preis und einer leichten Administrierbarkeit durch die Rekruter tritt bei diesem Ausschreibungsbeispiel die wissenschaftliche Güte der verwendeten Instrumente und damit die Aussagekraft der Ergebnisse der Eignungsbeurteilung absolut in den Hintergrund.

Derartige Ausschreibungen forcieren auch den Trend, ohne einen der Aufgabenstellung angemessenen Abgleich der Ziele der Organisation mit den angebotenen Instrumenten reine Online-Assessments, die Bewerber von zu Hause aus durchführen, ohne Feedback, Betreuung oder Qualitätssicherung immer günstiger anzubieten und auf eine sorgfältige Planung, Durchführung und Überprüfung des eignungsdiagnostischen Prozesses und der erzielten Ergebnisse vollständig zu verzichten. Wie bereits betont, geht das massiv zulasten der Qualität der Eignungsbeurteilung und kann auch nicht im Sinne der ausschreibenden Unternehmen sein, weil die Folgekosten von falschen Personalentscheidungen ein Vielfaches der Investition für gute Eignungsbeurteilung sind. Der Wert der Mitarbeitenden wird dabei vergessen und solche Vorgehensweisen werden auch nicht der Verantwortung der Organisationen insbesondere gegenüber Nachwuchskräften gerecht.

Was die Frage „Make or buy?“ betrifft, so hängt die Antwort stark von den verwendeten eignungsdiagnostischen Instrumenten ab. Grundsätzlich gibt es ja viele unterschiedliche Herangehensweisen bei der Vorbereitung von Personalentscheidungen. Häufig werden zur Eignungsdiagnostik nur Interviews geführt. Oftmals ganze Serien von Interviews, zuerst mit einem Vertreter der Personalabteilung, dann mit der Fachabteilung, dann mit einem Vorgesetzten und dann noch einmal mit einem Auswahlgremium und/oder mit Vertretern des Personal- oder Betriebsrates. Oder man sitzt als Bewerber gleich einer ganzen Reihe von Personen gegenüber. In Behörden trifft man häufig auf eine Delegation aus dem verantwortlichen Vorgesetzten, einem Kollegen der Personalabteilung, dem Vertreter des Personalrates, der Gleichstellungsbeauftragten, der Vertrauensperson und vielleicht noch einem externen Moderator oder Experten und dem Protokollanten.

Dann gibt es Vorgehensweisen, bei denen messtheoretisch fundierte Verfahren oder Arbeitsproben integriert sind und schließlich das berühmte Assessment-Center, das aber keine eigene methodische Definition hat, sondern ein Format darstellt, in welchem unterschiedliche Instrumente und Verfahren in einem Termin sukzessive von einer Reihe von Kandidaten absolviert werden, die von unterschiedlichen Beobachtern und Moderatoren begleitet werden.

Bei Interviews wird es in den meisten Fällen sinnvoll sein, die Entscheidung „make" zu treffen. Wenn im Vorfeld die Anforderungen systematisch erfasst und zur Konstruktion des Interviews wurden, ist eine gute Qualitätsbasis geschaffen. Die Vorgaben und Empfehlungen der Norm sind natürlich auch für die Konstruktion eines guten Interviewleitfadens und das gesamte Vorgehen bis zur endgültigen Eignungsbeurteilung nützlich.

In vielen Organisationen sind auch Ressourcen vorhanden, situative Übungen selbst zu entwickeln, zu erproben und dann durchzuführen und auszuwerten. Die Aussagen der Norm dazu sind unmittelbar wertvoll und umsetzbar.

**Beispiel**

**Interne Entwicklung eines maßgeschneiderten Auswahlprozesses mittels Interview und situativer Übungen**

Ein maßgeschneidertes Vorgehen beim Interview wurde von den Kollegen der Personalabteilung auf der Basis von Anforderungen abgeleitet, die Anforderungen wurden inhaltlich/thematisch gegliedert und es wurden offene Fragen zu jedem Thema formuliert. Darüber hinaus wurden maßgeschneiderte situative Übungen und Fragen aus typischen erfolgskritischen Arbeitssituationen abgeleitet. Das Vorgehen trug enorm zur Akzeptanz der Vorgehensweise im Unternehmen bei und stärkte das Ansehen der Business-Partner, auch durch die enge Zusammenarbeit mit den Linienvorgesetzten zur Entwicklung der Aufgabenstellungen. Die Linienvorgesetzten gaben das Feedback, dass sie sich vorher noch nie so intensiv mit den Business-Partnern ausgetauscht hatten, und dass die Suche nach und gemeinsame Identifikation von erfolgskritischen Verhaltensweisen und typischen Arbeitssituationen auch dazu geführt hatte, dass sie selbst intensiv ihre Anforderungen reflektiert und zum Teil revidiert hatten.

Beim Einsatz von Leistungstests und anderen messtheoretisch fundierten Verfahren ist fast grundsätzlich zu empfehlen, sich für einen professionellen Dienstleister zu entscheiden.

Erstens werden die wenigsten Unternehmen die Ressourcen haben, jeden Entwicklungsschritt eines messtheoretisch fundierten Verfahrens selbst durchzuführen. Das wäre ein viel zu großer Aufwand. Erst nach Jahren wüsste man darüber hinaus, ob die Gütekriterien erfüllt sind. Es ist der große Vorteil von standardisierten Verfahren, dass die Erfahrungen von vielen Jahren in sie schon eingeflossen sind und die einen sich bewährt haben und die anderen nicht.

Zweitens wird eine Organisation immer nur die eigenen Bewerber als Stichprobe für ein selbst entwickeltes Verfahren haben. Das schränkt aber den Nutzen eines solchen Tests deutlich ein. Ein Test, der nur an einer eigenen Bewerberpopulation normiert ist, institutionalisiert sozusagen die Betriebsblindheit. Er macht es unmöglich, abzuschätzen, wie die eigenen Bewerber im Vergleich zu einer allgemeinen Bewerberpopulation abschneiden.

Das Angebot an messtheoretisch fundierten Verfahren ist breit und es gibt mehrere alternative Ansätze unterschiedlicher Dienstleister.

Das Cafeteria-Prinzip bezeichnet das Angebot einer großen Anzahl von Messverfahren, die eine einzelne Dimension erfassen, aus denen sich der Auftraggeber selbst eine Kombination zusammenstellen kann. Entweder unter Anleitung des Dienstleisters oder ganz eigenständig.

Dem stehen verschiedene Angebote von vorkonfektionierten Testbatterien gegenüber, die jeweils nach dem anbieterspezifischen Ansatz zusammengestellt sind. Im Idealfall decken diese Basis- oder Schlüsselkompetenzen ab, die in unterschiedlichsten Positionen wichtig sind.

Ergebnisse wissenschaftlicher Untersuchungen zur Aussagekraft von unterschiedlichen Dimensionen geben Anhaltspunkte dazu, welche Messgrößen sich konsequent als nützlich bei der Prognose von Leistung herausgestellt haben und welche eher in bestimmten Fällen anforderungsbezogen eingesetzt werden können. Als Schlüssel für gute Leistungen in fast allen Tätigkeiten, Positionen oder Aufgaben hat sich in vielen einzelnen Studien und Untersuchungen und auch in zusammenfassenden Metaanalysen eine der Komplexität der Arbeit angemessene Kapazität in der Verarbeitung von Informationen herausgestellt, die als Intelligenz, auch als General Mental Ability oder Informationsverarbeitungskapazität bezeichnet wird. Diese Ergebnisse sind so konsistent und eindeutig, dass man heute als erwiesen ansehen kann, dass Intelligenz für sich allein genommen als stärkster einzelner Prädiktor für Arbeitsleistung nachgewiesen ist. Hunter & Schmidt, 1996; Salgado & Anderson, 2003; Hülsheger & Maier, 2008 sowie Kramer, 2009 haben darüber hinaus auch darauf hingewiesen, dass andere Versuche, weitere Prädiktoren mit einer breiten Gültigkeit zu identifizieren, die auf den dem Modell der Fünf Faktoren (Modell, das die Dimensionen Gewissenhaftigkeit, Verträglichkeit, Offenheit, Extraversion-Introversion und Neurotizismus zusammenfasst) basieren, weitgehend nicht erfolgreich waren. Die Untersuchungen zeigen, dass nur für die Dimension Gewissenhaftigkeit eine, wenn auch nur geringe allgemeine Voraussagekraft nachgewiesen werden konnte. Das schließt natürlich nicht aus, dass in spezifischen Einzelfällen auch die anderen vier Dimensionen einen Beitrag zur Eignungsbeurteilung leisten können.

Die oben beschriebenen allgemein zugänglichen Erkenntnisse sollten unbedingt bei der Planung von Eignungsentscheidungen sowie bei der Auswahl von Verfahren und Dienstleistern berücksichtigt werden.

Wenn die eigene Prüfung der Qualität eines Anbieters für ein Unternehmen zu schwierig oder zu aufwändig erscheint, kann man von den Anbietern Eigenerklärungen zur Konformität mit der DIN 33430 verlangen oder entsprechende Bestätigungen von Zertifizierungsinstituten.

**Warnhinweis**

Bei Zertifikaten ist zu beachten, dass die Norm so geschrieben ist, dass sämtliche Muss-Vorgaben im Normtext und in den entsprechenden Anhängen auch als Muss-Vorschriften gemeint sind. Der teilweise zu beobachtenden Zertifizierungspraxis, bereits beim Vorliegen eines bestimmten Prozentsatzes an normativen Forderungen die DIN-33430-Konformität zu bestätigen, muss eine klare Absage erteilt werden. Wer würde bspw. seinen Pkw nach einer Werkstattinspektion wieder verwenden, wenn ihm der Händler mitteilt, 60 % der sicherheitsrelevanten Mängel seien behoben worden?!

Für die Auswahl von messtheoretisch fundierten Verfahren empfehlen die Kommentatoren, nach Möglichkeit bereits vor der eigentlichen Ausschreibung zu entscheiden, welchen Durchführungsmodus Auftraggeber präferieren: online unbeaufsichtigt, online beaufsichtigt oder beaufsichtigt in Präsenz. Ihre Entscheidung für eine dieser Varianten sollte nicht durch Ihre Überlegungen zu Kosten gesteuert sein, sondern durch Sachthemen.

In die Überlegungen, was die für Sie sinnvollste Herangehensweise sein kann, sollten folgende Aspekte einfließen:

- Was sind die konkreten Ziele des Einsatzes?
- Wie hoch ist die zu erwartende Anzahl an Teilnehmern?
- Was ist der Zeitrahmen?
- Aus welchen Regionen kommen die Teilnehmer? Wie hoch ist der Anspruch an zeitlicher und räumlicher Flexibilität?

- Finden nach der Durchführung noch Auswahlschritte statt, die eine Plausibilitätsprüfung oder Kontrolle der vorliegenden Ergebnisse ermöglichen?
- Welche zusätzlichen Auswahlschritte gibt es grundsätzlich? Findet an einer anderen Stelle ein persönlicher Kontakt statt?
- Wie gut passen die Erwartungen der Zielgruppe und der jeweilige Durchführungsmodus zusammen?

Die Entscheidung über den für die jeweilige Zielstellung am besten passenden Durchführungsmodus ist deshalb für ein effektives Ausschreibungsverfahren zu empfehlen, weil Sie kaum einen Bewertungsschlüssel von Angeboten werden definieren können, in dem die naturgemäß deutlichen Preisunterschiede zwischen diesen drei Durchführungsformaten durch Qualitätsaspekte ausgeglichen werden können.

Wenn Sie vor der Ausschreibung zu dieser Frage selbst noch keine genauen Vorstellungen haben, können Sie sich dazu auch erst einmal beraten lassen. Ein Auftrag zu diesem spezifischen Thema dürfte in der Regel das Volumen einer freihändigen Vergabe nicht überschreiten. Wenn Ihr Etat sehr groß ist, die Anwendungsfelder der Verfahren sehr bedeutsam sind und die Qualität der Auswahl absolute Priorität hat, können Sie natürlich alle Durchführungsformen gemeinsam gegeneinander antreten lassen, aber dann können Sie auch gleich die aussagekräftigste und aufwändigste Variante ausschreiben, nämlich die Durchführung von messtheoretischen Verfahren mit Betreuung durch Berater des Auftragnehmers.

Der folgende Anhang C der Norm ist bewusst auf einem hohen Konkretisierungsgrad formuliert, da er der unmittelbaren Umsetzung in der Praxis dienen soll.

**Anhang C**

(informativ)

**Hinweise für die Ausschreibung eignungsdiagnostischer Prozesse und Verfahren unter Beachtung der DIN 33430**

### C.1 Allgemeines

**C.1.1** Die DIN 33430 regelt als Dienstleistungsnorm die fachgerechte Durchführung des eignungsdiagnostischen Vorgehens. In der Norm werden unter anderem Anforderungen an die Qualifikation der an der Eignungsbeurteilung beteiligten Personen, an die einzelnen Prozessschritte, an die eingesetzten Verfahren sowie Anforderungen an die Dokumentation erläutert.

Es reicht für eine leistungsfähige eignungsdiagnostische Vorgehensweise bspw. nicht aus, dass der verantwortliche Eignungsdiagnostiker die in der Norm formulierten Qualifikationsanforderungen erfüllt. Ebenso kann ein einzelnes eignungsdiagnostisches Verfahren nicht isoliert betrachtet werden. Die Qualität der eignungsdiagnostischen Vorgehensweise entsteht erst aus dem Zusammenwirken aller Faktoren, wie sie in dieser Norm dargestellt sind. Daher kann die Anwendung dieser Norm bei Ausschreibungen die Leistungsfähigkeit der Personalarbeit verbessern.

**C.1.2** Wegen des – nach dieser Norm – Prozesscharakters der Eignungsdiagnostik sind isolierte Forderungen in Ausschreibungen wie z. B. „Die für die Bewerberauswahl eingesetzten Verfahren sollen der DIN 33430 entsprechen“ nicht sachgerecht. Angemessen wäre z. B. „Der Prozess der Bewerberauswahl soll nach DIN 33430 gestaltet werden“.

**C.1.3** Der Einsatz eignungsdiagnostischer Verfahren kann immer nur im Kontext ihrer Anwendung bewertet werden, also bezüglich ihres Beitrags im Rahmen des jeweiligen eignungsdiagnostischen Prozesses. Es dürfen nur Verfahren eingesetzt werden, zu denen Handhabungshinweise vorliegen (siehe Anhang A). Messtheoretisch fundierte Fragebögen und Tests müssen darüber hinaus den in Anhang B formulierten Anforderungen an Verfahrenshinweise genügen. Die Erfüllung dieser Anforderungen ist eine notwendige aber keine hinreichende Bedingung für den Einsatz solcher Verfahren. Eine unabhängig von der jeweiligen vorgesehenen Verwendung beurteilte Leistungsfähigkeit solcher Verfahren kann für sich allein keine ausreichende Basis für Vergabeentscheidungen darstellen.

ANMERKUNG Aus diesem Grund verstoßen generalisierende Aussagen, dass ein Verfahren zur Eignungsbeurteilung der DIN 33430 entspricht, gegen die Grundsätze dieser Norm.

Selbst wenn der Auftraggeber bereits eine klare Vorstellung davon hat, was in den messtheoretisch fundierten Verfahren gemessen werden soll, sollte nach Empfehlung der Kommentatoren eine Ausschreibung in der Leistungsbeschreibung immer auch den Abgleich der tatsächlichen Inhalte und messtechnischen Ergebnisse mit den Anforderungen enthalten und eine Beschreibung dazu, wie ein numerisches Orientierungsprofil erarbeitet wird.

**C.1.4** Ob ein angebotenes eignungsdiagnostisches Vorgehen insgesamt nach DIN 33430 gestaltet ist, kann nur mit fundiertem Fachwissen bewertet werden, da dies von vielen unterschiedlichen Aspekten und ihren Wechselwirkungen abhängt (siehe z.B. 3.1, 3.2, Abschnitt 4, Abschnitt 5, Abschnitt 6). Bei der Beurteilung der Wirtschaftlichkeit eines Angebots spielt auf Grund der hohen Folgekosten personeller Fehlentscheidungen die Aussagekraft der Ergebnisse des eignungsdiagnostischen Prozesses eine sehr hohe Rolle. Deswegen sollte die Qualität der angebotenen Leistungen gegenüber dem Preis bei der Entscheidung entsprechend stark gewichtet werden.

Die DIN 33430 empfiehlt eine „entsprechend starke Gewichtung der Qualität gegenüber dem Preis". Da personelle Fehlentscheidungen immer mit hohen Folgekosten verbunden sind, möchten die Kommentatoren dieser Empfehlung – auch aus ökonomischen Gesichtspunkten – nochmals einen entsprechenden Nachdruck verleihen. Zuerst sollte bei der Gegenüberstellung unterschiedlicher Angebote sichergestellt werden, dass qualitative Mindestanforderungen erfüllt sind. Angebote, die diese Mindestanforderungen nicht erfüllen, sollten in der letztendlichen Auswahl nicht berücksichtigt werden. Bei der anschließenden Entscheidung meint „entsprechend stark gewichtet", dass Qualitätsaspekte deutlich über 50 % und Preisaspekte deutlich unter 50 % ausmachen sollten. Die Investition in die Qualität der eignungsdiagnostischen Instrumente erweist sich erfahrungsgemäß immer als gute Investition.

## C.2 Gestaltungshinweise zur Ausschreibung von Prozessen

**C.2.1** Werden Angebote zur Gestaltung eignungsdiagnostischer Prozesse nach DIN 33430 eingeholt, sollte die Ausschreibung mindestens enthalten:

a) Informationen zur Zielgruppe und zum Mengengerüst;

BEISPIEL Anzahl erwarteter Bewerbungen, eventuelle Vorgaben für die Anzahl der in den einzelnen Prozessschritten aufzunehmenden Personen, Anzahl der angestrebten Stellenbesetzungen

b) Informationen zu den Ansprechpartnern und Verantwortlichen für die Prozesssteuerung beim Auftraggeber sowie deren Endkunden;

BEISPIEL Drei Gebietsverkaufsleiter, die vor Ort ihre Vertriebsmitarbeiter gemeinsam mit einem Business Partner aus der Personalabteilung auswählen

c) Informationen, die eine erste, vorläufige Abschätzung relevanter Eignungsmerkmale (siehe 2.8) ermöglichen;

d) Informationen zum fachlichen Kontext und den Zielen des Prozesses.

BEISPIEL Recruiting (Screening, Vorauswahl, Entscheidungsergänzung), Gewinnung von leistungsfähigeren Mitarbeitern, Verringerung unerwünschter Fluktuation, Hinweise für eine optimale Förderung der Mitarbeiter; Erhöhung der Leistungsfähigkeit von Teams, höhere Akzeptanz und Transparenz bei internen Stellenbesetzungen, gezielte Nachfolgeplanung, Kostensenkung / Prozessoptimierung gegenüber dem aktuellen Vorgehen usw.

Aus der Erfahrung der Kommentatoren können über diese allgemeinen Vorgaben hinaus weitere Informationen notwendig werden. Je nach Organisation und Rahmenbedingungen sollten auch Informationen zum Stand der Einbindung der Arbeitnehmervertretung und daraus noch resultierender notwendiger Arbeitsschritte gegeben werden. Auch Informationen zu den spezifischen Vorgaben, die der Auftraggeber zum Datenschutz machen wird, sind hilfreich, damit ein Auftragnehmer seinen Aufwand verantwortlich schätzen kann. Am besten ist, wenn schon im Vorfeld vorhandene Dokumente ausgetauscht werden, wie z. B. die Auftragsdatenverarbeitungsvereinbarung und relevante weitere Angaben zu den Rahmenbedingungen, soweit sie bereits bekannt sind.

Können diese Informationen nicht in der Ausschreibung mitgeteilt werden, dann wäre die Klärung dieser Rahmenbedingungen als Bestandteil der Leistungsbeschreibung mit auszuschreiben.

**C.2.2** Auf Grundlage von C.2.1 sollten mindestens zu folgenden Punkten Aussagen des Bieters / Auftragnehmers einschließlich einer fachlich nachvollziehbaren Begründung verlangt werden:

a) Qualifikationen der fachlich Verantwortlichen, die für die fachlichen Aussagen im Angebot und für die spätere Prozessgestaltung zuständig sind (siehe 9.2);

b) Art der geplanten Anforderungsanalyse zur Konkretisierung der zu erfassenden Eignungsmerkmale und ihrer erforderlichen Ausprägungsgrade (siehe 3.2);

c) Darstellung, mit welchen eignungsdiagnostischen Verfahren die Erfassung der erforderlichen Eignungsmerkmale erfolgen sollen (siehe Abschnitt 4);

d) Beschreibung der vorgesehenen Verfahren (siehe Abschnitt 5);

e) Ablauf des diagnostischen Vorgehens (Reihenfolge der Datenerhebungen, Zwischen- und Endentscheidungen, siehe 3.3, 6.1 und 6.2);

f) Vorgehen bei der Erstellung der expliziten Regeln zur Eignungsbeurteilung (für alle Zwischen- und Endentscheidungen, siehe 6.3 und 6.4);

g) Vorgehen zur Information der Kandidaten über ihre Ergebnisse (siehe 6.4);

h) Aufarbeitung der erhobenen Informationen für die Personen, die Zwischen- und Endentscheidungen zu treffen haben (siehe 6.5 und Abschnitt 7);

i) Vorgehen zur Sicherstellung der erforderlichen Kenntnisse bei Beobachtern und anderen Mitwirkenden (siehe 5.3.2 und Abschnitt 9 insbesondere 9.3);

j) Vorgehen zur fortlaufenden Überprüfung und Aktualisierung aller Prozessteile für alle sich regelmäßig wiederholenden Prozesse (siehe Abschnitt 8).

Die Prüfung der fachlichen Qualität der zu diesen Punkten vom Bieter gemachten Aussagen erfordert eine entsprechende fachlich fundierte Beurteilung.

Wird vom Anbieter ein von ihm bereits an anderer Stelle eingesetzter Prozess angeboten, sollte geprüft werden, ob dieser auch für den aktuellen Anwendungsfall angemessen ist. Die Vorlage eines Zertifikats für diesen Prozess kann die Prüfung der Übertragbarkeit nicht ersetzen. Überdies sollte bei solchen Zertifikaten geprüft werden, ob die Anforderungen der DIN 33430 vollständig oder nur zu einem bestimmten Prozentsatz erfüllt sind. Insbesondere sollten die nicht erfüllten Anforderungen der Norm im Einzelnen aufgeführt sein und deren Relevanz für den ausgeschriebenen Prozess beurteilt werden.

Angebote zu Ausschreibungen auf Grundlage der oben genannten Punkte sollten in einem ersten Schritt auf Vollständigkeit, Nachvollziehbarkeit der eingereichten Unterlagen sowie Verständnis und Berücksichtigung der Besonderheiten der Zielsetzung, Vorgehen zur Spezifizierung der Anforderungen sowie Ableiten und Begründen des gesamten eignungsdiagnostischen Prozesses bewertet werden.

Die Darstellung der Qualität der vorgesehenen Verfahren (Punkt d) sollte insbesondere die Darstellung der theoretischen Grundlagen, des messtheoretischen Ansatzes und die Relevanz der zu erfassenden Dimensionen für die Zielsetzung beinhalten. Bewertet werden können hierzu im Detail:

- Relevanz und Angemessenheit des Messansatzes für die Besonderheiten der jeweiligen Zielsetzung
- Qualität der inhaltstheoretischen Fundierung und ihre Bestätigung durch empirische Befunde
- Bei gleich guter Angemessenheit des Ansatzes und der empirischen Belege sollten diejenigen Verfahren bevorzugt ausgewählt werden, die über die besten (unkorrigierten) Kennwerte zu Validität und Reliabilität verfügen.

Die Beschreibung der vorgesehenen Verfahren und des Ablaufs des diagnostischen Vorgehens (Punkte d) und e) im Normenzitat) sollten die Qualität der Unterstützung der Teilnehmer bei der Durchführung beinhalten. Diese Darstellung sollte Schnittstellen, Art der Unterstützung bei Fragen, Qualifikation der Berater und Kontaktsituationen enthalten. Bewertet werden können hierzu: Relevanz, Detaillierungsgrad, Praktikabilität und Angemessenheit für die Besonderheiten der Durchführungssituation.

In Bezug auf die Qualität der Unterstützung des Auftraggebers, insbesondere bei der Interpretation der Ergebnisse (Punkt h)), sollten der jeweilige Beratungsansatz sowie die Verfügbarkeit der Berater beschrieben sein. Bewertet werden können hierzu: Vollständigkeit, Nachvollziehbarkeit, Relevanz und Angemessenheit für die Besonderheiten Ihrer Zielsetzung und Ihres Beratungsbedarfs.

Diese Bewertungshinweise gelten auch für die folgenden Ausführungen des Anhangs C:

**C.3 Gestaltungshinweise zur Ausschreibung von eignungsdiagnostischen Verfahren**

**C.3.1** Werden Angebote für die Durchführung oder Bereitstellung von eignungsdiagnostischen Verfahren (etwa Interviews, Assessment-Center, Tests) im Rahmen eines bereits feststehenden eignungsdiagnostischen Prozesses eingeholt, sollte die Ausschreibung mindestens folgende Informationen beinhalten:

a) Informationen zum fachlichen Kontext und den Zielen des Prozesses (siehe C.2.1 d));

b) Ablauf des Auswahlprozesses (siehe C.2.2 e));

c) Ergebnisse der durchgeführten Anforderungsanalyse und Angaben darüber, welche Aspekte davon mit den anzubietenden Verfahren erfasst werden sollen.

**C.3.2** Auf Grundlage von C.3.1 sollten mindestens zu folgenden Punkten Aussagen des Bieters einschließlich einer fachlich nachvollziehbaren Begründung verlangt werden:

a) Beschreibung der vorgeschlagenen Verfahren (siehe C.3.2 b));

b) Aussage, ob die Art der über diese Verfahren verfügbaren Informationen den Forderungen der DIN 33430 entspricht (siehe Anhang A und Anhang B) und ob die Bereitstellung dieser Informationen für eine fachliche Prüfung der eingesetzten Verfahren noch vor Auftragserteilung zugesichert wird;

c) Aussagen, warum nach Meinung des Bieters / Auftragnehmers die vorgeschlagenen Verfahren bezüglich ihrer Messeigenschaften und ihrer Aussagekraft geeignet sind, die in der Ausschreibung genannten Eignungsmerkmale zu erfassen (siehe Abschnitt 6, Anhang A und Anhang B) und ggf. weitere in der Ausschreibung genannte Anforderungen an die Verfahren erfüllen (z. B. Erfüllen von Fairness- und Akzeptanzaspekten);

ANMERKUNG Eine Überprüfung dieser Aussagen ist immer nur im jeweiligen Kontext der Anwendung möglich (siehe C.1.3 und C.2.2);

d) Aussagen, wie die Ergebnisse der Verfahren im Rahmen des vorgegebenen Prozesses für Zwischen- und Endentscheidungen verwendet werden können (siehe C.2.2 h));

e) Aussagen, welche Qualifikationen die am Verfahren mitwirkenden Personen des Auftraggebers (etwa als Beobachter mitwirkende Führungskräfte) benötigen (siehe C.2.2 i)) und wie diese Qualifikationen gegebenenfalls vermittelt und überprüft werden;

f) Angaben zu Art und Umfang der fortlaufenden Pflege der vorgeschlagenen eignungsdiagnostischen Verfahren (siehe Anhang A und Anhang B).

Bei Angeboten ist zu beachten, dass die in den Abschnitten C.2.2 bzw. C.3.2 genannten Punkte aufeinander aufbauen und daher die sachgerechte Bewertung einer angebotenen Leistung und deren normgerechten Durchführung nur möglich ist, wenn Aussagen zu allen diesen Punkten vorliegen.

# 8 Implementierung

Eine valide Personalauswahl- und darauf aufbauende Einstellungsentscheidungen und Personalentwicklungsprozesse sind Grundvoraussetzung für eine erfolgreiche strategische Unternehmensentwicklung. Dabei ist es unter anderem wichtig, Mitarbeiterpotenziale im Rahmen einer systematischen und qualitativ hochwertigen Personalauswahl und -entwicklung gezielt im Hinblick auf die strategischen Schlüsselkompetenzen eines Unternehmens zu fördern. Eine zuverlässige Kompetenz- und Potenzialbeurteilung kann als Grundstein für die weitere Entwicklung und Förderung dieser Schlüsselkompetenzen betrachtet werden. Dies erfordert zuverlässige Prozeduren, die Kompetenzen und Potenziale von Bewerbern und Mitarbeitern mit hoher Treffsicherheit an den gegebenen Anforderungen messen. Eine qualitativ hochwertige Personalbewertung wird durch einen optimalen Mix an entsprechenden Personalauswahl-Instrumenten erreicht, deren Güte im Einzelnen und in ihrer Gesamtheit anhand der DIN 33430 inklusive DIN SPEC 91426 sichergestellt werden kann.

Wenn Sie als Leser beabsichtigen, eignungsdiagnostische Vorgehensweisen im Sinne dieser Norm in Ihr Unternehmen zu implementieren, ist es lohnenswert, sich einige vorbereitende Gedanken zu machen und sich ein paar Fragen zu stellen.

Der erste Schritt besteht in der Betrachtung der eigenen Unternehmensstrategie und der damit verbundenen Unternehmens- und Führungskultur: Spielt der Leistungsgedanke im Unternehmen eine zentrale Rolle? Ist es wirklich ein konstruktiver Leistungsgedanke im Sinne eines gemeinsamen Ziels oder befinden sich intern eher alle im Wettbewerb? Zählt der Leistungsbeitrag des Einzelnen etwas in der gesamten Wertschöpfungskette? Ist dieser individuelle Beitrag im Unternehmensalltag verankert?

Um diese Fragen zu beantworten, kann es z.B. aussagekräftig sein, worüber sich die Kollegen im Flur und an der Kaffeemaschine unterhalten: Sprechen sie neben Fußball, Kindern und anderen privaten Themen über Status, Karriere und die Fehler der Chefs oder tauschen sie sich über arbeitsrelevante Sachinhalte und aktuelle inhaltliche Themen aus?

Wenn der Leistungsgedanke oder eine Problemlösehaltung ein Element in der Kultur Ihres Unternehmens sind, dann gibt es auch Leistungsmaße für die Personalmanagementprozesse, die sich daraus ableiten lassen. Stellen Sie sich die Frage, zu welchen Leistungsmaßen eine optimale und durch die DIN 33430 unterstützte Personalauswahl und darauf aufbauende Personalentwicklung etwas beiträgt, so können folgende zwei Gesichtspunkte bei dieser Betrachtung helfen:

a) Auswirkungen auf das Ergebnis: Das heißt, dass die Eignungsbeurteilungen und die resultierenden Personalentscheidungen besser werden mit den entsprechenden positiven Folgen für die Leistungsmaße im Unternehmen.

b) Auswirkungen auf die internen Prozesse: Sie können an Effizienz (z. B. zeitliche Straffung, besseres Ressourcenmanagement) und Effektivität (die best-geeigneten Verfahren und Prozesse nutzen) gewinnen.

Die positiven Auswirkungen auf das Ergebnis und die internen Prozesse bieten wiederum eine Reihe von Vorteilen sowohl aus Arbeitgeber- als auch aus Bewerber- und Mitarbeiterperspektive:

**Nutzen aus Arbeitgeberperspektive:**

Erhöhung der Sicherheit und Qualität bei Personalentscheidungen und bei der Besetzung von Schlüsselpositionen; die DIN 33430 sowie im internationalen Kontext die ISO 10667 als Rahmen für Qualitätsmanagement und Chancengleichheit und in Folge davon:

- Kosten- und Nutzenoptimierung durch erhöhte Entscheidungssicherheit und die Verringerung von Fehlentscheidungen. Die richtige Person an der richtigen Position steigert die Produktivität, senkt die Fluktuation und spart Geld, weil die Stelle gut besetzt ist.
- Bindung und Motivation der Mitarbeiter. Wer einer Hire- und Fire-Mentalität durch gesicherte Personalentscheidungen von Anfang an den Boden entzieht, erhöht die Loyalität und Zufriedenheit der Mitarbeiter und beugt einem Know-how-Abfluss vor.
- Sicherstellung von einheitlichen Entscheidungsmaßstäben und transparenten Entscheidungswegen, Sicherstellung der Fairness gegenüber allen Mitarbeitern. Verfahren, die systematisch Vorurteile minimieren, fördern Diversität, ermöglichen Transparenz und erhöhen die Rechtssicherheit.
- Aufzeigen von Entwicklungsperspektiven für Mitarbeiter. Stärken und Talente werden frühzeitig entdeckt, individuelle Potenziale lassen sich maßgeschneidert entwickeln.
- Auf- und Ausbau einer positiven Arbeitgebermarke. Erfolgreiche und zufriedene Mitarbeiter erhöhen die Attraktivität des Unternehmens. Jeder möchte gerne zu einem erfolgreichen Team dazugehören.

**Nutzen für Bewerber/Mitarbeiter:**

Objektivität und Chancengleichheit in allen Personalauswahl- und Personalentwicklungsprozessen; die DIN 33430 wirkt als Rahmen für Qualitätsmanagement und Chancengleichheit und damit fördert sie:

- berufliche Entscheidungssicherheit und gezielte persönliche (Weiter-)Entwicklung durch Entfaltung eigener Befähigungen und Potenziale
- qualitatives Feedback & neue Blickwinkel für Bewerber/Mitarbeiter
- Erkennen weiterführender Perspektiven bezüglich der eigenen beruflichen Zukunft. Mit potenzialorientierten Verfahren werden berufliche Perspektiven, Potenziale oder auch Grenzen aufgezeigt – dies ist insbesondere für vielseitig begabte und interessierte Menschen ein besonderer Anreiz.
- erhöhte Mitarbeiterzufriedenheit durch optimierten und transparenten Personaleinsatz im Hinblick auf Stimmigkeit von Anforderungen, Befähigungen und Potenzialen. Valide Verfahren bieten Schutz vor Fehlentscheidungen und deren Folgen (von Unterforderung oder Überforderung bis hin zum Burnout).

Um neben den vielfältigen Nutzenargumenten den konkreten Anknüpfungspunkt für die Implementierung im Unternehmen zu finden, macht es Sinn, nach Verbündeten zu suchen, die bereits erlebt haben, dass getroffene Personalentscheidungen nicht zu den gewünschten Ergebnissen geführt hatten. In Bereichen, in denen alle überzeugt sind, dass sie immer die besten Mitarbeiter einstellen, macht es wenig Sinn anzufangen. Es macht Sinn, dort zu starten, wo jemand bereits eine Wahrnehmung hat, dass die Auswahl und Neueinstellung von Mitarbeitern besser funktionieren könnte.

Start und erster Anknüpfungspunkt könnte auch der eigene Verantwortungsbereich sein. Nach dem Motto: „Wenn Du etwas ändern möchtest, fang bei Dir selbst an und gehe mit gutem Beispiel voran!“ Im Vertrauen darauf, dass besonders gute Auswahl zu besonders leistungsstarken Mitarbeitern führt und dadurch besonders gute Leistung möglich wird, kann es durchaus gelingen, die Effekte guter Eignungsdiagnostik direkt zu demonstrieren und dadurch Nachahmer zu gewinnen.

Nach Überzeugung der Kommentatoren kann jedes Unternehmen von einem Prozess der Eignungsbeurteilung für die Personalauswahl und Personalentwicklung, der sich an der DIN 33430 und im internationalen Kontext zusätzlich an der ISO 10667 orientiert, profitieren. Dabei sollte im Rahmen einer an der Unternehmensstrategie ausgerichteten Personalstrategie gemeinsam mit allen Personalentscheidern und an der Eignungsbeurteilung beteiligten

Führungskräften und Experten erarbeitet werden, was genau implementiert werden soll.

Zu den zentralen Stakeholdern in Organisationen gehören auch Betriebs- bzw. Personalräte im Rahmen ihrer Beteiligungsrechte und Mitwirkungspflichten. Auch die Aspekte des Datenschutzes dürfen in keiner Phase vernachlässigt werden. Allerdings sollte die Zielsetzung der Maßnahmen bereits definiert sein, damit die Datenschützer nicht als Verhinderer, sondern als Enabler wirken können.

Die Nutzung der DIN 33430 kann sich dabei auf den Prozess insgesamt beziehen oder sich auf Instrumente und Verfahren wie in Kommentar-Kapitel 3.2 beschrieben konzentrieren. Insgesamt resultiert ihre Anwendung darin, dass man nicht irgendeinen Test nimmt, nicht irgendein Interview durchführt, sich nicht irgendwie durch die Fragestellungen und Anforderungen kämpft, sondern dass die gesamte an die DIN 33430 angelehnte Eignungsbeurteilung im Rahmen einer Personalstrategie als Qualitätsmanagement verstanden wird und man so bezüglich aller unternehmensweit anzuwendenden, eignungsdiagnostischen Instrumente Qualitätsstandards festlegt.

# 9 Zur Vollständigkeit und zum historischen Verständnis: Vorwort der DIN 33430:2016-07, Änderungen gegenüber der früheren Ausgabe, Zweck und Anwendungsbereich

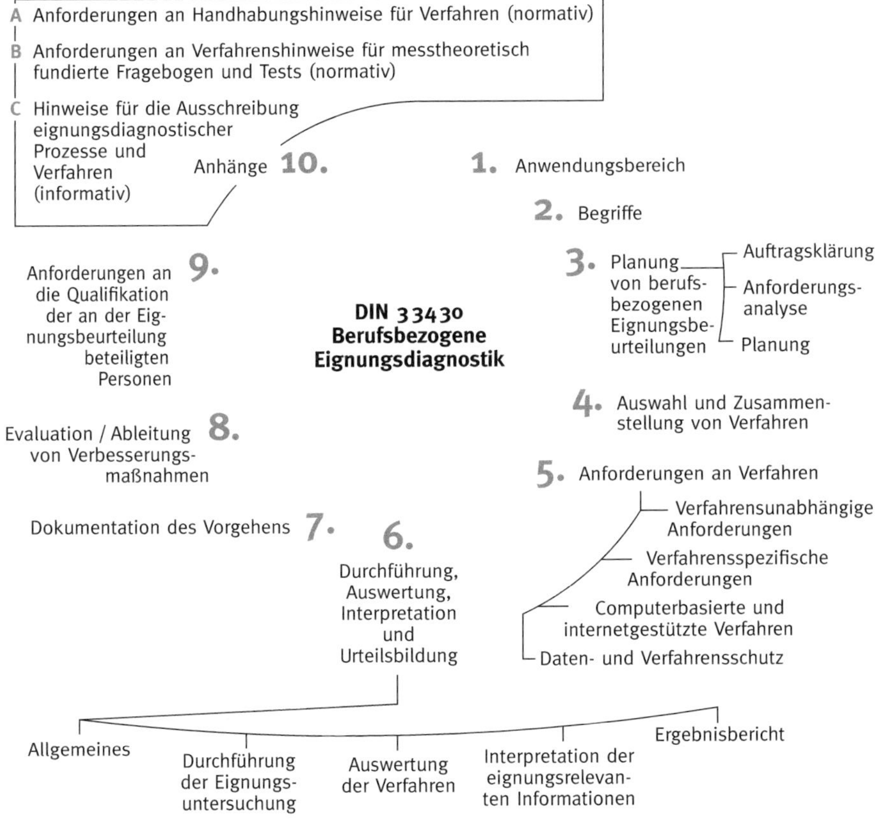


**Abbildung 11**: Die Gliederung der DIN 33430

Die seit 2016 gültige DIN 33430 führt sich mit einem Vorwort ein und beschreibt ihren Anwendungsbereich.

Ein zentrales Element der Norm sind eindeutige Begriffsbestimmungen. Eindeutige Begriffe erleichtern die Kommunikation und den Austausch. Insbesondere in den oft als „weich“ bezeichneten Themen der Personal- und Kulturarbeit werden Begriffe oft kontextabhängig verändert. Die DIN 33430 unterstützt die Weiterentwicklung der Klarheit und Aussagekraft.

**Vorwort**

Dieses Dokument DIN 33430:2016-07 wurde vom Arbeitsausschuss NA 15902-09 AA „Berufsbezogene Eignungsdiagnostik“ im DIN-Normenausschuss Dienstleistungen (NADL) erarbeitet.

Es wird auf die Möglichkeit hingewiesen, dass einige Elemente dieses Dokuments Patentrechte berühren können. Das DIN [und/oder die DKE] sind nicht dafür verantwortlich, einige oder alle diesbezüglichen Patentrechte zu identifizieren.

Nach den Vorgaben und Rahmenbedingungen der Normungsarbeit im DIN stellt dieses Ergebnis den breiten Konsens aller Beteiligten dar.

**Änderungen**

Gegenüber DIN 33430:2002-06 wurden folgende Änderungen vorgenommen:

a) Norm grundlegend überarbeitet;

Die Arbeit des Gremiums baute mit der aktuellen Normversion von 2016 auf der bereits vorliegenden Norm aus dem Jahre 2002 auf. Allerdings wurde die erste Version grundlegend überarbeitet. Zuletzt wurde die aktuelle Norm in 2021 noch einmal vom Arbeitsausschuss Eignungsdiagnostik bestätigt, da sie alle aktuellen Themen abdeckt. Das Thema KI ist zwar nicht ausdrücklich behandelt, aber die DIN 33430 ist dennoch auch zu diesem Thema aussagekräftig. Im vorliegenden Kommentar ist das Thema in Kapitel 6 bearbeitet.

b) Anhang A zu Anforderungen an Verfahrenshinweise wurde gekürzt, modifiziert und in die normativen Anhänge A (Anforderungen an Handhabungshinweise für Verfahren) und Anhang B (Anforderungen an Verfahrenshinweise für messtheoretisch fundierte Fragebogen und Tests) überführt;

Die ursprüngliche Norm war in ihren Anforderungen noch überwiegend an messtheoretisch fundierten Verfahren ausgerichtet. Da die im Personalmanagement eingesetzten Verfahren aber breiter und vielfältiger sind, wurden Verfahrenskategorien eingeführt und Vorgaben und Hinweise für alle Verfahrenskategorien differenziert.

c) Informativer Anhang B mit Glossar gestrichen;

Anhang B der ersten DIN 33430 aus 2002 enthielt ein Glossar mit den zentralen Begriffen der Norm. Die Begriffsdefinitionen sind in der aktuellen DIN 33430:2016-07 in Kapitel 2 zusammengefasst.

d) Informativer Anhang C zu Hinweisen für die Ausschreibung eignungsdiagnostischer Prozesse und Verfahren unter Beachtung der DIN 33430 neu aufgenommen;

Da die DIN 33430 insbesondere im öffentlichen Sektor oft referenziert wird, stellt Anhang C eine zusätzliche Unterstützung für die Umsetzung in Ausschreibungen zur Verfügung.

e) Die Eignungsmerkmale wurden differenziert, unterschieden werden u. a. Qualifikationsmerkmale, Kompetenzen und Potenziale;

Zur Wichtigkeit der Differenzierung der Eignungsmerkmale siehe insbesondere Kapitel 3.1.2 „Anforderungsanalyse“ und Kapitel 3.1.6 „Auswertung, Interpretation und Urteilsbildung“ dieses Kommentars.

f) Die Norm unterscheidet nun zwischen Dienstleistern, Beobachtern und Eignungsdiagnostikern;

Die DIN 33430 führt diese Begriffe ein und nähert sich so weitgehend einem praktischen Sprachgebrauch an. Der Begriff des Beobachters wurde dem Kontext der Assessment-Center entlehnt. Der Begriff des „Auftragnehmers“ aus der alten DIN 33430:2002-06 wurde konkretisiert und ging über in das Konzept des verantwortlichen Eignungsdiagnostikers, der durch einen Eignungsdiagnostiker unterstützt werden kann. Die Begriffe „Dienstleister“ und „Auftraggeber“ entsprechen einer alltagssprachlichen Wortwahl und schließen auf beiden Seiten externe und interne Bezugssysteme ein.

g) Prozessschritt „Planung von berufsbezogenen Eignungsbeurteilungen“ in den Aspekten „Auftragsklärung“, „Anforderungsanalyse“ und „Planung“ konkretisiert;

h) Anforderungen an Verfahren konkretisiert in verfahrensunabhängige Anforderungen und verfahrensabhängige Anforderungen;

i) Konkretisierung des Prozessschrittes „Dokumentation des Vorgehens“.

Darüber hinaus konkretisiert die überarbeitete DIN 33430 die einzelnen Prozessschritte und die Anforderungen an die jeweiligen Verfahren.

## 2 Begriffe

Für die Anwendung dieses Dokumentes gelten die folgenden Begriffe.

Die Begriffe, die in der Norm in einem eigenen Kapitel aufgelistet sind, wurden im Kommentar im laufenden Text berücksichtigt und als Fußnoten eingefügt.

Der Gebrauch von verständlichen und klar definierten Begriffen stellt eine wichtige Säule der Qualität von eignungsdiagnostischer Arbeit und Zusammenarbeit dar.

### Einleitung

In der vorliegenden Norm werden Qualitätskriterien und -standards für die berufsbezogene Eignungsdiagnostik beschrieben. Anwendungsfelder von berufsbezogener Eignungsdiagnostik sind z. B. die Personalauswahl, die Personal- und Führungskräfteentwicklung sowie die Berufs- und Studienwahl und die Berufslaufbahnplanung.

Die Ergebnisse der Eignungsdiagnostik können Grundlage für berufsbezogene Entscheidungen sein. Eignungsdiagnostik kann in eine Eignungsbeurteilung münden. Eignungsbeurteilungen und Personalentscheidungen sind voneinander zu unterscheiden. Nur die Eignungsdiagnostik und -beurteilung sind Gegenstand dieser Norm. Personalentscheidungen obliegen den Personalverantwortlichen in Unternehmen, Betrieben, Institutionen oder Verwaltungen.

Diese Unterscheidung zwischen Eignungsbeurteilung und Personalentscheidung erschien besonders wichtig, da die Souveränität des Entscheiders durch die Norm nicht angetastet werden soll. Diese Souveränität ist sowohl in Behörden als auch in Unternehmen ein wichtiger Grundsatz. Die Norm liefert Leitsätze für den Prozess und die Verfahren, die dazu dienen, eine Entscheidung durch eine Eignungsbeurteilung vorzubereiten.

Diese Norm dient

a) Anbietern von Dienstleistungen (organisationsinterne und -externe Auftragnehmer im Sinne dieser Norm) als Leitfaden für die Planung und Durchführung von Eignungsbeurteilungsprozessen;

b) Auftraggebern in Organisationen als Maßstab zur Ausschreibung von Dienstleistungen sowie der Bewertung externer Angebote im Rahmen berufsbezogener Eignungsbeurteilungsprozesse;

c) Personalverantwortlichen bei der Qualitätssicherung und -optimierung von Personalentscheidungen;

d) dem Schutz der Kandidaten vor unsachgemäßer oder missbräuchlicher Anwendung von Verfahren zu Eignungsbeurteilungen.

Damit trägt die Norm bei

- zur Verbreitung von wissenschaftlich und fachlich fundierten Informationen über Verfahren zur Eignungsbeurteilung;
- zur fachgerechten Entwicklung und zum sachgerechten Einsatz von Verfahren zur Eignungsbeurteilung;
- zur kontinuierlichen Verbesserung der Verfahren zur Eignungsbeurteilung.

Durch die Anwendung der Norm können Fehlentscheidungen sowie daraus erwachsende negative ökonomische, soziale und individuelle Folgen für die Organisation und alle Betroffenen vermieden werden, die auf mangelhaften Eignungsbeurteilungen beruhen.

So formuliert die Norm das Anliegen der Initiatoren und Autoren, fundiertes Wissen über Eignungsdiagnostik zu verbreiten und gute Praxis zu unterstützen. Diesem Ziel soll auch dieser Kommentar dienen.

**1 Anwendungsbereich**

Diese Dienstleistungsnorm enthält Festlegungen und Leitsätze für Verfahren und deren Einsatz bei berufsbezogenen Eignungsbeurteilungsprozessen. Sie bezieht sich auf:

a) die Planung von berufsbezogenen Eignungsbeurteilungsprozessen;

b) die Auswahl, Zusammenstellung, Durchführung und Auswertung von Verfahren;

c) die Interpretation der Verfahrensergebnisse und die Urteilsbildung;

d) die Anforderungen an die Qualifikation der an Eignungsbeurteilungsprozessen beteiligten Personen.

ANMERKUNG Durch die Festlegungen und Leitsätze ergeben sich auch Hinweise für die sach- und fachgerechte Entwicklung von in Eignungsbeurteilungsprozessen einzusetzenden Verfahren.

Eignungsdiagnostik ist immer ein Prozess. Auf der Basis der Anforderungen wird eine Vorgehensweise geplant, werden Verfahren sachgerecht und ökonomisch kombiniert und werden die relevanten und aussagekräftigen Analysen und Betrachtungen durchgeführt, die dann in eine Eignungsbeurteilung münden. In der Organisation geht es darüber hinaus meist auch darum, aus den auf der Basis von Eignungsbeurteilungen getroffenen Entscheidungen zu lernen. Daher ist eine Evaluation der Vorgehensweise der Grundstein für Weiterentwicklung und Optimierung.

Die Angemessenheit eines Verfahrens für eine konkrete Eignungsbeurteilung kann nur im Rahmen seiner spezifischen Anwendung beurteilt werden. Daher ist dieses Dokument keine Produktnorm zur isolierten Bewertung der Qualität eines Verfahrens.

Um die Qualität eines Verfahrens oder anders ausgedrückt, eines Instrumentes oder auch Tools, wirklich zu beurteilen, muss auch immer der spezifische Anwendungsfall berücksichtigt werden. Wie bei der Eignung von Personen, muss auch für die Beurteilung der Eignung eines Werkzeuges erst die Frage beantwortet sein, wofür es sich eigenen soll.

Trotzdem gibt es auch allgemeine Anforderungen an Verfahren, die unbedingt und immer zu erfüllen sind. Diese allgemeinen Anforderungen stellen notwendige, aber nicht hinreichende Bedingungen für die Qualität der einzelnen Schritte und des Gesamtergebnisses dar.

Die DIN 33430 stellt Anforderungen an Verfahren, an den Prozess und an die Qualifikation der Anwender. Alle drei Aspekte müssen berücksichtigt werden, um eine Gesamtaussage zur Qualität der eignungsdiagnostischen Vorgehensweise insgesamt zu machen.

Somit kann die Norm für ganz unterschiedliche Zielsetzungen herangezogen werden. Sie kann als Richtschnur dienen, bei

- der Entwicklung und Verbesserung von Verfahren,
- der Auswahl geeigneter Dienstleister,
- der Planung von Qualifizierungsmaßnahmen von Recruitern und Diagnostikern und
- bei der Planung, Weiterentwicklung und Evaluierung des Prozesses insgesamt oder in Teilen.

Darüber hinaus weist der Normtext auch ausdrücklich auf Grenzen hin:

Medizinische Diagnostik ist nicht Gegenstand dieser Norm.

Gefährdungsanalysen nach § 5 Arbeitsschutzgesetz sind nicht Gegenstand dieser Norm.

# Anhang: DIN SPEC 91426 „Qualitätsanforderungen für video-gestützte Methoden der Personalauswahl (VMP)“

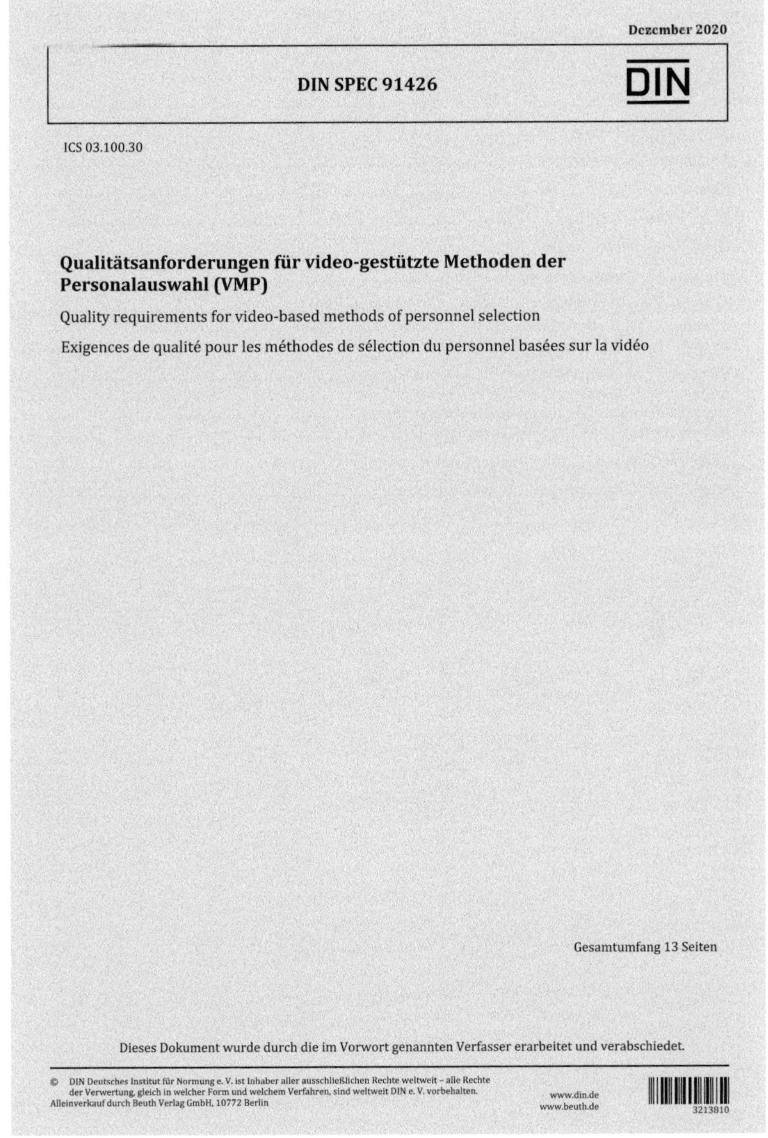

Dezember 2020

DIN SPEC 91426

DIN

ICS 03.100.30

**Qualitätsanforderungen für video-gestützte Methoden der Personalauswahl (VMP)**

Quality requirements for video-based methods of personnel selection

Exigences de qualité pour les méthodes de sélection du personnel basées sur la vidéo

Gesamtumfang 13 Seiten

Dieses Dokument wurde durch die im Vorwort genannten Verfasser erarbeitet und verabschiedet.



www.din.de
www.beuth.de

3213810

DIN SPEC 91426:2020-12

## Inhalt



2

## Vorwort

Diese DIN SPEC wurde nach dem PAS-Verfahren erarbeitet. Die Erarbeitung von DIN SPEC nach dem PAS-Verfahren erfolgt in DIN SPEC (PAS)-Konsortien und nicht zwingend unter Einbeziehung aller interessierten Kreise.

Die Erarbeitung und Verabschiedung des Dokuments erfolgten durch die nachfolgend genannten Initiator(en) und Verfasser:

— viasto GmbH
  Sara Lindemann

— 4Seed Investments GmbH
  Anna Ott

— anacision GmbH
  Rico Knapper

— Hochschule für Polizei und öffentliche Verwaltung Nordrhein-Westfalen
  Prof. Dr. Andreas Gourmelon

— Harald Ackerschott GmbH
  Harald Ackerschott

— Humboldt-Universität zu Berlin
  Prof. Dr. Matthias Ziegler

— Intelligenz System Transfer GmbH
  Dr. Alexander Warkus

— Paris Lodron Universität Salzburg
  Prof. Dr. Tuulia Ortner

— Psychodiagnostisches Zentrum e. V.
  Heiko Sill

— Queb – Bundesverband für Employer Branding, Personalmarketing und Recruiting e. V.
  Carl-Christoph Fellinger

— TEME Entwicklung und Anwendung psychologischer Test- und Messverfahren GmbH
  Norbert Gantner

Für dieses Thema bestehen derzeit keine Normen im Deutschen Normenwerk.

DIN SPEC (PAS) sind nicht Teil des Deutschen Normenwerks.

Für diese DIN SPEC (PAS) wurde kein Entwurf veröffentlicht.

## 1 Anwendungsbereich

Diese DIN SPEC legt praxisbezogene und personaldiagnostische Anforderungen für video-gestützte Methoden der Personalauswahl (VMP) fest. Damit sind alle Verfahren gemeint, die durch Echtzeit-Videointerviews, aufgezeichnete strukturierte Videosequenzen oder aufgezeichnete unstrukturierte Video-Bewerbungen/Video-Lebensläufe mit und ohne Elemente der Künstlichen Intelligenz (KI) zur Eignungsbeurteilung von Bewerber*innen herangezogen werden. Diese DIN SPEC regelt nicht den Einsatz von Videomitschnitten wie sie beispielsweise in Assessment Centern zum Einsatz kommen.

Die DIN SPEC soll ein praxisorientierter Leitfaden sein, der die bereits in DIN 33430:2016-07 dargestellten Anforderungen nun auch für video-gestützte Methoden der Personalauswahl konkretisiert und ergänzt.

## 2 Normative Verweisungen

Die folgenden Dokumente werden im Text in solcher Weise in Bezug genommen, dass einige Teile davon oder ihr gesamter Inhalt Anforderungen des vorliegenden Dokuments darstellen. Bei datierten Verweisungen gilt nur die in Bezug genommene Ausgabe. Bei undatierten Verweisungen gilt die letzte Ausgabe des in Bezug genommenen Dokuments (einschließlich aller Änderungen).

DIN 33430:2016-07, *Anforderungen an berufsbezogene Eignungsdiagnostik*

## 3 Begriffe

Für die Anwendung dieses Dokuments gelten die Begriffe nach DIN 33430:2016-07 und die folgenden Begriffe.

DIN und DKE stellen terminologische Datenbanken für die Verwendung in der Normung unter den folgenden Adressen bereit:

— DIN-TERMinologieportal: verfügbar unter https://www.din.de/go/din-term

— DKE-IEV: verfügbar unter http://www.dke.de/DKE-IEV

**3.1**
**video-gestützte Methoden der Personalauswahl (VMP)**
Echtzeit-Videointerviews, aufgezeichnete strukturierte Videointerviews oder aufgezeichnete unstrukturierte Video-Bewerbungen/Video-Lebensläufe mit und ohne Elemente der Künstlichen Intelligenz, die zur Eignungsbeurteilung von Bewerber*innen in der Personalauswahl herangezogen werden

Anmerkung 1 zum Begriff: VMP können auch als einzelne(s) Modul(e) bei der Durchführung von Online Assessment Centern in Einzel- oder Gruppendurchführungen eingesetzt werden.

**3.2**
**Anwender*in**
in die Nutzung der VMP involvierte Person aus den einsetzenden Unternehmen bzw. Organisationen

Anmerkung 1 zum Begriff: Hiermit sind nicht die Kandidat*in oder Bewerber*innen gemeint.

**3.3**
**Bias**
systematischer Fehler, der vorliegt, wenn bei Beurteilungen die Ergebnisse neben dem eigentlichen Eignungsmerkmal auch systematisch durch andere Personenmerkmale beeinflusst werden

Anmerkung 1 zum Begriff: Die Validität der Ergebnisse kann daraus resultierend für unterschiedliche Gruppen (z. B. im Hinblick auf Alter, Bildung, Kultur, Ethnie, Geschlecht) in unterschiedlichem Ausmaß gegeben sein.

**3.4**
**Beurteilung**
Schätzung der Ausprägung der Eignungsmerkmale auf Grundlage der Beobachtungen aus dem VMP

Anmerkung 1 zum Begriff: In weiteren Schritten werden diese Beurteilungen auf Ebene der einzelnen Eignungsmerkmale zu einer Gesamtbeurteilung zusammengefasst. Diese drückt aus, ob der Abgleich des individuellen Merkmalsprofils und des Anforderungsprofils insgesamt für eine Eignung der Kandidat*innen spricht oder nicht. Dabei kann es neben einer reinen Ja/Nein Beurteilung auch gestufte Beurteilungen geben.

**3.5**
**Kandidat*in**
Person, die sich von innerhalb oder außerhalb eines Unternehmens bzw. einer Organisation um eine Position, Stelle, Funktion oder Aufgabe bewirbt

## 4 Bezugnahme zu DIN 33430

Wie für den Einsatz aller anderen eignungsdiagnostischen Verfahren in der Personalauswahl, so gelten auch für VMP die in DIN 33430:2016-07 festgelegten Qualitätskriterien. Dabei ist zu beachten, dass DIN 33430:2016-07 Qualitätsstandards für drei Klassen von Anforderungen der Eignungsdiagnostik festlegt. Enthalten sind demnach Anforderungen an den eignungsdiagnostischen Prozess, Anforderungen an die Verfahren, Anforderungen an die Qualifikation der am Prozess beteiligten Personen sowie der jeweils erforderlichen Dokumentationen.

VMP müssen nach dieser DIN SPEC folgerichtig in einen eignungsdiagnostischen Prozess eingebunden sein, der den in DIN 33430:2016-07 aufgestellten Qualitätskriterien (DIN 33430:2016-07, Abschnitt 3, Abschnitt 4, Abschnitt 6, Abschnitt 7, Abschnitt 8) entspricht. An dieser Stelle sei lediglich auf die zwingende Durchführung einer Anforderungsanalyse verwiesen. Weiterhin können VMP je nach Form/Methode sowohl den direkten mündlichen Befragungen, den Verfahren zur Verhaltensbeobachtung und/oder der Dokumentenanalyse zugeordnet werden (DIN 33430:2016-07, 5.1). Somit gelten, neben den allgemeinen verfahrensunabhängigen Anforderungen (DIN 33430:2016-07, 5.2), entsprechend die in DIN 33430:2016-07 aufgelisteten Anforderungen an die spezifisch eingesetzten Verfahren (DIN 33430:2016-07, 5.3.1, 5.3.2, 5.4 bis 5.6) sowie auch die Anforderungen an die Qualifikationen der am Prozess beteiligten Personen (DIN 33430:2016-07, Abschnitt 9). DIN 33430:2016-07, Anhang A, gilt entsprechend für VMP und DIN 33430:2016-07 Anhang B für KI-gestützte Auswertung von VMP. Für Ausschreibungen von VMP wird auf den informativen Anhang C der DIN 33430:2016-07 verwiesen.

## 5 Festlegung der Methoden

In Tabelle 1 werden die betrachteten Methoden der Personalauswahl festgelegt.

**Tabelle 1 — Abgrenzung der Methoden, Einsatzbeispiele**

| | Videobewerbung | Zeitversetztes Videointerview | Echtzeit-Videointerview |
|---|---|---|---|
| Beschreibung | Bei einer Videobewerbung erhalten Bewerber*innen die Möglichkeit bzw. die Aufforderung, ein Video zu Bewerbungszwecken von sich aufzuzeichnen und der rekrutierenden Organisation bzw. dem Unternehmen zur Verfügung zu stellen. Autorisierte Mitarbeitende können auf diese Videos für den in dieser DIN SPEC beschriebenen Einsatz zugreifen.<br><br>Abgrenzung:<br><br>Zuordnung zu „Dokumentenanalyse" nach DIN 33430:2016-07 | In einem zeitversetzten Videointerview zeichnen Bewerber*innen eine Abfolge von Antworten auf standardisierte Interviewfragen oder Aufgaben per Video auf. Die rekrutierende Organisation bzw. das Unternehmen greift auf die Videoantworten zu. Autorisierte Mitarbeitende können auf diese Videos für den in dieser DIN SPEC beschriebenen Einsatz zugreifen. Die Ausgestaltung der Methode richtet sich nach den Anforderungen bzw. der Zielsetzung des Einsatzes.<br><br>Abgrenzung:<br><br>Zuordnung zu „Verhaltensbeobachtung" nach DIN 33430:2016-07 | In einem Echtzeit-Videointerview werden Kandidat*innen in einem Videotelefonat von autorisierten Mitarbeitenden einer Organisation bzw. eines Unternehmens in Echtzeit interviewt.<br><br>Abgrenzung:<br><br>Zuordnung zu direkte „mündliche Befragung" nach DIN 33430:2016-07 |
| Einsatz-beispiele | — Als Ersatz oder Ergänzung des Motivationsschreibens/ des Lebenslaufs bei einer Bewerbung. | — Als Ergänzung zur Lebenslaufanalyse.<br>— Als Ergänzung zu messtheoretisch-fundierten Fragebögen und Tests.<br>— Als Ersatz für Telefon-interviews.<br>— Als Teil eines Präsenz- oder Fern-Assessment-Centers (Remote Assessment Center). | — Als Ersatz für Telefon-interviews.<br>— Als Ersatz für Präsenz- bzw. Vor-Ort-Interviews.<br>— Als Teil eines Präsenz- oder Fern-Assessment-Centers (Remote Assessment Center). |

## 6 Klärung der technischen Anforderungen

Vor dem Einsatz von VMP müssen die technischen Voraussetzungen auf Unternehmens-/Organisations- und Kandidat*innenseite getestet werden, damit diese die Durchführung der VMP nicht verhindern oder erschweren. Kandidat*innen müssen darauf hingewiesen werden, dass sie ihre Endgeräte vor Anwendung der VMP testen sollten. Kandidat*innen müssen die Möglichkeit erhalten, mit unterschiedlichen Endgeräten an der VMP teilnehmen zu können, um keine Kandidat*innengruppen unbeabsichtigt auszuschließen. Den Kandidat*innen muss ermöglicht werden, auch ohne Herunterladen einer spezifischen Software-Applikation an den VMP teilnehmen zu können (beispielsweise „browser-gestützter Zugang"), damit Kandidat*innen, die die notwendigen Endgeräte nicht selbst besitzen, nicht von einer Teilnahme am VMP ausgeschlossen werden.

## 7 Anforderungen an Produktmerkmale und -funktionalitäten

### 7.1 Allgemeine Anforderungen

VMP können je nach Methode den direkten mündlichen Befragungen (DIN 33430:2016-07, 5.1 b)), den Verfahren zur Verhaltensbeobachtung (DIN 33430:2016-07, 5.1 c)) oder der Dokumentenanalyse (DIN 33430:2016-07, 5.1 a)) zugeordnet werden. Die Anforderungen der DIN 33430:2016-07 an diese Verfahrenskategorien finden auch hier Anwendung.

a) Es müssen Handhabungshinweise existieren, in denen vorab festgelegt wird, wie mit fehlenden Informationen entweder durch technische Schwierigkeiten (z. B. fehlender Ton bei Videobewerbung) oder dem Nicht-Beantworten einer Frage in einer der zeitversetzten VMP (Videobewerbung oder zeitversetztes Videointerview) umgegangen werden soll.

b) Beurteiler*innen, Interviewer*innen und Kandidat*innen müssen hinsichtlich der Besonderheiten der Verfahren geschult bzw. eingewiesen werden.

c) Es muss sichergestellt werden, dass an alle Kandidat*innen die gleichen Anforderungen gestellt werden.

d) Qualitätsstandards an Fragen und Beurteilungskriterien müssen eingehalten werden.

e) Auswertungen müssen regelbasiert erfolgen, wobei die Regeln vor der Datenerhebung formuliert werden müssen.

*Anforderungen an Anwender*innen von VMP*

Für alle VMP gilt, dass diese nicht ohne vorherige Einweisung in das jeweilige VMP anzuwenden sind.

ANMERKUNG Diese obligatorische Einweisung kann z. B. über ein Training oder geeignetes Schulungsmaterial (Präsentationen, Video-Tutorials usw.) erfolgen.

*Gleiche Bedingungen für Kandidat*innen*

Im Sinne der Gleichbehandlung und Objektivität müssen alle Kandidat*innen in einem zeitversetzten Format dieselben Fragen in derselben Reihenfolge unter den gleichen zeitlichen Rahmenbedingungen beantworten. Bei den zeitversetzten Videointerviews und den Videobewerbungen müssen alle Kandidat*innen einheitlich die Gelegenheit erhalten, Fragen mehrfach oder aber nur einmalig aufzeichnen zu können. Allen Kandidat*innen muss eine angemessene Frist zum Absolvieren des zeitversetzten Videointerviews eingeräumt werden. Im Echtzeit-Videointerview müssen die Befragungen strukturiert und/oder (teil-)standardisiert im Sinne der DIN 33430:2016-07 erfolgen. Abweichungen vom festgelegten Ablauf sind bei einzelnen Kandidat*innen nur mit gesonderter Begründung möglich.

*Anforderungen an Fragen, Vorbereitungszeiten und Beurteilungskriterien*

Zusätzlich zu den Anforderungen der DIN 33430:2016-07 an die o. g. Verfahrenskategorien gelten für zeitversetzte Videointerviews sowie für Videobewerbungen gesonderte Hinweise und Anforderungen an die Formulierung der textbasierten Fragen, die die Kandidat*innen eigenständig beantworten. Diese Fragen sollten eindeutig und verständlich formuliert sein. Sollte die Frage mehrere Aspekte umfassen, können einzelne Frageteile durch Ordnungsnummern (1., 2., 3. usw.) kenntlich gemacht werden. Den Kandidat*innen ist Zeit zum Lesen der Fragen und zur Vorbereitung der Antworten bzw. der Reaktionen zu geben.

ANMERKUNG Als minimale Vorbereitungszeit in einem zeitversetzten Format kann näherungsweise die Zeitspanne zum 2-maligen lauten Lesen der Fragen bzw. Aufgabenstellung angesetzt werden. Zur Festlegung geeigneter Antwortzeiten empfehlen sich Testläufe der VMP-Fragen mit Testpersonen.

Sollte die Frage/Aufgabenstellung mehrere Aspekte beinhalten, ist dem mit einer Verlängerung der Vorbereitungs- und Antwortzeit Rechnung zu tragen. Die Vorbereitungs- und Antwortzeit sollte an die Komplexität der Frage bzw. Aufgabenstellung angepasst werden. Bei zeitversetzten Videointerviews sollte die Software-Anwendung die Möglichkeit bieten, die Vorbereitungs- sowie die Antwortzeit jeweils an die einzelne Frage bzw. Aufgabenstellung anzupassen.

*Anforderungen an die Präsentation der Fragen bzw. Aufgabenstellungen im Videoformat*

Sofern die Fragen im zeitversetzten Videointerview als aufgezeichnete Videos dargeboten werden, müssen die Videofragen mehrfach abspielbar sein (bei festgelegter maximaler Anzahl an Wiederholungen für jede einzelne Kandidatin bzw. für jeden einzelnen Kandidaten), um den Einfluss der Gedächtnisleistung auf die Qualität der Beantwortung der Fragen ausschließen bzw. kontrollieren zu können.

*Regelbasierte Auswertung*

Das verwendete System muss eine zeitliche Trennung zwischen der Sammlung von Informationen, deren Beurteilung und des abschließenden Gesamturteils sicherstellen. Die Dokumentation zum VMP muss offenlegen, wie aus der gesammelten Information ein Gesamturteil abgeleitet wird. Den Beurteiler*innen sollte ein Notizfeld für freie Mitschriften zur Verfügung stehen und ggf. weitere Unterstützung/Hilfsmittel zur Informationssammlung angeboten werden (z. B. verhaltensbasierte Operationalisierungen für die Eignungsmerkmale). Die Beurteilung zu jedem Eignungsmerkmal ist erst nach vollständigem Abschluss der Informationssammlung vorzunehmen.

Funktionalitäten, die es ermöglichen, die Informationssammlung nicht vollständig abzuschließen (durch Veto-Funktionen o. ä.), verstoßen gegen diese Qualitätsspezifikation.

Die Beurteilung der einzelnen Eignungsmerkmale muss je Kandidat*in von mindestens zwei Personen unabhängig voneinander vorgenommen werden. Falls zu den gleichen Eignungsmerkmalen das VMP mit einem messtheoretisch fundierten Fragebogen oder Test kombiniert wird, kann in begründeten Ausnahmefällen auf die zweite Beurteilerin bzw. den zweiten Beurteiler verzichtet werden.

Die Beurteiler*innen müssen zunächst jede/r für sich eine Beurteilung der Ausprägungsgrade jedes Eignungsmerkmals vornehmen, bevor eine Beurteilung des Merkmals insgesamt vorgenommen wird.

Da mehrere Anwender*innen dieselben Kandidat*innen beurteilen, darf die Beurteilung der anderen Beurteiler*innen solange nicht sichtbar sein, bis jede/r sein/ihr eigenes Urteil abgegeben hat.

Die Integration einzelner Beurteilungen zu einer Gesamtbeurteilung muss nach vorab festgelegten und dokumentierten Regeln erfolgen.

ANMERKUNG Weitverbreitete Entscheidungsstrategien zur Bildung einer Gesamtbeurteilung sind die sogenannte konjunktive Entscheidungsstrategie (Aufstellen von Cut-off-Werten), kompensatorische Entscheidungsstrategie (Bildung von [gewichtetem] Mittelwert) oder Mischformen aus diesen.

Sollten sich die Anwender*innen für eine Zusammenführung basierend auf den Mittelwerten entscheiden, so muss sichergestellt sein, dass die Einzelbeurteilungen nicht stark voneinander abweichen, sondern die gleiche Beurteilungstendenz haben. Für den Fall von Beurteilungsdiskrepanzen muss vorab eine eindeutige Regel/Vorgehensweise festgelegt werden, die nicht wieder in einer einfachen Mittelwertbildung bestehen kann.

Wenn aufgezeichnete Videosequenzen vorhanden sind, können Beurteilungsdiskrepanzen beispielweise über eine nachgelagerte Diskussion der Einzelbeurteiler*innen aufgelöst werden. Alternativ kann ein/e zusätzliche/r Beurteiler*in hinzugefügt werden.

*Datenschutz*

Bei der Verwendung von VMP ist die datenschutzkonforme Erhebung, Speicherung, Verarbeitung und Löschung von Daten der Kandidat*innen und Anwender*innen sicherzustellen.

## 7.2 Zusätzliche Anforderungen an KI-unterstützte VMP

Eine kritische Komponente bei der Entwicklung von KI ist die Auswahl der Daten, die zur Entwicklung und Validierung der KI herangezogen werden. Eine Beschreibung der Trainingsdaten und alle Dokumentationen zur Entwicklung und Validierung der KI sind den Anwender*innen zur Verfügung zu stellen.

Auf Anfrage müssen Anbieter die Originaldaten in Übereinstimmung mit der DSGVO zur Verfügung stellen.

Bei der Auswahl der verwendeten In- und Output Daten ist zu beschreiben, inwiefern diese vorurteils- und stereotypfrei ausgewählt wurden. Zudem ist zu zeigen, dass der angewendete Algorithmus empirisch nachweislich nicht aufgrund von durch die Gesetzgebung oder die Rechtsprechung in besondere Weise geschützte Merkmale (z. B. ethnische Herkunft, Geschlecht, Gewerkschaftszugehörigkeit, Schwangerschaft) benachteiligt. Dies muss in Testläufen, wie auch im laufenden Betrieb empirisch nachgewiesen werden.

Die Auswahl sollte mit geschultem Personal und gängigen Datenanalyseverfahren zur Erkennung von Bias kontrolliert werden. Anbieter von VMP, die auf KI-unterstützten Funktionalitäten basieren, müssen die anwendenden Unternehmen und Organisationen über

— die Charakteristika der Grunddaten, mit der die KI entwickelt/trainiert wurde (z. B. Anzahl der Datensätze, Features, Verteilung von demographischen Merkmalen, Zeitpunkt der Erhebung der Daten, usw.) sowie

— den Umgang mit Grenzfällen, also Fällen, die wichtig sind, aber selten auftreten (sog. „edge cases")

informieren.

Für die Konzipierung von einem Auswerte-Algorithmus sind folgende unterschiedliche Ansätze denkbar:

a) Vorhersage der Beurteilung der aus den Anforderungen abgeleiteten Eignungsmerkmalen, wie sie auch durch menschliche Beurteiler*innen vorgenommen worden wäre;

b) Vorhersage beruflicher Eignung über die Messung der in der Anforderungsanalyse festgelegten Eignungsmerkmale;

c) unmittelbares Schätzen beruflicher Erfolgswahrscheinlichkeit auf Basis erhobener Features. Solche Features können z. B. anforderungsunabhängige Merkmale oder Merkmalskombinationen von Best- oder Schlechtleister-Gruppen sein.

Ansatz c) entspricht aufgrund der fehlenden Anforderungsanalyse nicht den Anforderungen von DIN 33430:2016-07.

Anbieter müssen Angaben zur (mathematischen) Güte der Algorithmen vorlegen. Anbieter müssen zeigen, dass diese regelmäßig überprüft werden und begründen, dass diese für den vorliegenden Anwendungsfall adäquat sind.

Es ist nachzuweisen, dass die durch die Algorithmen ermittelten Werte (oder „scores"), den Anforderungen genügen, die auch an messtheoretisch fundierte Tests gestellt werden: Objektivität, Reliabilität, Kriteriumsvalidität, Konstruktvalidität, Fairness.

Die Kandidat*innen müssen darüber informiert werden, welche Daten konkret erhoben werden, welche Schlussfolgerungen daraus gezogen werden und welche Konsequenzen sich daraus ergeben.

Des Weiteren ist durch den Anbieter die Funktionsweise der eingesetzten KI zu benennen.

# 8 Bewertung der Usability/User Experience

## 8.1 Allgemeine Hinweise zur Benutzerfreundlichkeit

a) Die Benutzerfreundlichkeit der VMP für Anwender*innen und die vorgesehenen Kandidat*innengruppen muss durch den Anbieter vor Markteinführung empirisch geprüft werden. Nach Markteinführung wird die Benutzerfreundlichkeit laufend anhand von Nutzerdaten bewertet und ggf. verbessert. Die Studien müssen dokumentiert und auf Nachfrage den (auch potentiellen) Anwender*innen zur Verfügung gestellt werden.

ANMERKUNG Zur Evaluation der eingesetzten Software besteht die Möglichkeit, deren Übereinstimmung mit den Anforderungen entsprechender DIN-/EN-/ISO-Fachnormen zu prüfen.

b) Den Anwender*innen und Kandidat*innen muss an jeder Stelle der VMP-Schnittstelle eine Hilfe-Funktion o. ä. zur Verfügung stehen. Anwender*innenfehler bei der Bedienung der Software können einfach behoben werden bzw. sind einfach rückgängig zu machen.

## 8.2 Benutzerfreundlichkeit für die Anwender*innen

a) Anwender*innen wird vor einer vertraglichen Verpflichtung (z. B. Kauf) die Möglichkeit geboten, die Benutzerfreundlichkeit der VMP durch eigene Erprobung zu prüfen.

b) Durch den Anbieter ist vor der Verwendung der VMP Folgendes sicherzustellen:

   1) Aufklärung über technische Voraussetzungen (unternehmensseitig und kandidatenseitig);

   2) Erläuterungen und Hilfestellungen zur sachgerechten Anwendung der Software;

   3) Aufklärung dazu,

      — welche Daten mit der VMP erhoben, verarbeitet und gespeichert werden,

      — welche Daten von wem zu welchem Zweck verwendet werden und

      — wie die Löschung von Daten erfolgt.

   4) Bedienungshinweise, generell und bei fehlerhaft erhobenen Daten.

c) Durch die VMP muss automatisch vor der Datenaufzeichnung und -verarbeitung geprüft werden, ob die von den Anwender*innen genutzte technische Ausstattung (z. B. Endgerät, Internet-Verbindung) für die Nutzung der VMP geeignet ist. Wird durch technische Probleme die Anwendung bzw. Aufzeichnung unterbrochen, sollten bis dahin gespeicherte Inhalte gesichert werden und entweder durch die Nutzer*innen direkt oder den Anbieter zur Verfügung gestellt werden können.

## 8.3 Benutzerfreundlichkeit für Kandidat*innen

a) Durch die VMP muss automatisch vor der Datenaufzeichnung und -verarbeitung geprüft werden, ob die von den Kandidat*innen verwendete technische Ausstattung (z. B. Endgerät, Internet-Verbindung) für die Nutzung der VMP geeignet ist.

b) Wird durch technische Probleme die Anwendung bzw. Aufzeichnung unterbrochen, sollten Kandidat*innen systemseitig informiert werden.

c) Vor dem Beginn der Datenaufzeichnung müssen die Kandidat*innen ausdrücklich ihre datenschutzrechtlich bedeutsame Einwilligung zur Datenerhebung, Datenverarbeitung und Datenspeicherung geben. Den Kandidat*innen muss einsichtig sein, wer ihre Daten zu welchen Zwecken verwendet.

d) Kandidat*innen muss erkennbar sein, ob, wozu und wann ihre Daten aufgezeichnet werden. Jederzeit müssen Kandidat*innen die Möglichkeit haben, die Datenaufzeichnung zu beenden und bereits aufgezeichnete Daten zu löschen oder löschen zu lassen. Auf die Folgen der Löschung von Daten ist auf eine verständliche Weise aufmerksam zu machen.

e) Um Benachteiligungen von einzelnen Kandidat*innen zu vermeiden, sind allen Kandidat*innen Informationen zur optimalen Verwendung der VMP zu geben (z. B. geeignete Lichtverhältnisse, Lautstärke, Unterbrechungsmöglichkeiten).

## 9 Vorbereitung und Einführung der Kandidat*innen

Empfehlenswert ist bei den Videobewerbungen und zeitversetzten Videointerviews der Einsatz eines Begrüßungsvideos, um die Akzeptanz der Kandidat*innen zu erhöhen. Ein Begrüßungsvideo enthält beispielsweise eine persönliche Ansprache von einer oder mehreren Personen, die das auswählende Unternehmen bzw. die auswählende Organisation repräsentieren. Dabei sollte berücksichtigt werden, dass gegebene Informationen ggf. unerwünschte Effekte auf das Antwortverhalten der Kandidat*innen haben können (z. B. Effekte sozialer Erwünschtheit). Kandidat*innen müssen vor der eigentlichen Datenaufzeichnung die Möglichkeit erhalten, die Bedienung der VMP auszuprobieren, um mögliche Vorteile von Personen, die in der Nutzung von VMP bereits erfahrener sind, auszugleichen.

Den Kandidat*innen muss zu den üblichen Geschäftszeiten für die Durchführung eines VMP ein technischer Support zur Verfügung stehen.

## 10 Einsatz und Einweisung von Anwender*innen

Die Einweisung in die Nutzung von VMP muss mindestens folgende Themenbereiche umfassen:

— Gebot der Unabhängigkeit von Beurteilungen;

— Einfluss von kritischen Beobachtungs- und Beurteilungseffekten, wie beispielsweise Ermüdungs- und Kontrasteffekten, auf die Einzelbeurteilung sowie das Gesamturteil;

— Umgang mit technischen Störungen bei der Aufnahme oder der Wiedergabe.

Anwender*innen müssen zudem nachweislich für diese Aufgabe qualifiziert sein, nachgewiesen z. B. durch eine Zertifizierung nach DIN 33430:2016-07, oder eigens an einer Schulung teilnehmen, während der die Beobachtung und Beurteilung trainiert und auf eine hohe Beurteilerübereinstimmung hingewirkt wird.

# Literaturhinweise

Zusätzliche Hinweise zu Rechten und Pflichten von Auftraggeber*innen und Auftragnehmer*innen finden sich in:

ISO 10667-1, *Assessment service delivery — Procedures and methods to assess people in work and organizational settings — Part 1: Requirements for the client*

ISO 10667-2, *Assessment service delivery — Procedures and methods to assess people in work and organizational settings — Part 2: Requirements for service providers*

# Literaturverzeichnis

**Literaturhinweise (aus DIN 33430:2016-07)**

[1] Deutsche Gesellschaft für Psychologie, (Hrsg.). (2007). Richtlinien zur Manuskriptgestaltung (3. überarbeitete und erweiterte Aufl.). Göttingen: Hogrefe.

[2] International Test Commission (ITC) (2005). *International Guidelines on Computer-Based and Internet Delivered Testing [Internationale Richtlinien für computerbasiertes und internetgestütztes Testen* – Deutsche Fassung 2012 autorisiert durch die Föderation Deutscher Psychologenvereinigungen]. Zugriff am 04.11.2013, http://www.intestcom.org/Guidelines/Translations+of+Guidelines.php.

[3] Wilkinson, L. & APA Task Force on Statistical Inference. (1999). Statistical methods in psychology journals: Guidelines and explanations.

Döring, N. & Bortz, J. (2016). Forschungsmethoden und Evaluation in den Sozial- und Humanwissenschaften. (5. Auflage). Heidelberg: Springer.

Fried, Y. & Ferris, G. R. (1987). The validity of the job characteristics model: a review and meta-analysis. Personnel Psychology, 40, 287–322.

Hacker, W. (1973). *Allgemeine Arbeits- und Ingenieurspsychologie*. Berlin: VEB Deutscher Verlag der Wissenschaften.

Hackman, J. R. & Oldham, G. R. (1976). Motivation through the Design of Work: Test of a Theory. Organizational Behavior and Human Performance, 16, 250–279.

Hambacher Erklärung zur Künstlichen Intelligenz. Sieben datenschutzrechtliche Anforderungen. https://www.bfdi.bund.de/SharedDocs/Downloads/DE/DSK/DSKEntschliessungen/97DSK_HambacherErklaerung.pdf?__blob=publicationFile&v=2); zugegriffen am 10.02.2023

Hardy, J. H. III, Gibson, C., Sloan, M., & Carr, A. (2017). Are applicants more likely to quit longer assessments? Examining the effect of assessment length on applicant attrition behavior. *Journal of Applied Psychology, 102*(7), 1148–1158.

Hausmann, M., Slabbekoorn, D., Van Goozen, S. H., Cohen-Kettenis, P. T., Güntürkün, O. (2000). *Sex Hormones Affect Spatial Abilities During the Menstrual Cycle*. Behavioral Neuroscience, Vol. 114, No. 6, 1245–1250

Hülsheger, U. R. & Maier, G. W. (2008). *Persönlichkeitseigenschaften, Intelligenz und Erfolg im Beruf. Eine Bestandsaufnahme internationaler und nationaler Forschung.* Psychologische Rundschau, 59(2), 108–122.

Hunter, J. & Schmidt, F. (1996). *Intelligence and Job Performance: Economic and Social Implications.* Psychology, Public Policy and Law, 2(3/4), 447–472.

Hunter, J. & Schmidt, F. (1998). *The Validity and Utility of Selection Methods in Personnel Psychology: Practical and Theoretical Implications of 85 Years of Research Findings.* Psychological Bulletin, 124(2), 262–274.

International Test Commission (ITC) (2005). *International Guidelines on Computer-Based and Internet Delivered Testing [Internationale Richtlinien für computerbasiertes und internetgestütztes Testen* – Deutsche Fassung 2012 autorisiert durch die Föderation Deutscher Psychologenvereinigungen]. Zugriff am 04.11.2013, http://www.intestcom.org/Guidelines/Translations+of+Guidelines.php.

Kahneman, D. & Kein, G. (2009). *Conditions for Intuitive Expertise. A Failure to Disagree.* In: American Psychologist, Vol. 64, No. 6, 515–526

Kersting, M. (2011). *Managementdiagnostik: Verfahren und Qualitätsaspekte.* In: C. Niedereichholz, J. Niedereichholz & J. Staude (Hrsg.). Handbuch der Unternehmensberatung. Organisationen führen u. verwalten. (Kz. 3960, S. 1–18). Berlin: Erich Schmidt Verlag.

Kramer, J. (2009). *Metaanalytische Studien zu Intelligenz und Berufsleistung in Deutschland.* Dissertation, Universität Bonn, Deutschland.

Krampen, G., Hense, H., & Schneider, J. F. (1992). Reliabilität und Validität von Fragebogenskalen bei Standardreihenfolge versus inhaltshomogener Blockbildung ihrer Items. *Zeitschrift für Experimentelle und Angewandte Psychologie, 39*(2), 229–248.

Lienert, G., & Raatz, U. (1998). *Testaufbau und Testanalyse.* Weinheim: Beltz.

Parker, S. K., Morgeson, F. & Johns, G. (2017). One Hundred Years of Work Design Research: Looking Back and Looking Forward. Journal of Applied Psychology, 102 (3), 403–420.

Sackett, P. R. & Dreher, G. F. (1982). *Constructs and assessment center dimensions: Some troubling empirical findings.* Journal of Applied Psychology, 67, 401–410.

Salgado, J. F. & Anderson, N. (2003). *Validity generalization of GMA tests across countries in the European Community.* European Journal of Work and Organizational Psychology, 12, 1–17.

Schmidt, F. L. & Hunter, J. (2004). General Mental Ability in the World of Work: Occupational Attainment and Job Performance, Journal of Personality and Social Psychology, Vol. 86 (1), 162–173.

Schuler, H. (1989). *Leistungsbeurteilung.* In Enzyklopädie der Psychologie. Organisationspsychologie (Bd 3). Göttingen. Hogrefe.

Schuler, H. (2014). *Psychologische Personalauswahl: Eignungsdiagnostik für Personalentscheidungen und Berufsberatung* (4. Auflage). Göttingen: Hogrefe.

Schuler. H. & Marcus, B. (2004). *Leistungsbeurteilung.* In Enzyklopädie der Psychologie. Organisationspsychologie – Grundlagen und Personalpsychologie. Bd. 3. Göttingen: Hogrefe.

Strack, R., Caye, J-M., von der Linden, C., Quiroe, H. & Haen, P. (2012). *From capability to profitability: realizing the value of people management.* https://www.bcg.com/publications/2012/people-management-human-resources-leadership-from-capability-to-profitability; zugegriffen am 14.02.2023

# Abbildungsverzeichnis

# Stichwortverzeichnis